U0352578

硬岩矿山采空区损伤失稳机制与稳定性控制技术

付建新　宋卫东　杜翠凤　谭玉叶　著

北　京
冶金工业出版社
2016

内 容 提 要

　　本书针对硬岩矿山采空区的稳定机制与控制技术做了系统的阐述,对最新的研究成果进行了归纳总结,并辅以工程案例。全书共包含 10 章内容,从采空区概念及结构特征入手,充分考虑了地下开采实际的应力条件,充分考虑地下开采过程中的实际力学条件,引入系统论及能量观点,同时融合了岩石力学、分形几何学、弹塑性力学、蠕变理论、结构力学、灾变链式理论、非线性科学等众多学科理论的先进思想,对浅部及深部硬岩金属矿山采空区的稳定性特征进行了较全面的研究,并提出了基于能量链式效应的采空区控制理论。采用室内力学实验、理论研究、数值模拟、现场监测、实证研究等多种方法,对硬岩矿山采空区的损伤失稳机制、稳定性控制技术及工程应用开展了深入研究,为金属矿山采空区的稳定性控制及灾害治理提供了科学指导。

　　本书可供金属与非金属矿开采理论及其工程应用领域的科研人员及高等院校相关专业的师生阅读,也可供采矿工程技术人员及矿山生产管理人员参考。

图书在版编目(CIP)数据

硬岩矿山采空区损伤失稳机制与稳定性控制技术/付建新等著. —北京:冶金工业出版社,2016.8
ISBN 978-7-5024-7290-0

Ⅰ.①硬… Ⅱ.①付… Ⅲ.①硬岩矿山—采空区—屈曲—研究 ②硬岩矿山—采空区—稳定性—研究 Ⅳ.①TD2

中国版本图书馆 CIP 数据核字(2016)第 200810 号

出 版 人 谭学余
地 址 北京市东城区嵩祝院北巷 39 号 邮编 100009 电话 (010)64027926
网 址 www.cnmip.com.cn 电子信箱 yjcbs@cnmip.com.cn
责任编辑 张耀辉 宋 良 美术编辑 吕欣童 版式设计 吕欣童
责任校对 石 静 责任印制
ISBN 978-7-5024-7290-0
冶金工业出版社出版发行;各地新华书店经销;三河市双峰印刷装订有限公司印刷
2016 年 8 月第 1 版,2016 年 8 月第 1 次印刷
169mm×239mm;18 印张;348 千字;274 页
56.00 元

冶金工业出版社 投稿电话 (010)64027932 投稿信箱 tougao@cnmip.com.cn
冶金工业出版社营销中心 电话 (010)64044283 传真 (010)64027893
冶金书店 地址 北京市东四西大街 46 号(100010) 电话 (010)65289081(兼传真)
冶金工业出版社天猫旗舰店 yjgycbs.tmall.com
(本书如有印装质量问题,本社营销中心负责退换)

前　　言

地下开采是金属矿开采的主要方式，长期大规模开采及处理的滞后，形成了大量的采空区，成为了矿山的重大危险源之一。由于采空区自身结构及赋存环境的复杂性，造成采空区稳定性难以判断，无法及时采取有效措施。尤其是进入深部开采后，高地应力使采空区赋存环境进一步恶化。因此，采空区稳定与否，是保证安全开采的关键因素。

本书作者通过多年的科研工作，在硬岩金属矿山采空区围岩实验研究、稳定性分析及灾害控制方面积累了丰富的理论及实践经验，熟知目前采空区稳定性机制及控制最新的技术及理论研究的新进展。为了使读者尤其是现场一线技术人员更好地理解采空区的探测技术及分析手段，本书精选了简明易懂的材料，并选取了大量的工程应用实例，内容具体而充实。

全书共分10章，第1章对金属矿山采空区稳定性研究的现状进行了简单介绍；第2章对采空区的概念、分类及主要特性进行了阐述；第3章采用室内力学实验对复杂应力条件下的损伤演化规律进行了研究；第4章基于分形几何理论对采空区形态的分形特征进行了研究；第5章对采空区稳定性影响因素的敏感性特征进行了分析；第6章则对不同空间形态的采空区的围岩扰动规律进行了分析，并建立了相应的力学模型；第7章对渗流及应力场耦合作用下的采空区稳定性进行了分析；第8章对深部采空区的卸荷失稳机制进行了分析研究；第9章基于能量链式效应，提出了采空区稳定性控制理论；第10章介绍了三个工程实例。

在本书出版之际，衷心感谢北京科技大学吴爱祥教授、胡乃联教授、高永涛教授、李长洪教授、谢玉玲教授在科研上给予的指导和帮助，以及杜建华博士、吴珊博士、孙新博硕士、母昌平硕士和汪海萍硕士的辛勤付出。

在编著过程中，武钢程潮铁矿和大冶铁矿、青海山金矿业有限责任公司、河北钢铁石人沟铁矿、山东招金矿业等有关单位提供了翔实的资料和数据，在此谨对上述单位表示谢意！

本书的出版得到了国家自然科学基金（No. 51374033）、中央高校基本科研业务费专项资金（FRF-TP-15-042A1）、教育部博士点基金（No. 20120006110022）的资助。

限于时间和水平，书中难免有不妥之处，恳请专家、学者不吝批评和赐教。

作 者

2016 年 4 月

目　　录

1 概 述

1.1 采空区稳定性研究的重要意义

地下开采是矿产资源开采的主要方式。在矿山开采过程中，通过机械切割或爆破技术，将矿石从矿体上分离下来，矿体中形成的空洞就是采空区。作为矿山的重大危险源之一，采空区严重影响着矿山的安全生产，也威胁着周围居民的生命财产安全和生态环境。近年来对矿物资源需求的大幅增长，迫使我国大幅度提高矿山开采强度，采空区数量急剧增加，事故也随之增加。因此，采空区稳定与否，是保证矿山企业正常生产的关键因素。由于对采空区的处理不及时，目前仍然存在大量采空区。随着这些采空区暴露时间的增加，稳定性也越来越差，不断诱发岩石崩塌、滑坡、泥石流、地面塌陷等地质灾害。1980年6月，湖北远安磷矿由于采空区塌陷，诱发了大规模的山体崩塌，造成307人死亡，震惊国内外；2005~2006年间，昭通铅锌矿采空区引起地表两次塌陷，面积达到600m²，造成重大的经济损失；2005年11月，河北邢台石膏矿采空区坍塌，造成32人死亡，33人受伤，地面塌陷严重，严重影响了当地环境；2008年贵州晴隆煤矿发生采空区顶板垮塌事故，造成多人死亡。随着采空区灾害愈发严重，采空区稳定性分析及治理已经引起国家安全管理部门的高度重视。

由于长期以来我国金属矿山以空场法作为主要的开采方法，在地下形成了大量的采空区，超过10亿立方米，已引起了大量的地质灾害，对地下矿山安全生产造成了重大的安全隐患，成为了金属矿山重大危险源之一。国家安监总局于2014年6月17日颁布67号令，规定金属非金属地下矿山"必须加强顶板管理和采空区监测、治理"。2015年12月25日，山东平邑一石膏矿发生大规模采空区顶板坍塌事故，事故造成十余人遇难，坍塌造成的矿震相当于4级地震，造成了重大的经济损失，事故示意图及地表塌陷如图1-1和图1-2所示。

采空区灾害的日益严重，已引起国家相关部门的高度重视，国家安监总局于2015年7月启动了全国采空区普查，对全国范围内特别是重点矿区内的有主采空区和无主采空区进行了全面的调查，以掌握目前国内采空区的分布及数量。该项工作的开展，为采空区灾害的防治提供了丰富的数据，为后续工作的开展奠定了基础。

图 1-1 采空区大面积坍塌示意图

图 1-2 采空区坍塌造成地表陷落

随着经济的发展,我国已成为世界矿山生产第一大国。2012 年,我国煤炭产量为 36.6 亿吨,铁矿石原矿产量 13 亿吨,十种有色金属产量 3672 万吨,黄金 403 吨。目前我国有 2 万座煤矿,1 万多座地下金属矿山,矿石产量占煤矿总量的 95%,黑色金属矿山的 30%,有色金属矿山的 90%,黄金矿山的 85%,核工业矿山的 60%。每年从地下开采矿石总量超过 50 亿吨,采空区灾害已经成为我国分布最广、发生最频繁且危害最大的矿山灾害类型。

1.2 金属矿山采空区研究现状

国家安全生产监管将采空区列为矿山行业重大安全隐患进行整治。采空区灾害研究日益成为研究热点,也得到了国家科研主管部门的重视,对采空区方面的研究资助力度逐年加大。如表 1-1 所示,2000~2015 年国家自然科学基金中关于采空区方面的研究课题,总的资助金额达到了 1467 万元。随着采空区灾害的日益严重,2010 年之后对采空区研究的资助力度逐年加大。

表 1-1 2000~2015 年国家自然科学基金中关于采空区的课题列表

批准号	项 目 名 称	金额/万元	项目起止年份
50004008	废弃采空区破裂岩体变形机理与沉陷控制	15	2001~2003
50074002	基于非线性动力学的采空区稳定性监测、分析与预报系统研究	17	2001~2003
10402033	西部煤矿大采空区煤岩失稳及衍生灾害"S-AE-D"定量化预报基础研究	24	2005~2007
50674091	移动坐标系采空区自然发火无因此模型及判别准则研究	29	2007~2009
10772144	西北强震区煤矿采空区动力灾害预报预报基础研究	37	2008~2010
40772191	废弃采空区上方建筑地基稳定性评价理论及应用研究	39	2008~2010
50774041	基于模糊渗流理论的采场瓦斯涌出和自然发火位置研究	28	2008~2010
51004102	煤矿未知采空区边界探测理论与试验研究	20	2011~2013
51074140	浅埋采空区层状结构顶板损伤失稳机理及安全风险分析	35	2011~2013

批准号	项 目 名 称	金额/万元	项目起止年份
51074086	高瓦斯易燃采空区遗煤自燃与瓦斯灾害耦合研究	36	2011~2013
51074159	功能化离子液体抑制采空区煤自燃的基础研究	38	2011~2013
51104116	抽放条件下采空区流场的叠加方法研究	25	2012~2014
41130419	煤矿灾害事件与地震槽波场特征示范研究—煤层厚度变异与断裂构造和采空区探测	310	2012~2014
51104154	防灭火泡沫在采空区松散煤层多孔介质中的流动特性	25	2012~2014
51174079	复杂条件下采空区瓦斯运移及分布规律研究	56	2012~2014
41202196	多因素地缝成因机理研究	24	2013~2015
51204135	采空区可燃气体爆炸冲击灾害动力学研究	25	2013~2015
41272389	废弃柱式采空区塌陷风险性评价理论和应用研究	84	2013~2016
51310105026	采空区层状顶板变形破坏特征实验研究	2	2013
U1361118	采区通风动态特性与采空区微流动耦合机理研究	60	2014~2016
51304202	浅埋式残留煤柱致灾机制及防控	25	2014~2016
51374033	多场耦合作用下深部硬岩矿山采空区损伤演化机理及稳定性研究	80	2014~2017
41372368	薄松散层覆盖煤矿采空区高光谱遥感特征研究	25	2014
51374124	采空区垮落岩体矿井水储存机理及水质演化规律研究	83	2014~2017
41304113	多层采空区地面-巷道瞬变电磁探测理论与方法研究	26	2014~2016
51404086	采空区瓦斯抽放与自燃"三场"耦合作用机理研究	25	2015~2017
51404295	触变性水泥浆在煤矿采空区空洞及塌落裂隙带中的流动特性	25	2015~2017
51404167	采空区下特厚煤层大采高综放采场压架机理研究	25	2015~2017
51404131	煤层冲击地压与采空区自然发火共生灾害开采速度效应研究	25	2015~2017
51404257	地面钻井抽采条件下封闭采空区瓦斯渗流特性研究	25	2015~2017
51474106	近距离煤层上覆采空区煤自燃动态演化机制及探测技术基础研究	83	2015~2016
51404247	煤矿固体充填体密实度控制机理与方法研究	25	2015~2017
51404128	非均质各向异性三维动态采空区渗透系数反演研究	25	2015~2017
51404090	顶板巷卸压瓦斯抽采诱导遗煤自燃机理及扰动效应研究	25	2015~2017
51404089	基于气热耦合的综放采场隐蔽火源定位原理与方法研究	25	2015~2017

另外，"十一五"期间，国家科技支撑计划先后立项了"冲击性灾害风险评价与监测、预警技术研究"、"老空区风险分级技术"等专题，开展采空区动力灾害基础研究；"十二五"期间立项了"采空区探测技术与装备研发"等课题。

目前对采空区的研究仍然主要集中在煤矿领域，主要关注以下五个问题：

（1）未知采空区探测技术；

（2）采空区失稳和地表沉陷预测方法；

（3）采空区充填治理技术；

（4）采空区安全监测和预警技术；

（5）采空区"自燃"火区灭火技术。

其中，采空区失稳的动力灾害仍旧是采空区研究的核心问题。采空区灾害的研究中，与工程力学直接相关的核心是地压问题。从19世纪20年代的"矿山压力拱"假说开始，弹性力学方法被广泛应用于地压规律研究。在采场围岩结构、采场地压规律方面，我国学者于学馥教授在20世纪60年代提出了"轴变论"，80年代钱鸣高院士提出了"砌体梁理论"，美籍华人石根华教授提出了"块体理论"；另外，"关键层理论"及"打气筒"或"绕流"两种模型也在煤矿中取得了广泛的应用。同时，井下冒落导致地表沉陷，通常采用"三带"规律和概率积分法计算地表塌陷范围。随着计算机技术的发展，从90年代开始，有限元、有限差分、离散元、边界元、颗粒元、无网格伽辽金法等数值模拟计算技术在矿压灾害分析中获得了普遍应用，使得大型复杂采空区的耦合、非线性问题得以评估。

然而，目前关于采空区的研究，主要集中在煤矿中，而金属矿山采空区的研究尚处在起步阶段。相对于煤矿而言，金属矿山具有明显的区别，矿区内的围岩基本以硬岩为主，其力学性质与煤矿内的软岩有本质的区别，采空区表现出的稳定性特征也有明显差别，需要进行针对性的研究。

近几年随着开采强度的不断增大，开采深度不断增加，金属矿山陆续进入了深部开采阶段，如红透山铜矿、冬瓜山铜矿、夹皮沟金矿及程潮铁矿等。此时，采空区成为采场地压控制的主要因素，其稳定性直接关系到深部矿山的安全生产。对采空区稳定性进行研究，并及时进行控制及处理，具有重要的工程意义。

金属矿山围岩以硬岩为主，浅部开采时，主要表现为弹脆性破坏。进入深部阶段后，开采造成了剧烈的应力释放，产生明显的卸荷效应。同时，采空区在形成过程中，不断受到频繁的动力扰动。应力环境的改变使得深部采空区面临着新的岩体力学问题，如岩体性质改变，应力及能量的聚集与突然释放，卸荷下的复杂破坏等，给开采人员与设备安全带来严重威胁。

在深部高地应力的作用下，开采前岩体在高地应力作用下，集聚了大量的初始应力和能量，矿体的开采势必引起应力的剧烈释放，从而引起岩体的破裂，造成采空区的失稳，因此，深部岩体的破坏实际上是一种卸荷破坏，由此造成的深部采空区失稳机理，与浅部相比有显著的差异。正确地认识深部硬岩在动力扰动及卸荷效应下的强度特征及失稳模式，是进行深部采空区安全控制和处理的前提。目前，深部采空区围岩稳定性研究是一个崭新的研究领域，具有一定研究难度。

1.2.1 采空区稳定性分析与研究

金属矿山采空区稳定性分析研究是一个极其复杂的问题，尤其是在深部开采条件下。常用稳定性分析方法主要包括理论分析法、预测评价法、物理模型试验法和数值模拟法。

1.2.1.1 影响采空区稳定性的因素

采空区的存在是矿山地压活动产生的根源，为此采空区稳定成为安全工作的重点。采空区失稳是由多方面因素造成的，主要有以下几个方面：

（1）采空区形态。采空区的稳定性与采空区长、宽、高及采空区面积有关。若采空区长、宽、高及采空区面积较大，稳定性控制难度较大。随着开采的深入并形成大规模采空区，为岩移、地压活动提供了条件。

（2）地质构造。地质构造是影响地压活动关键因素，其中构造和岩性是最重要的。大型连续结构弱面（如断层、破碎带等），一方面起控制发生大范围破坏的作用，即成为岩体移动边界的切割面或滑动面；另一方面对其发生发展起促进作用。规模较大的岩层移动，均受地质弱面控制。

如果地质构造弱面存在于采空区中央部位，该处就很可能成为产生灾害性地压活动的导火索。

（3）地下水。水导致结构面软化，降低摩擦系数，尤其是与结构面配合，更易促成不稳定条件的形成，使岩石膨胀，增加围岩压力。

（4）工程因素。工程因素主要指方法，如开采顺序、开采强度、开采工艺（如钻爆法或掘进机法）、支护方法等。这些都对采空区稳定有较大的影响。在一定条件下可以简化或忽略它，在另一些场合，则必须专门研究它们的影响。

采空区围岩在原岩应力、围动应力及结构构造作用下，首先在稳定性最差的结构弱面出现变形，并使应力重新分布而改变其应力的大小、方向甚至应力场性质；然后，重新分布的围岩应力又加剧弱面的应力集中和围岩变形，从而加剧围岩的破坏。此时，若围岩或弱面强度不足以抵御其应力和变形作用，且无外力补偿，其结果必然是变形不断扩展，并最终导致采空区破坏。

杨锡祥等通过对山东蚕庄金矿上庄矿区的岩体结构面进行调查分析，得出了井下矿块开采的稳定性受主裂面和4组结构面控制。慕青松通过将矿区地应力的变化规律与矿体上盘围岩中节理分布的几何特征结合起来，应用弱结构面滑移的判断准则进行了研究。

从上述文献中可以看出，在地下开采过程中，主要通过岩体结构面对围岩的稳定性进行监测。由于采用分段空场嗣后胶结充填采矿法进行开采，会形成较大的采空区，而采空区的稳定与否又是采场结构参数优化设计的关键。在开采过程中，通过对采空区围岩结构面节理裂隙的发育情况进行监测，可对采空区的稳定性进行准确的分析。

1.2.1.2 采空区稳定性分析方法

A 理论分析法

理论分析法是早期常用的采空区稳定性分析方法。分析过程中，根据实际情况对采空区结构进行简化，将采空区抽象为一个理想的力学模型进行求解。

贺广零等基于温克尔假设，依据板壳理论和非线性动力学理论，建立采空区柱-顶板相互作用系统，揭示了系统稳定性机理。贡长青等基于弹性薄板理论对煤矿采空区的地表沉降进行了分析，对其引发地质灾害进行预测。V. M. Seryakov 基于数学建模思想建立了采空区上覆岩体数学模型，可以有效识别地下开采中岩体状态。

B 预测评价法

预测评价法是通过对以往工程分析研究，归纳得出采空区稳定性影响因素，综合考虑各因素的权重，建立采空区稳定性预测评价模型。

宫凤强等基于未确知测度理论，选取 14 个影响因素，建立了采空区危险性等级评价和排序模型，对采空区稳定性影响因素进行定性和定量分析。赵奎等基于块体理论和模糊分析学中模糊测度理论，建立了采空区块体稳定性模糊概率测度计算公式，对采空区稳定性进行概率分析。来兴平等利用人工神经网络的计算方法，对大尺度采空区细观损伤进行了统计和预测，所得结果与实际综合检测数据基本吻合。

预测评价法虽然在采空区稳定性研究中得到了广泛应用，但该方法是基于统计思想，通过建立预测评价模型，对采空区稳定性进行评价。其结果一般都是定性或者半定性半定量的，评价模型针对特定采空区，因而对于不同采空区，评价模型也各不相同，操作过程繁琐。另外，研究人员所具备的工程经验也会对采空区稳定性预测评价产生影响。

C 物理模型试验法

物理模型试验法通过在室内构建与实际工程相似的模型，辅助有效的监测手段，可以详细地将变化规律展现出来。作为一个重要研究手段，物理模型试验广泛应用于各种工程领域，成为一种解决复杂工程课题的重要手段。

近年来，由于试验设备不断改进，研究人员开始利用模型试验手段研究采空区稳定性。李鹏、宋卫东分别采用物理模拟方法，对高速公路下伏煤矿房柱式采空区和长臂法开采倾斜极薄类矿体形成采空区过程中，围岩冒落规律及破坏过程进行了模拟研究。

通过物理模型试验研究采空区稳定性、失稳模式及破坏过程中围岩应力应变的变化规律，可为矿山企业预防和治理采空区灾害提供重要参考依据。不过，物理模型存在试验费用高，不易掌握，试验时间长等缺点。

D 数值模拟法

数值分析方法基于岩体本构模型，考虑岩体的非均匀性和不连续性，通过模拟分析研究岩体应力应变规律。常用的数值模拟方法包括有限单元法、有限差分法、离散元法及边界元法等。

田显高等采用 ANSYS 程序对某矿采空区的形成过程进行模拟，从而验证了该采空区不会诱发冲击地压灾害。闫长斌等运用 FLAC3D 对爆破震动作用下采空区稳定性分别进行了静力和动力计算，结果表明，动力作用对采空区稳定性有很大影响。刘晓明等提出了基于线框模型的复杂矿区三维地质可视化及数值模型构建技术，将采空区三维 Surpac 实体模型转换成 MIDAS/GTS 数值模型，从而形成了一套高效准确的采空区稳定性分析方法。

1.2.2 深部硬岩矿山采空区稳定性研究现状

深部采空区的形成过程是一个典型的动态强卸荷过程，即动力扰动下的高围压卸荷过程。由于开采爆破对岩体的扰动作用，使得采空区围岩应力重新分布，其力学特征表现为先加载、再大面积卸荷，从而引起裂隙的产生和发展，破坏了岩体的完整性，使岩体强度出现劣化，最终引起采空区的失稳。因此，开展深部采空区动态卸荷效应及其力学行为的研究，对于采空区稳定性分析、灾害控制及相关的岩石工程问题来讲，有着重要的科学意义与工程应用价值。

针对金属矿山采空区稳定性这一科学问题，许多学者采用数值分析方法进行了一系列的研究工作。蒋立春等基于有限元理论，将水平动力转化为有限多自由度离散振动体系，对水平采空区群稳定性进行了研究。付建新、宋卫东等基于针对金属矿山采空区稳定性进行了较深入的研究，将激光精细探测技术与数值模拟有效地结合起来，大大提高了采空区稳定性分析的准确性。李滨等采用 FLAC3D 模拟分析了地下采空区诱发陡倾层状斜坡的渐进失稳机制。闫长斌等运用 FLAC3D 对爆破震动作用下采空区稳定性分别进行了静力和动力计算，结果表明，动力作用对采空区稳定性有很大影响。另外，还有学者针对浅部采空区稳定性进行了大量卓有成效的研究。但是，目前针对深部采空区稳定性的研究仍然较少，且都是基于加载理论，尚缺乏卸荷条件下的深部采空区稳定性研究，也没有考虑井下爆破造成的动力扰动的影响。

开采过程中，采空区围岩二次应力重分布表现为如下几方面：

(1) 围岩应力大小的改变，即应力松弛。采空区围岩临空面较近的岩体中最小主应力明显减小，而其他两个主应力也发生明显改变；但较远位置的岩体中，三个主应力接近初始应力状态。

（2）围岩中主应力方向的改变，即主应力方向发生了转动。岩体主应力方向从初始地应力方向转动到大主应力方向近似平行采空区边壁表面，且最小主应力方向近似垂直边壁表面，应力形式与采空区轮廓形状和位置密切相关。

（3）岩体中蓄存的弹性应变势能在开采过程中表现出一定程度的释放与迁移。总的来说，深部采空区稳定性与岩体应力松弛、主应力空间旋转、围岩应变能释放与迁移是密切相关的。图1-3为主应力方向转动对细观裂隙演化的影响的示意图。

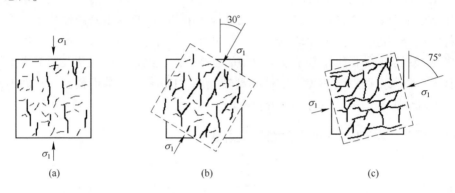

图1-3 主应力方向转动与细观裂隙演化过程示意图

然而，关于高应力工程卸荷效应的研究还主要集中在水利水电隧道及硐室工程领域，针对深部金属矿山采空区岩体卸荷效应的研究目前还鲜有报道。相对水利水电工程而言，深部金属矿山采空区体积更大，赋存条件更加复杂，空间形态及赋存位置千差万别。

1.2.3 采空区失稳机制及模式研究现状

由于采空区及其赋存环境的复杂性，地下采空区失稳是一个复杂的系统问题，因此采空区失稳的演化机制及判别标准确定一直是一个工程难点问题。目前，围绕以下问题，国内外学者进行了大量研究工作。

1.2.3.1 采空区失稳判别信息

采空区的失稳往往表现为结构的失效或岩体的破坏，因此通常是监测采空区岩体的应力应变信息、结构位移信息等，通过分析以确定采空区是否稳定。常采用的手段包括多点位移计、顶板离层仪、钻孔应力计、声发射及微震监测等技术。随着激光技术的发展，近年来三维激光扫描技术得到了广泛的应用，通过三维扫描，可获取采空区长度、跨度、高度及内部节理结构等信息，为准确分析采空区失稳提供了基础信息。

围绕采空区失稳信息的获取，国内外众多学者进行了大量的研究。蔡美峰等以声发射为监测手段，对某地下金矿岩体失稳破坏的声发射信号进行采集，通过分析确定了采空区失稳信息。李忠等通过某矿山地质剖面图分析了地下采空区的长度、高度、赋存深度及倾角等结构信息，结合物理探测等手段，确定了采空区失稳的决定因素。彭卫杰等通过建立的采空区实时监测系统、声发射监测系统等对采空区岩体的应力应变等信息进行了实时采集，以此对采空区失稳进行准确预报。何云等采用遥感遥测技术对采空区顶板沉降、围岩变形等进行了监测，并实时传输到井上检测系统，对采空区失稳信息进行了实时获取。王昌等基于光纤传感技术研发了光纤应力及位移传感器，并进行了应用，对大面积采空区失稳进行了有效预测。李忠辉等根据在开采过程中，岩石活动会产生电磁辐射这一特点，提出了采用电磁辐射技术监测采空区顶板稳定性，工程实践表明，该方法是可行的。

1.2.3.2　采空区失稳机理及灾变模式研究

准确掌握采空区失稳时空过程和最终失稳模式是预防和治理采空区灾害的重要前提，因此有必要对采空区失稳机理和模式进行深入的研究，为矿山企业制定治理措施提供参考。对采空区失稳机理及灾变模式的研究，主要体现在以下方面。

A　采空区静力分析

采空区静力分析一般采用理论分析和数值模拟分析两种方法。理论分析法主要通过对采空区进行简化，验算采空区顶板或矿柱的极限承载力；数值模拟分析的目的是取得采空区关键部位的应力及应变数据，为静力稳定性分析提供依据，同时为后续动力分析提供初始静力场。由于不同静力场下动荷载效应是不同的，因此静力分析是必要的。

赵延林等基于突变理论，建立了采空区重叠顶板稳定性强度折减法，研究重叠顶板的安全储备，建立了重叠顶板竖向位移序列与折减系数尖点突变模型。黎都春基于板壳及非线性动力学理论，对柱-顶板系统失稳机理进行了深入分析，总结得到了柱-顶板失稳的力学及数学突变机制。I. B. Tulu 等采用理论和数值分析方法，重点考虑了上覆岩层厚度和采空区跨度对矿柱应力的影响，为采空区矿柱设计提供了依据。N. P. Kripakov 等采用 ADNIA 方法对地下开采过程中采空区的失稳过程进行全程的模拟，研究了采空区失稳机理。

B　采空区失稳模式研究

采空区失稳模式是采空区失稳破坏的最终形式，正确地预测和判断采空区破坏模式是采空区灾害治理和预防的重要前提。通常采用物理模拟试验和数值模拟计算的方法。前者主要从表象上对采空区失稳模式进行研究，再现采空区失稳过程和破坏模式；而数值模拟可操作性强，通过设定不同工况，可以得到不同情况下采空区失稳机理及破坏模式。

刘艳红等根据安全流变-突变理论，定性地描述了采空区失稳过程中的流变-突变特征，并建立了采空区失稳理论数学模型。黄英华等根据矿山压力与岩层控制理论，分析了矿柱和采空区顶板破坏力学机理，总结得到了矿柱和采空区顶板失稳模式。王玉山根据采空区预留矿柱内部容易出现应力集中的特点，认为压机-岩样加载系统这一力学模型比较适合描述矿柱的失稳行为，并解释了国内典型矿山中矿柱系统失稳破坏的特征。王金安等以坚硬顶板下的房柱式和条带式开采为背景，建立了表征采空区内矿柱支撑顶板的弹性基础板力学模型，研究了顶板不同阶段的断裂模式和突变失稳的力学过程，得出了出现失稳的极限点。

1.2.4　深部硬岩卸荷力学特性及本构模型研究现状

深部矿山在进行开采前往往处于三向受压状态，在高应力的作用下，岩石力学特性与浅部条件相比往往发生了较大变化，硬岩由脆性转向延性。另外，在深部高应力条件下进行开采时，岩体单侧或双侧卸载，受力状态为复合拉压，即在轴向方向上受到压力作用，而在径向方向上由于卸荷，出现了拉应力，往往发生剧烈的应力及能量释放，此时硬岩会发生剧烈的劈裂弹射，造成剧烈破坏。由此可知，进行深部硬岩力学性质的研究，必须考虑卸荷作用下的复杂应力条件。

哈秋舲在 1998 年提出了卸荷非线性岩石力学的概念，指出卸荷非线性岩石力学与加载岩石力学的区别。与在加载条件下相比，岩石在卸荷条件下的力学特性有着本质的区别。深部矿山开采过程中，岩石一般具有先加载后卸载的力学条件。由于深部的高地应力，深部硬岩实际上处于一种高应力的动态强卸荷作用之下，此时深部岩石的力学条件将发生本质的变化，导致岩石力学参数急剧下降，卸荷变形剧增。

针对深部的高围压卸荷力学现象，部分学者已采用室内试验的方法，开展了相关的研究工作。陈秀铜等人对大理岩、砂岩和板岩进行高围压下的卸围压试验，对此过程中的强度和变形特征进行较为系统的对比分析研究；F. Gao 选取矿山采场顶板岩样作为试样，研究了岩石在卸荷作用下的力学性能弱化规律与破坏类型；陈学章等人通过室内三轴卸荷试验和数学物理分析方法，揭示了大理岩在高围压三轴卸荷条件下的应力应变关系及能量变化特征；M. He 选取花岗岩作为试样，通过真三轴加卸载试验研究了岩样的破坏特征。

S. O. Lau Josep 指出：加荷试验路径与工程实际不符，采用卸荷路径测定岩石力学参数更为准确。在卸荷力学研究的基础上，有关学者对岩石力学参数进行研究：T. Shimamoto 提出卸围压试验方法，计算岩石不同围压下的摩擦强度；尤明庆等依据大理岩的三轴卸围压试验，分析强度与岩样弱化破坏间的关系，提出以岩样弱化模量来描述表征岩样的强度弱化；高春玉等对取自锦屏水电站边坡的大理岩进行室内三轴卸荷试验，认为大理岩卸荷时变形模量减小，岩样抗压强度降低，黏聚力减小幅度很大，但内摩擦角增加量很小；李宏哲、汪斌等同样对锦屏水电站引水隧洞的大理岩进行卸围压破坏试验，得到卸荷后大理岩岩样侧向变形会显著增加，并且增加速率也在逐渐增大，同时弹性模量降低；周火明等通过现场真三轴卸载实验，对深埋隧洞大理岩卸载路径的强度参数进行了研究。王康等对卸荷过程中的弹性模量、黏聚力及内摩擦角的劣化规律进行了研究，并基于损伤理论初步建立了本构模型。胡政等通过对砂岩进行高围压卸荷实验，研究了应力-应变全过程曲线、变形特征及参数劣化效应。大量的实验研究，为深部硬岩卸荷力学行为研究奠定了坚实的基础，提供了丰富的研究数据和经验。

岩石强度是岩石力学理论研究中最为重要的问题之一。基于浅部岩石力学条件、加载力学实验及工程经验，目前已形成了大量的强度准则，有效地促进了岩石力学研究的发展。但随着开采深度的增加，岩石破坏机理出现了重大的变化，逐渐由浅部的脆性能或断裂韧度控制的破坏，转化为深部开采条件下由侧向应力控制的断裂生长破坏，即卸荷造成的准静态破坏，造成了岩石在加载与卸荷条件下的力学特性存在明显差异，特别是深部高应力状态下尤为明显，是一种高围压状态下的强卸荷力学行为。此时主要表现为：（1）力学参数出现明显劣化：卸荷应力状态下，受拉损伤起重要作用，岩体强度参数明显偏低，出现了明显的劣化现象；（2）屈服条件及强度准则不同：不同的力学状态下，岩石强度准则存在明显区别。

在实验研究的基础上，一些学者对卸荷条件下岩石的本构模型及破坏准则进行了研究。周维垣采用断裂损伤力学理论提出了卸荷岩石的本构关系及其强度理论；赵明阶基于压剪裂纹模型，运用线弹性断裂力学理论建立了一种岩石三轴卸荷的本构模型；黄润秋基于岩石试件卸荷试验结果，通过体积应变将 Griffith 和 Mohr-Coulomb 屈服准则结合起来，建立了卸荷条件下岩石的屈服准则。E. Z. Lajta、周小平、颜峰等也做了类似的研究工作。一般情况下，具有封闭解的理论解析法只能适用于简单的卸荷岩石力学分析中。由于理论分析方法通常具有较多的假设条件，且理论体系复杂，因此，要建立一个普适性强、能被普遍接受的卸荷岩石本构模型与破坏准则，具有较大的难度。

到目前为止，学者们建立了数以百计的各类本构模型，以尽可能描述岩石的变形特征，其中建立在现代塑性力学理论基础上的弹塑性本构模型是应用最广泛的一类。这类模型大都认为岩石屈服后其强度参数或变形参数都不发生改变。然而，在深部实际开采过程中发现，开采爆破是一突然行为，而围岩屈服与破坏也是一快速弹脆性过程，且围岩破损后其力学性能发生了明显劣化，力学参数发生了改变。K. Dems、沈为、刘洪永等基于损伤力学理论或应力跌落原理，发展了弹脆塑性模型来描述岩体的破损过程。但实践表明，上述本构模型在模拟深部硬质岩脆性破坏的范围和深度方面并不理想，V. Hajiabdolmajid 等人在 Mohr-Coulomb 强度准则的基础上，提出了一种黏聚力弱化-摩擦强化（cohesion weakening and frictional strengthening, CWFS) 的硬岩本构模型。研究表明, CWFS 本构模型可以较准确地模拟高地应力下硬岩脆性破坏深度和范围,但不能反映现场围岩破损后岩体变形参数的变化现象,与工程实际不符合。江权在 CWFS 的基础上,通过考虑变形参数、黏聚力及内摩擦角的劣化规律,建立了硬岩劣化本构模型,但该模型并未考虑卸荷的影响。

在研究岩体屈服和破坏的弹脆性行为时,通常从断裂损伤力学原理和岩体参数弱化两种途径入手,由于损伤变量的确定较困难,造成了损伤演化方程及损伤本构模型在实际应用并不十分方便。因此,本书将从强度参数劣化入手,进行深入系统的研究。

综上所述,针对岩石的卸荷力学行为的研究,已取得了丰富的研究成果,为采空区的研究提供了丰富的研究数据及经验,但针对深部强卸荷条件下的岩体变形及强度的劣化规律研究则较少,与深部实际开采应力条件不符,建立的本构模型也无法反应对应条件下深部硬岩强度参数劣化的特征。

1.2.5 采空区稳定性控制及处理技术

采空区稳定性控制与处理是防止采空区灾害发生的关键环节。采空区形成之后往往要存在较长时间,在不同时期,采空区的稳定状态是不同的。不同的稳定状态,采空区系统内各要素状态值存在较大差异,因此,需采取针对性控制措施,才能最有效地防止采空区灾害事故的发生。由此可知,在进行采空区稳定性控制及处理前,应首先确定采空区的稳定状态及特性。

根据采空区的结构特点,目前的处理措施主要针对采空区的顶板及矿柱,通过控制顶板的位移、缓解矿柱应力集中等,以达到控制采空区稳定性的目的。根据处理方式的不同,目前主要的措施包括保留永久矿柱、充填处理采空区、崩落法、封闭采空区及联合处理法。

1.2.5.1 保留永久矿柱

通过留设永久矿柱可以有效地减小采空区顶板的暴露面积,从而控制顶板岩体的位移,缓解矿柱中的应力集中。该方法一般应用于围岩稳定性较好的采空区,但该方法不能从根本上消除采空区灾害的发生,且在留设矿柱的时候造成了矿量的损失。由于采空区赋存环境的特殊性和复杂性,采空区岩体式中处于缓慢变形中,因此随着时间的增加,采空区的稳定状态始终处于变化中。在进行矿柱设计时,应充分掌握采空区围岩性质及周围的环境变化。

留设矿柱工艺简单,是最早得到应用的控制措施,相关理论研究较早, Danieis 最先开展了矿柱强度的理论研究,之后 Bunting 提出了矿柱强度经验公式。随着矿业的急剧发展,有关矿柱和顶板的理论得到了极大的丰富和发展。但由于实际条件的复杂性和不可确定性,矿柱尺寸与数量的理论计算通常要进行简化，根据经验确定标准，缺乏系统的理论研究。

1.2.5.2 充填处理采空区

将充填料浆或废石送入采空区内部，并填充密实，以达到控制岩层移动，缓解应力集中的目的。充填法是目前矿山控制采空区稳定性最重要的方法之一，也是最有效的措施。该方法适用于采空区的各个阶段，可有效地抑制岩层变形。通常在采空区形成之初的应用效果最好，需要充分掌握充填材料与采空区围岩之间的相互作用机理。关于充填体与围岩的相互作用机理，国内外学者进行了大量研究，取得了丰富的成果。

首先，充填体对围岩起到了有效的支护作用，从多方面给予岩石支撑力；其次，充填体与围岩表面接触，提供了一定的侧向压力，限制了围岩的变形；此外，充填料浆会沿着裂隙进入岩体内部，使岩体强度得到了增强，间接抑制了围岩的变形。从能量角度看，充填体弹性模量远远小于岩石，更容易发生变形，因此更易吸收和消耗能量，从而减少周围采动对围岩的扰动，达到控制采空区稳定性的目的。

虽然采空区充填理论取得了大量的成果，但仍有较多问题需要解决，如采空区不同稳定阶段充填体强度匹配及高阶段充填体非线性力学性质等，目前未达成统一的认识，理论研究滞后于工程实际应用。

1.2.5.3 崩落法处理采空区

该方法通过崩落采空区的围岩，达到应力释放并充填采空区的目的，当采空区稳定性较差，且地表允许较大位移时，可以采用崩落法进行处理。崩落法分为自然崩落和强制崩落。自然崩落通常适用于围岩条件较差，可自行垮落。该方法工艺简单，在对地表移动要求不高的矿山得到了较多应用。

李俊平采用强制崩落的方法处理了采空区，具体方式为局部切槽放顶控制爆破，保证了周围采场的安全。任凤玉在桃冲铁矿成功应用了诱导采空区顶板自然冒落，达到了处理采空区的目的。

1.2.5.4 封闭采空区

通过将采空区主要通道口封堵，实现采空区隐患的治理。该方法主要用于防止采空区顶板突然冒落产生巨大冲击浪，对周围产生危害。当采空区围岩状态较好，且能保持长期稳定，顶板暴露面积较小时，可采用封闭的方法进行处理。对于顶板暴露面积较大的采空区，通常需要在采空区顶板布置天窗等。该方法工艺简单，无需进行深入的研究，因此应用实践较早。

对于体积较小的采空区，该方法可以起到较好的控制效果，但对于厚大矿体形成的大面积采空区，则不能起到很好的防护作用，往往还要配合其他方法，如充填法、崩落法等。

1.2.5.5　联合法

联合法同时应用前述方法中的两种或两种以上，对采空区进行联合处理。根据采空区所处的状态，综合选用上述方法进行配合，可有效地控制采空区的稳定性，也是目前较常用的方法。

目前联合法主要包括留矿柱-充填、崩落-封闭、充填-封闭及崩落-充填等，经过多年的实践，上述方法取得了广泛的应用。盘古钨矿首次应用了留矿柱-充填联合处理方法，有效控制了顶板岩层的移动。我国铜陵等矿山成功应用了崩落-封闭联合法。俄罗斯国家有色研究设计院成功试验了崩落-充填联合法，有效地控制了采空区的稳定性，同时又节约了充填成本。

上述采空区处理方法，适用于采空区不同的稳定阶段，只有正确掌握采空区所处的稳定状态，才能采取有效的针对性措施。而目前处理方法的选择和制定往往建立在工程经验的基础上，缺乏必要的前期研究。

1.3　采空区失稳机制与稳定性控制研究面临的主要问题

虽然目前在采空区失稳机制及稳定性控制方面，理论研究和工程实际应用方面取得了大量的成果，但随着矿山开采范围的扩大和开采深度的增加，采空区安全问题日益凸显。尤其进入深部开采，面临着高应力、高渗透压及高温度等复杂环境，同时伴随着周围采动的影响，复杂的赋存环境导致了采空区稳定机制发生了变化，稳定性控制难度进一步加大。由于多采用钻爆开采，因此采空区具有较强的隐蔽性，最终的形态往往与设计有较大差异，且极其复杂，极易出现应力集中，进而影响采空区稳定性。地下开采往往体积较大，尤其采用分段嗣后充填法，较大的暴露空间进一步削弱了采空区的稳定性；进入深部开采之后，在高应力的作用下，岩体性质往往发生变化，使采空区稳定机制更加复杂，造成现有理论不能有效的应用。这些问题严重影响了采空区的稳定控制和及时处理，尤其是深部矿山。

1.3.1　采空区形态复杂程度定量表征及其与稳定性的相关性

金属矿山开采往往采用钻爆的方式进行，因此采空区的形成过程也是爆破采动的过程。爆破的随机性也造成了采空区边界及形态的不确定性和复杂性，开采结束后，往往只通过简单测量，对形态及边界进行估算，最终的结果往往与实际情况相距甚远，造成了不能准确确定采空区的稳定状态，从而影响采空区后续处理措施的制定。

随着激光技术的发展，基于激光扫描技术的精细探测技术得到了较快的发展，相关设备在国外矿山得到了广泛的应用。虽然通过三维激光探测技术可得到采空区较准确的形态，并通过三维建模软件的后续处理得到基本的量化数据，如暴露面积、空间体积等，初步实现了采空区的可视化和数字化，但不能定量表征采空区的复杂程度。研究表明，爆破所形成的表面及矿体都具有分形的特性，即自相似特性。采空区是通过爆破从矿体中采出，因此理论上采空区也具有分形特性。目前关于采空区分形特性及与复杂程度定量关系研究较少。

大量工程实践表明，采空区形态复杂程度是影响其稳定性的主要因素之一，从定性角度讲，采空区复杂程度越高，其稳定性也就越差。由于目前缺乏采空区定量表征的有效指标。因此，无法得到采空区复杂程度与采空区稳定性的定量表征关系。

1.3.2 单一采空区稳定性敏感特征与多采空区耦合结构效应

虽然针对采空区稳定性影响因素分类较细，但大多是针对特定矿山，并不具有普遍适用性，且系统性较差，目前缺乏采空区结构特征及其赋存环境的深入研究。实际上，虽然不同矿山采空区结构形态及赋存环境各不相同，但影响采空区稳定性的主要因素具有较大的共性。从形成过程来看，采空区实际上是采用爆破手段在岩体中"建造"的一系列特殊"构筑物"，因此，从结构力学角度讲，采空区的结构特征是影响其稳定性的关键因素之一。但不同于地面普通构筑物，采空区不能独立于其赋存环境，通过岩体两者构成了统一的整体，并不断地进行物质及能量的交流。因此，采空区赋存环境是影响采空区稳定性的另外一个关键因素。

由于采空区自身结构及赋存环境的复杂性，针对单一采空区稳定性与具体影响因素的内在关联规律及敏感性特征的研究具有较大难度，目前相关研究也相对较少，造成了不能及时地提出针对性的控制措施，从而影响采空区处理效果，给矿山安全生产造成影响，因此亟须进行相关研究。

另外，由于地下开采的连续性和规模化，往往出现多个采空区相对集中在有限区域中，采空区之间相互影响，形成了特殊采空区群结构，此时其稳定特征往往与单体采空区有较大差异。已有的研究成果表明，采空区群具有明显结构耦合作用效应。目前关于采空区群稳定性研究取得了较丰富的成果，但主要针对采空区群内岩体应力应变规律，并与单一采空区进行对比，往往缺乏系统性，其稳定性与采空区群结构之间的内在联系研究相对较少。

1.3.3 高应力复杂路径下岩石力学性质

采空区岩体是影响采空区稳定性的关键因素之一，其在地下复杂应力环境下的力学性质往往决定了采空区的稳定状态。目前关于岩石力学性质的研究在各个领域都取得了大量的研究成果，有效地促进了各类工程技术的快速发展。随着各类工程施工深度的不断增加，尤其是矿山开采逐渐转向深部采矿，相关研究表明，随着深度的增加，岩石的性质发生了较大的变化，从而造成了采空区较浅部稳定机理出现了较大变化。

实际上，深部矿山采空区除了受到高地应力的作用，还时刻受到周围扰动应力的影响，高应力复杂环境下的采空区岩体的力学性质更加复杂，因此需进行进一步的研究。

1.3.4 深部矿山嗣后充填法采空区失稳机制及稳定性特征

目前采空区稳定性分析主要集中在对浅部采空区的分析，定性分析稳定性影响因素与破坏机制，从宏观角度揭示采空区围岩应力、位移及塑性区的变化规律。而随着开采深度的增加，由于应力的快速增加及赋存环境的复杂，采空区失稳机制及稳定性特征往往发生了较大的变化。

首先，深度的增加使岩体逐渐由浅部的脆性破坏向延性破坏过渡，造成了采空区岩石发生较大变形时仍然保持相对稳定，此时浅部采空区的稳定标准不再适用。

其次，对浅部采空区稳定性进行分析和评价时，往往采用应力、应变及塑性区等指标；但进入深部之后，由于高应力的作用，岩石内部集聚了大量的弹性能，一旦进行开采，会造成能量的急剧释放，使岩石瞬间发生岩爆破坏，此时应力远未达到岩石的承载强度，应力指标不再能准确地解释采空区的失稳机制，有必要引入新的研究指标，准确得到深部采空区稳定机制及稳定性特征。

1.3.5 采空区失稳灾变模式与控制技术

由于采空区自身结构的复杂性和赋存环境的多变性，采空区的失稳往往是多种因素综合作用下的必然结果。采空区实际上与其赋存环境构成了一个动态的系统。从系统角度讲，采空区的失稳并不是一个孤立事件，而是系统内各要素间相互影响、相互制约并动态演变的过程，每个要素的状态发生改变必然引起其他要素的反馈，从而引发一系列的连锁反应。采空区的失稳实际上是一种链式演化过程。因此，准确得到采空区失稳模式应从系统的角度入手，综合考虑系统内各要素，深入研究各要素之间的动态关系，在此基础上才能得到最有效的采空区稳定性控制措施。

虽然目前针对采空区失稳模式的研究已取得了丰富的研究成果，但大多数是从力学角度入手，通过研究采空区围岩内应力应变规律及对围岩稳定性的影响，进而得到采空区的失稳模式，虽然可从力学角度揭示采空区的失稳机理与模式，但由于其没有考虑赋存环境的影响，造成了与实际失稳存在较大的差异，据此提出的控制措施往往不能从根本上消除采空区灾害隐患。

目前采空区稳定性的控制主要包括封闭、崩落、充填及联合法，这些方法的应用,可有效控制采空区的稳定性。但目前采空区控制技术的制定往往是基于工程技术人员的生产经验,并没有对采空区稳定状态进行研究,造成了这些控制措施的无效或过度。实际上,采空区系统在动态演化的过程中,具有明显的阶段性,每个阶段表现出不同性质,只有充分掌握每个阶段的采空区系统状态,才能制定针对性的控制措施,从根本上控制采空区灾害。

　　在上述研究的基础上,本书利用损伤力学、分形理论、弹塑性力学、数值计算、灾害链、系统论等理论方法,选取典型深部硬岩矿山岩石,进行了复杂应力路径下加卸载力学实验,建立了岩石卸荷损伤数学模型;基于分形插值理论,建立了采空区边界预测模型,揭示了采空区形态分形特征与稳定性的定量关系;建立了单体采空区稳定性敏感特性数学模型,揭示了不同空间形态采空区形成过程中应力变化规律,揭示了深部嗣后充填采矿法采空区卸荷失稳机制及稳定特征,并基于能量释放指标及尖点突变理论,建立了深部采空区卸荷失稳判定模型;最后,基于链式理论及非线性动力学,建立了采空区失稳能量链式演化数学模型,针对不同演化阶段提出了针对性控制措施,并应用于工程实践。

2 金属矿山采空区形成及特征

2.1 采空区概念及基本特征

采空区，顾名思义，是在矿山开采过程中形成且未得到有效处理的空间，煤矿中也把采空区叫做"老塘"、"老窿"。对于采空区的定义，目前并没有统一的规定，《矿山安全术语》（GB/T 15259—2008）将采空区定义为"采矿以后不再维护的地下和地面空间"，而《采空区工程地质勘察设计实用手册》中则将采空区定义为"人们在地下大面积采矿或为了各类目的在地下挖掘后遗留下来的矿坑或洞穴"。由此可见，上述定义中采空区包含了人工地下采挖的所有空间，包括巷道、溜井等。实际上，往往只有开采矿体形成的采空区才能引发较严重的地压灾害，因此本书主要讨论狭义的采空区概念，即开采矿体之后形成的空间，这也是采空区的重要特征之一。

在金属矿山中，通常将采空区与地压紧密联系在一起，对采空区进行处理的目的，就是有效控制地压显现，防止灾害的发生。因此，采空区往往具有灾害的诱导倾向，这也是采空区重要特征之一。

矿山生产往往具有很长的开采周期，采空区形成之后并不是处于绝对平衡状态，而是不断地受到周围爆破采动的影响，是一种相对平衡。在长期地压作用下，采空区围岩往往发生蠕变，甚至发生冒落片帮，造成体积和形状不断变化。围岩随着开采周期而不断变化，也是采空区的重要特征之一。

综上所述，金属矿山采空区通常具有以下特征：

（1）随着矿山开采形成，是开采矿体后形成的空间；

（2）与地压密不可分，具有灾害诱导倾向；

（3）始终处于相对平衡状态，随着开采而不断变化。

正确掌握采空区的概念和特征，是进行采空区稳定性控制和灾害治理的重要前提。

2.2 采空区分类及特性

不同的金属矿山，矿体的形态具有较大的差异，赋存条件也千差万别，造成了采空区形态各异，不同类型的采空区的处理方法和灾害类型等也有区别。根据不同的划分标准，采空区可划分为不同的种类。

2.2.1 根据不同的开采方法分类

采空区是开采矿体后形成的空间，因此不同采矿方法形成的采空区也存在较大差异。根据采矿方法的不同，可将采空区划分为空场法采空区、崩落法采空区及充填法采空区。

2.2.1.1 空场法采空区

空场法一般适用于开采矿石和围岩都很稳固的矿床，采空区在一定时间内允许有较大的暴露面积，目前较为常用的包括房柱法（全面法）、浅孔留矿法及阶段矿房法。不同方法形成的采空区也稍有差别。

A 房柱法（全面法）采空区

房柱采矿法是空场采矿法的一种，它是在划分矿块的基础上，矿房和矿柱互相交替排列，而在回采矿房时，留下规则的或不规则的矿柱来管理地压。

根据该方法的结构特点可知，房柱法开采形成的采空区主要由矿柱及顶板组成，因此采空区稳定性主要取决于矿柱和顶板的稳定程度。采用该方法形成的采空区，体积往往较大，矿房长度一般为40~60m，矿房宽8~20m，采空区暴露面积较大，且放置时间较久，因此要求围岩强度较高。

B 浅孔留矿法采空区

留矿法曾经在我国占有相当高的比例，其中浅孔留矿法是主要的方法。对矿石和围岩稳固矿体厚度小于5~8m的急倾斜矿体，在我国广泛地采用浅孔留矿法开采。

根据浅孔留矿法结构特点及适用范围可知，采用该方法开采形成的采空区具有体积较小、容易观测、形态狭长、暴露时间较长的特点。

C 阶段矿房法采空区

阶段矿房法是用深孔薄矿的采矿方法，它也是把矿块划分为矿房和矿柱两部分进行回采，先采矿房，后采矿柱，最后也要有计划地进行矿柱回采和空区处理。通常采用中深孔的方法进行开采。

根据矿体的厚度，矿房的长轴可沿走向布置成垂直走向布置。一般当矿体厚度小于15m时，矿房沿走向布置。当矿石和围岩极稳固时，这个界限可以增加到20~30m。一般如果矿体厚度大于20~30m时，矿块应垂直走向布置。阶段高度一般为50~70m。阶段高度受围岩的稳固性，矿体产状稳定程度以及高天井掘进技术的限制。分步凿岩阶段矿房法的阶段高度一般为50~70m，由于这种方法的采空区是逐渐暴露出来的，因而阶段高度可以大一些。

该方法要求围岩稳固高，保证不发生大范围发生片落、冒顶等事故，同时要求矿体倾角不得小于矿石的自然安息角，一般应当为 50°以上。由此形成的采空区往往体积巨大，但围岩稳固性较好，倾角较大，因此稳定性相对较好；但不宜长期放置，应及时进行处理。

2.2.1.2　充填法采空区

凡是随着回采工作面的推进，逐步用充填料充填采空区的方法称为充填采矿法。充填采矿法也将矿块划分为矿房和矿柱两步骤回采，先采矿房，后采矿柱。矿柱回采可用充填法，也可以考虑用其他方法。

充填采矿法分为垂直分条充填采矿法、削壁充填采矿法、分层充填采矿法、进路充填采矿法、分段空场嗣后充填采矿法、阶段空场嗣后充填采矿法和浅孔留矿嗣后充填采矿法七种。按照充填材料又可分为干式充填材料、水砂充填材料及胶结充填材料三种。各种采矿方法的适应范围如表 2-1 所示。

表 2-1　根据矿岩稳固性、矿体厚度和倾角可选用的充填采矿法

矿体倾角	矿体厚度	矿岩稳固性			
		矿石稳固围岩稳固	矿石稳固围岩不稳固	矿石不稳固围岩稳固	矿石不稳固围岩不稳固
缓倾斜	薄~极薄	分层充填采矿法	垂直分条充填法	垂直分条充填法	垂直分条充填法
	中厚	分层充填采矿法、分段空场嗣后充填法、阶段空场嗣后充填法	分层充填采矿法	进路充填采矿法、垂直分条充填法	垂直分条充填法
	厚~极厚	分层充填采矿法、分段空场嗣后充填法、阶段空场嗣后充填法	分层充填采矿法	进路充填采矿法	分层充填采矿法、进路充填采矿法
倾斜	薄~极薄	浅孔留矿嗣后充填法	垂直分条充填法、分层充填采矿法	进路充填采矿法	进路充填采矿法、分层充填采矿法
	中厚	分段空场嗣后充填法	分层充填采矿法、分段空场嗣后充填法	进路充填采矿法	分层充填采矿法、进路充填采矿法
	厚~极厚	阶段空场嗣后充填法	分层充填采矿法、分段空场嗣后充填法	进路充填采矿法、分层充填采矿法	进路充填采矿法
急倾斜	极薄	削壁充填法、浅孔留矿嗣后充填法	削壁充填法	进路充填采矿法、分层充填采矿法	分层充填采矿法、进路充填采矿法
	薄	浅孔留矿嗣后充填法	分层充填采矿法	进路充填采矿法	进路充填采矿法、分层充填采矿法

矿体倾角	矿体厚度	矿岩稳固性			
		矿石稳固 围岩稳固	矿石稳固 围岩不稳固	矿石不稳固 围岩稳固	矿石不稳固 围岩不稳固
急倾斜	中厚	分段空场嗣后充填法	分层充填采矿法、分段空场嗣后充填法	进路充填采矿法、分层充填采矿法	分层充填采矿法、进路充填采矿法
	厚~极厚	阶段空场嗣后充填法	分层充填采矿法、阶段空场嗣后充填法	进路充填采矿法、分层充填采矿法	分层充填采矿法、进路充填采矿法

随着充填采矿技术的发展，目前常用的充填采矿法主要有分层充填和嗣后充填两种方案，其中，分层充填法适用范围较广，但由于其生产效率较低，生产成本较高，主要用于矿岩，尤其是矿体破碎、稳固性差的情况；嗣后充填主要适用于矿岩条件较好的情况。

由此可知，采用充填法进行开采，在开采过程中已采用充填料对采空区进行了有效的处理，因此充填法采空区往往体积较小且存在时间较短。总体来说，充填法采空区由于得到了即时处理，稳定性相对较好。而对于空场嗣后充填的采空区，进行充填处理之前，其采空区特征与空场法大致相同，但往往围岩稳定性较好。

2.2.1.3 崩落法采空区

崩落采矿法就是以崩落围岩来实现地压管理的采矿方法。即在崩落矿石的同时强制或自然崩落围岩，充填空区。崩落采矿法具有以下特点：

（1）崩落法不再把矿块划分为矿房和矿柱，而是以整个矿块作为一个回采单元，按一定的回采顺序，连续进行单步骤回采。

（2）在回采过程中，围岩要自然或强制崩落。

（3）崩落法开采是在一个阶段内从上而下进行的，与空场采矿法不同。

图2-1为典型崩落法三维示意图。

采用崩落法开采时，由于顶板滞后冒落，采空区顶板面积达到一定规模后，会发生大规模突然冒落，形成采空区的体积大小和形态都是不可控制和预测，因此崩落法形成的采空区往往较隐蔽，定位探测复杂，且采空区围岩往往裂隙发育，稳定性较差，极易引起地表的塌陷。

2.2.2 根据采空区存在时间分类

2.2.2.1 即时处理采空区

在回采过程中，对形成的采空区就采取措施进行了控制，如充填、崩落或封

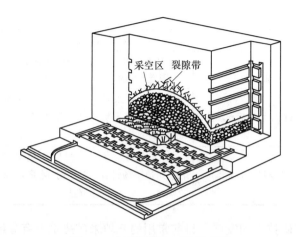

图 2-1　典型崩落法三维示意图

堵等，因此该类型采空区往往是采矿过程中的一个工序。充填法、部分崩落法及部分空场法采空区属于此类采空区。

2.2.2.2　长期放置采空区

在开采过程中，由于工序等原因，部分采空区不能得到及时处理，而是将采空区入口进行简单封堵，并未进行进一步处理。该类型采空区常见于采用空场法回采的矿山，体积差别较大。此类采空区由于长期放置，围岩状态发生了较大的变化。处于爆破扰动剧烈区域的采空区稳定性往往较差，具有一定的安全隐患。

2.2.3　根据采空区空间形态分类

由于矿体形态的千变万化造成了采空区形态千差万别，不同类型采空区形成过程中，对围岩的扰动规律是不同的。根据采空区结构因素，采空区形态主要可分为两种：

（1）立方形采空区。该类采空区长度和宽度相差较小，即长度 $L \leq 2B$ 宽度，高度一般为 15~70m。采空区在形成过程中，主要表现为高度的上升。

（2）狭长形采空区。该类采空区长度远远大于宽度，即长度 $L > 3B$ 宽度，高度一般为 10~15m。采空区在形成过程中，主要表现为长度的增加。

2.2.4　根据采空区规模大小分类

（1）独立采空区。这类采空区在空间上距离较远（一般大于开挖造成的应力影响范围）。由于开挖对围岩造成的扰动只有一次，因此稳固性一般较好，但应注意空区的体积及顶板暴露时间。

（2）群采空区。这类采空区空间距离较近，有的之间相互贯通，有的之间仅有间柱相隔。由于在形成过程中，围岩受到反复扰动，稳固性较差，应力复杂,应特别注意。

采空区群主要是在一些薄脉状矿体的有色金属矿山,受矿体形态和采矿方法的限制,长期开采后往往形成密集分布的采空区群。采空区群的稳定性是一个区域性的系统工程,是在众多采空区共同作用下形成的,只对其中一个采空区进行稳定性判断,往往会得到片面的结论。应将整个采空区群作为一个整体看待,以防治大规模地压灾害为根本出发点。

3 高应力复杂条件下岩石损伤演化规律及数学模型

3.1 引言

对硬岩矿山，一般将采深 800m 及以上的称为深部开采。据不完全统计，国外开采超千米深的金属矿山有 80 多座，大多分布在南非、加拿大、美国、印度、澳大利亚、俄罗斯、波兰、西班牙、赞比亚等国家，其中最多者为南非和加拿大。南非绝大多数金矿的开采深度在 2000m 以下，其姐妹矿井 Savuka 和 TauTona 的深度都超过 3500m。Anglogold 有限公司的西部深井金矿，采矿深度达 3700m。目前最深的 Western Deep Level 金矿的开采深度已经达到 4700m。加拿大安大略省萨德伯里市的 Creighton 镍矿开采深度达到 2400m，蒂明斯市的 Kidd 铜锌矿开采深度为 2800m。

印度的 Kolar 金矿区已有 3 座金矿采深超 2400m，其中钱皮恩里夫金矿总深达到 3260m。俄罗斯的克里沃罗格铁矿区，已有捷尔任斯基、基洛夫、共产国际等 8 座矿山开拓深度到 1570m。另外，美国、澳大利亚、波兰等一些有色金属矿山采深亦超过 1000m。中国在金属矿开采深度方面，湘西金矿目前开采垂直深度接近 1000m，开采倾斜长度超过 2000m；夹皮沟金矿采深已达到 1600m；云南会泽铅锌矿采深超过 1300m；红透山铜矿开采已进入 1300m 深度；冬瓜山铜矿现已建成 2 条超 1000m 竖井来进行深部开采；弓长岭铁矿设计开拓水平 750m，距地表达 1000m；寿王坟铜矿已进入 1000m 采深。可以预计，未来我国黑色金属和有色金属矿山将逐步进入 1000~2000m 深度开采阶段。

进入深部开采后，围岩的受力状态将发生较大的变化。矿体开采后，往往在一定范围内引起较剧烈的应力释放，即卸荷现象，相应的垂直应力和水平应力将会发生复杂的变化。因此，深部围岩的破坏是在复杂的三维应力加卸载作用下发生的。岩石在高应力条件的卸荷作用下，变形规律、裂隙扩展及破坏与常规的加卸方式有着本质的不同。

本书设计采用了多种应力路径的力学实验，试验试件采用大尹格庄闪长玢岩，进行高应力条件下的加卸载试验；同时，采用声发射设备进行监测，以获取试件破坏过程中的声发射计数及能量分布。

3.2 试验设备及试验应力路径

3.2.1 实验设备

岩石的加卸载试验采用 TAW-2000 微机控制岩石伺服三轴压力试验机。试验过程中通过系统软件对围岩应力、应变等进行实时记录，并采用声发射设备对撞击数、能量数等进行监测。

岩石试样取自大尹格庄金矿-556m 水平，岩性为闪长玢岩，属于典型的脆性岩石，最终加工为标准试样，即直径为 50mm，高度为 100mm。

3.2.2 试验方案

本次试验岩样取自大尹格庄金矿矿体下盘，根据常规单轴加载试验及三轴加载试验可知，试样单轴抗压强度约为 80MPa。为保证在卸围压过程中试件出现破坏，初始轴压应大于单轴抗压强度，达到比例极限附近，但小于相应围压对应的三轴抗压强度。同时，根据矿区实际的应力情况，选定试验围压分别为 10MPa、20MPa、30MPa 及 40MPa。

（1）常规三轴加载试验。围压分别为 10MPa、20MPa、30MPa 及 40MPa。

（2）轴向压力 σ_1 恒定，匀速卸载围压 σ_3。

该方案可用于模拟开采卸荷造成的岩石破坏，此时围压 σ_3 下降较快，但 σ_1 未来得及改变，应力路径：

1）与常规三轴试验相同，逐步施加 $\sigma_1 = \sigma_2 = \sigma_3$ 至预定的围压值。

2）保持围压 σ_3 恒定，逐步升高轴压 σ_1 至试件破坏前，$\sigma_1 = 0.8\sigma_{10}$（$\sigma_{10}$ 为对应围压的三轴抗压强度）。

3）保持 σ_1 稳定，同时以 0.2MPa/s 的速率缓慢降低围压，直到试样出现破坏，试件一旦破坏即停止降低围压。

4）试件破坏后，保持围压 σ_3 不变，以应变控制方式继续施加轴向应变，直至轴向压力稳定，以得到峰后的岩石变化特征。

（3）轴向压力 σ_1 匀速增加，匀速卸载围压 σ_3。该试验方案可用来模拟开采造成的最大主应力升高而围压降低的破坏过程。按照不同的变化速率增加和卸载，得到开采速率对围岩的影响。应力路径为：

1）与常规三轴试验相同，逐步施加 $\sigma_1 = \sigma_2 = \sigma_3$ 至预定的围压值。

2）稳定围压，逐步升高轴压至预定应力状态，即 $\sigma_1 = 0.6\sigma_{10}$（$\sigma_{10}$ 为对应围压的三轴抗压强度）。

3）按不同速率增加 σ_1 和降低 σ_3，保证 $+\Delta\sigma_1 : -\Delta\sigma_3 = 0.5$，以 0.1MPa/s 的速率升高 σ_1，0.2MPa/s 的速率卸载 σ_3，直到岩样破坏，停止加卸载操作。

4）试件破坏后，保持围压 σ_3 不变，以应变控制方式继续施加轴向应变，直至轴向压力稳定，以得到峰后的岩石变化特征。

上述试验方案对应了深部开采中，围岩的不同受力状态和破坏原因，较全面地反映了深部应力环境。试验过程中，岩样破坏前，采用应力控制方式进行加卸载操作；岩样破坏后，则采用位移控制方式进行，得到全应力应变曲线。上述三个试验方案的应力路径如图 3-1 所示。

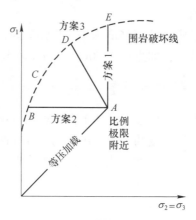

图 3-1 试验方案应力路径图

试验过程中，安装声发射设备，对破坏过程中的声发射点数进行统计；试验结束后，对每一个试样进行拍照，并对裂纹进行素描记录。

每个方案所采用的岩石试件如图 3-2～图 3-4 所示。由图可知，进行试验前的各试件的表面都存在较多的表面裂隙，对岩石力学性质的影响可忽略不计。

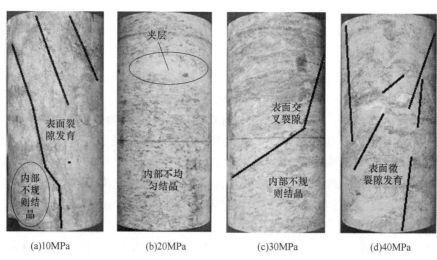

(a)10MPa   (b)20MPa   (c)30MPa   (d)40MPa

图 3-2 方案 1 试样实验前状态

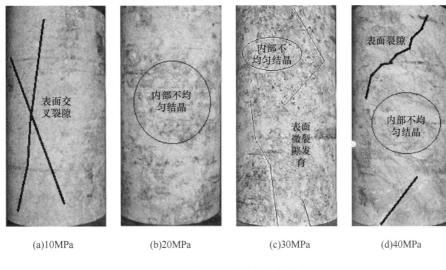

(a)10MPa　　　　(b)20MPa　　　　(c)30MPa　　　　(d)40MPa

图 3-3　方案 2 试样实验前状态

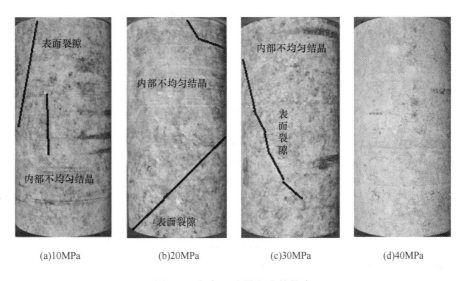

(a)10MPa　　　　(b)20MPa　　　　(c)30MPa　　　　(d)40MPa

图 3-4　方案 3 试样实验前状态

3.3　岩石常规三轴加载试验力学响应

3.3.1　应力应变规律分析

图 3-5(a)~(d)所示分别为围压 10MPa、20MPa、30MPa 及 40MPa 时，岩石的全应力应变曲线。

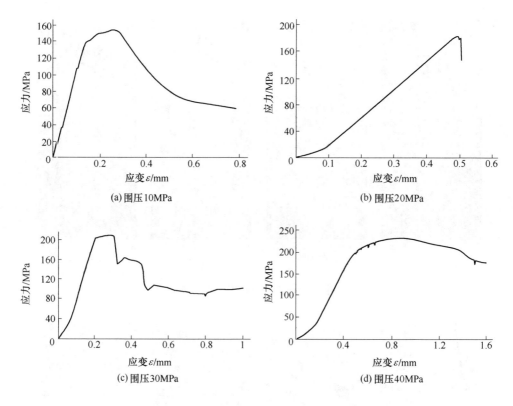

(a)围压10MPa

(b)围压20MPa

(c)围压30MPa

(d)围压40MPa

图 3-5 不同围压作用下岩石应力应变曲线

由于岩石内部存在大量的不均匀结晶，并受到了爆破采动的影响，因此出现了较大的各向异性。总体来看，随着围压的升高，岩石的抗压强度也就越大。当围压为10MPa和20MPa时，围岩表现了较为显著的脆性特征，即存在较明显的峰值点；进入峰点之后，微小的变形就会造成应力的剧烈减小；当围压达到30MPa时，强度没有明显的峰值点。由于岩石内部存在大量的不均匀结晶，造成了岩石内部材料变形的不均匀。随着轴向应力的增加，承载强度低的材料首先出现破坏，造成了整体强度的降低，使岩石整体出现瞬间卸压，但因围压的作用对已出现屈服破坏的部分形成了一种侧向支撑。未出现破坏的材料承担主要的轴向压力，但塑性变形则主要集中在已发生破坏的材料中，出现变形的局部化，围岩整体则表现了应变软化。当围压强度达到40MPa时，随着轴向压力的增加，承载能力较低的材料出现屈服，但在高围压的作用下，并不会立刻丧失承载力，在轴向应力增加的同时，依然发生塑性变形。此时承载能力高的材料开始逐步承压，并达到屈服，出现塑性变形，但岩石整体依然存在承载力。只有不断提高轴压，才能使岩石完全破坏，承载能力降低。由图可知，在该围压作用下，岩石到达峰值强度前出现了明显的塑性屈服平台，即岩石出现了脆延转化。

3.3.2 围岩强度分析

图 3-6 所示为岩石峰值应力及残余应力与围压关系曲线。由图可知，随着围压的增加，峰值应力及残余应力呈线性增加。目前关于常规三轴应力分析的文献较多，这里不再赘述。常规三轴加载试验认为，岩石加载破坏符合摩尔-库仑准则。

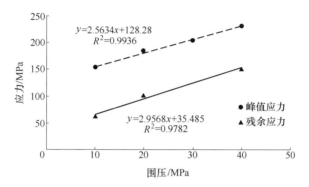

图 3-6 岩石强度与围压关系曲线

采用围压效应系数来表示围压对岩石三向受力状态下强度的影响，即：

$$k = \frac{\sigma_0 - \sigma_c}{\sigma_3} \tag{3-1}$$

式中，σ_0 为岩石三轴峰值强度；σ_c 为岩石单轴强度。

将试验数值代入公式，进行绘图并进行多项式拟合，结果如图 3-7 所示。

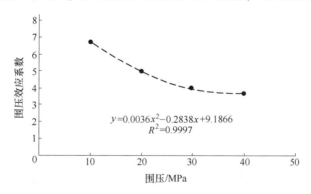

图 3-7 围压效应系数与围压关系曲线

由图可知，随着围压的增加，岩石三轴峰值强度增长幅度逐渐变小，岩石三向应力与围压呈现二次非线性关系。随着岩石由脆性向延性转变，围压对岩石强度的影响也逐渐变小。由此可知，在高应力环境下，线性摩尔库仑准则不再适用，应进行更加深入的研究。

3.3.3 岩石变形规律分析

岩石应力达到峰值时，对应的轴向应变与体积应变为峰值应变。通过对应变的分析，可以获得岩石内部裂隙演化及扩展规律。图 3-8 为不同围压对应的峰值轴向应变和体积应变变化曲线。

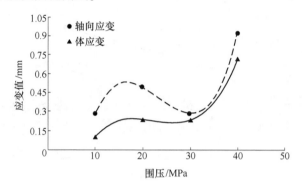

图 3-8   岩石应变与围压关系曲线

由图可知，总体上峰值轴向应变和体应变随着围压的增加而变大，当围压小于 30MPa 时，增加幅度较小；而围压达到 40MPa 后，峰值应变值出现了较大幅度的增加，说明岩石发生了明显的塑性变形，由脆性逐渐向延性转变，而 40MPa 为岩石脆延转变的临界围压值。随着轴向应力的增加，岩石内部原生裂隙由初始的随机分布逐渐扩展、贯通，并萌生新的裂隙。当达到峰值应力后，由内部细观损伤转变为宏观破坏，当围压较低时，不能提供足够的承载力，从而造成岩石强度的快速降低；在高围压作用下，使破裂面上的滑移力承载力大大提高，并限制了裂缝的横向扩展，往往出现较大的塑性变形，造成了峰值轴向应变和体应变出现了大幅度的增长，若要使岩石发生破坏，则需要外界提供更多的能量。

对上述曲线分别进行二次多项式拟合，则有：

峰值轴向应变： $\varepsilon_1 = 0.0002\sigma_3^3 - 0.0146\sigma_3^2 + 0.3134\sigma_3 - 1.6015$

峰值体应变： $\varepsilon_v = 0.0001\sigma_3^3 - 0.0071\sigma_3^2 + 0.1527\sigma_3 - 0.8248$

由上式可以看出，峰值轴向应变和体应变不仅与围压有关，还与岩石试件内部结构及原生裂隙有关，是两者的复合函数。

3.3.4 岩石破裂特征分析

岩石的破坏形式是分析围岩破坏机理的重要依据，如图 3-9(a) ~ (d) 所示为 4 种不同围压对应的岩石破坏形式。由图可知，几种围压作用下的岩石破坏形式主要为单一断裂面的压剪破坏。总体来看，随着围压的增加主要破裂面倾角逐渐增大，尤其是围压为 40MPa 时，角度明显升高，且最终的岩石试件呈明显的膨胀。

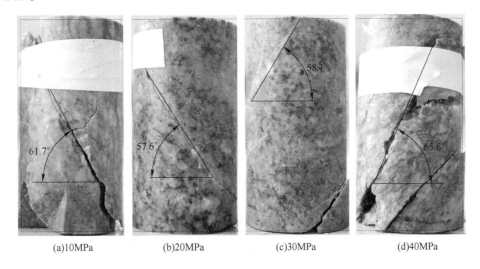

(a)10MPa   (b)20MPa   (c)30MPa   (d)40MPa

图 3-9 岩石破裂形式

从断口特征来看，低围压作用下岩石断裂面较粗糙，并伴有局部的张拉划痕。随着围压的增加，断裂面逐渐变的平滑，并出现了明显的划痕，说明在围压的作用下，在断裂面上出现了较大的摩擦力，使强度增加，并产生较大的体积应变。

对岩石断裂面及表面裂隙进行素描，如图 3-10 所示。由图可知，围压为10~30MPa 时，岩石破裂形式包括了一条主断裂面和若干表面裂隙。

当围压达到 40MPa 后，岩石试件则出现了两条较大的主要断裂面，说明在高围压的作用下，内部微裂隙的扩展不会造成围岩承载力的较大降低，而是不断扩展直至贯通，才会引起岩石承载力的大幅降低。

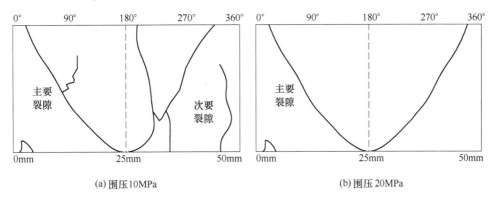

(a) 围压10MPa   (b) 围压20MPa

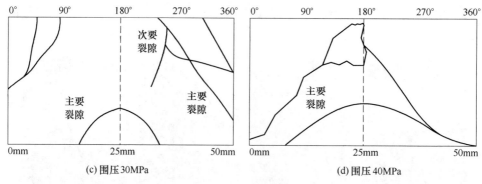

(c) 围压30MPa   (d) 围压40MPa

图 3-10   岩石破裂形式

进行地下开采过程中，根据开采方式的不同，围岩可能发生单向卸荷，也可能发生双向卸荷。对于单独小矿体的开采，往往形成单一采空区，此时采空区边壁属于单向卸荷；而对于地下大规模矿体开采，往往在同一水平形成大量采空区，多个采空区共用一个矿柱，此时为多向卸荷，因此对卸荷试验过程中岩石变形分析具有一定的工程意义。

3.4   轴向压力恒定的匀速卸载围压试验

为了得到全部过程的应力应变曲线，在岩石出现卸荷破坏后，保持卸荷破坏围压继续以位移控制的方式进行加载。图 3-11 为试验过程中不同围压作用下轴向应力-应变曲线。

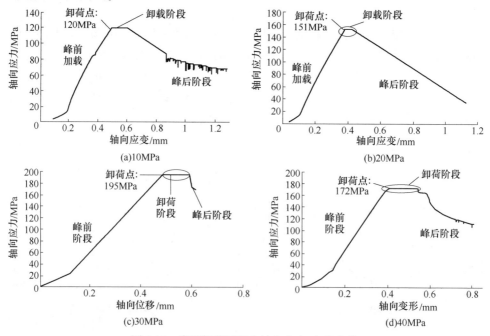

图 3-11   岩石卸荷过程中轴向应力-应变曲线

由图可知，每次当应力应变曲线由直线变为曲线段时开始进行卸压，大致相当于三轴抗压强度的 80%。总体上看，随着初始围压的增加，初始卸载轴压也随之大；围压为 20MPa 和 30MPa 时，由于卸荷初始轴压较大，卸压过程中出现了突然的破坏，峰后荷载迅速降低，峰后阶段不明显；围压为 10MPa 和 40MPa 时，由于恒定轴压较低，卸载围压过程中岩石没有出现突然破坏，峰后阶段明显。由此可知，随着开采深度的增加，由于开采卸压造成的岩石破坏越发剧烈。

将轴向应力和轴向应变放在同一坐标系下，如图 3-12 所示。横坐标为试验进行的时间。

由图可知，虽然卸载初始围压不同，卸载时间不同，但卸载过程中的轴向应变变化量波动较小，分布在 0.0954~0.1059μm，之后轴向应变开始出现较大增长。分别来看，峰后阶段轴向应变的变化速率要大于卸压阶段。

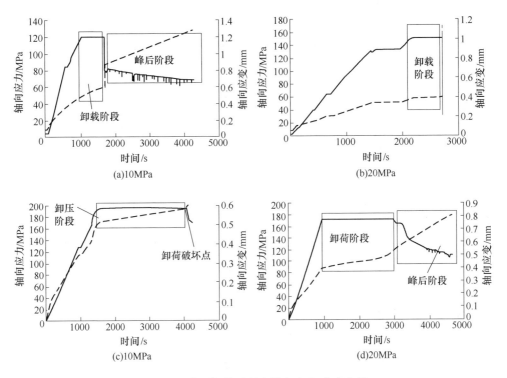

图 3-12　岩石卸荷过程中轴向应力-应变曲线

用试验过程中径向变形与轴向应变的比值来表征岩石在卸压过程中横向变形扩展的程度，图 3-13 所示为围压为 10MPa 和 30MPa 时，径向应变与轴向应变之比随卸压过程的变化规律。由图可知，在卸压阶段，岩石试件发生了缓慢的扩容，当接近破坏时，扩容逐渐变大，在破坏的瞬间，发生急速扩容。进入峰后阶段，扩容速度变缓，但高于卸载阶段的扩容速度。

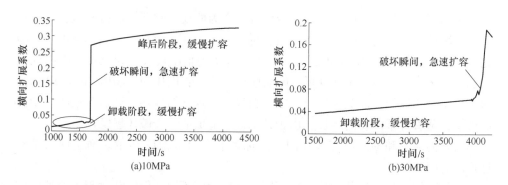

图 3-13　岩石卸荷过程中径向位移与轴向位移比值曲线

3.5　轴向压力增加的匀速卸载围压试验

图 3-14 所示为试验过程中，不同初始围压作用下，同时进行卸围压和增轴压操作后得到的轴向应力-应变曲线，卸荷点为极限荷载的 50% ~ 60%。

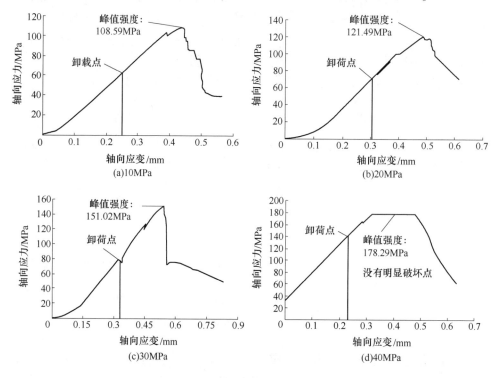

图 3-14　增轴压卸围压应力应变曲线

由图可知，该方案得到的应力应变曲线与常规三轴加载得到的结果具有相似性，但是由于在加载过程中围压在不断减小，因此岩石的破坏往往具有突发性，且峰值强度小于常规三轴加载强度。初始围压为 10~30MPa 时，有明显的破坏点，之后迅速降低；而当初始围压为 40MPa 时，则出现了明显的屈服平台，轴向应力几乎没有增加，但轴向位移却在不断增加，即岩石出现了明显的应变软化现象。岩石发生破坏时的轴向位移要大于常规三轴加载。

在加载过程中，对试件进行卸载操作，实际上相当于在试件表面增加了一组拉力，即岩石试件承受压-拉复合作用。在轴向压力的作用下，岩石内部发生与常规三轴加载时相似的变化，但由于在径向"拉力"的作用下，试件不能得到有效支撑，使内部出现的裂隙不能得到压实，而出现突然破坏，破坏时产生的位移也较大。

图 3-15 所示为轴向应力、轴向变形及径向变形随试验时间的变化曲线图。从开始卸载到试件发生破坏，径向变形变化更加敏感；当围压卸载到一定程度后，径向变形迅速增加，而轴向变形则没有明显的增大，呈线性增加。

由图可知，虽然随着围压的降低，轴向和径向变形率在变小，但在试件发生破坏的瞬间，围压越高，变形越易出现突变的现象（如图 3-15(d) 所示），虽然在实验过程中，岩石出现了较明显的塑性平台，但在破坏瞬间，轴向位移和径向位移都出现了突然增大。

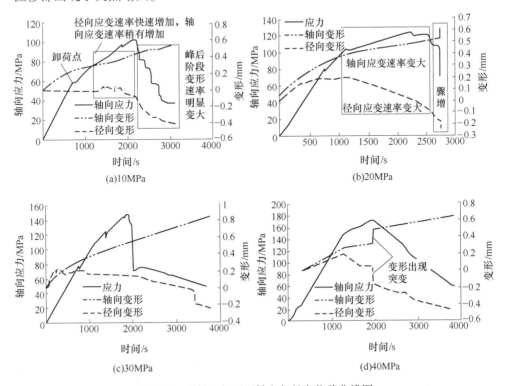

图 3-15　增轴压卸围压轴向与径向位移曲线图

不同初始围压作用下，径向变形和轴向变形的变化值如表 3-1 所示。由表可知，从卸压开始到试件发生破坏，径向变形变化率要明显大于轴向变形，且差别随着围压的增加而逐渐减小，说明高围压对侧向位移起到了限制作用。

表 3-1 增轴压卸围压过程中轴向和径向变形列表

压力/MPa		10	20	30	40
轴向位移/mm	开　始	0.247	0.328	0.335	0.257
	破　坏	0.434	0.491	0.534	0.315
	变化量/%	75.7	49.7	59.4	22.6
径向位移/mm	开　始	0.016	0.215	0.201	0.195
	破　坏	0.078	-0.05	-0.08	0.055
	变化量/%	387.5	123	140	72

3.6 不同应力路径下的岩石力学响应特征对比

3.6.1 不同应力路径下的岩石强度特性

将三种试验方案的强度数据进行整理，并绘制于同一坐标系中，如图 3-16 所示。

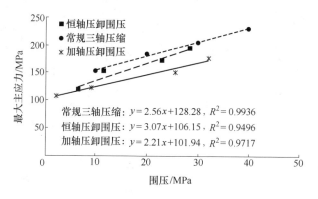

常规三轴压缩：$y = 2.56x + 128.28$，$R^2 = 0.9936$
恒轴压卸围压：$y = 3.07x + 106.15$，$R^2 = 0.9496$
加轴压卸围压：$y = 2.21x + 101.94$，$R^2 = 0.9717$

图 3-16 不同应力路径岩石强度

由图可知，三种试验方案的 σ_1-σ_3 呈现较明显的线性相关规律，说明在试验围压强度条件下，卸围压应力路径作用下，岩石强度依然符合摩尔库伦准则。三者对比来看，常规三轴加载试验的围岩强度最大，恒轴压卸围压应力路径强度次之，加轴压卸围压应力路径岩石强度最小。

由前述分析可知，方案 2 中，卸围压时，虽然保持轴向应力不变，但由于轴向位移持续增加，因此液压系统持续对试件做功，使损伤不断集聚；同时由于围压的减小，不能对试件形成有效支撑，造成了岩石强度的降低。而方案 3 中持续的增加轴压则加速了岩石内部损伤的积累，强度最小。

3.6.2 不同应力路径下的岩石破裂特征

由应力应变曲线分析可知，卸荷过程中，岩石试件的破坏表现为阶段性和积累性。试件发生破坏时，往往伴随着能量释放导致的破裂声，且破坏往往具有突发性，即岩石表现出脆性破坏。从应力应变曲线中也可看出，峰后往往出现应力的突然跌落。从轴向变形与径向变形变化曲线可以看出，在卸荷过程及最终破坏时，横向变形会出现较大的增加及突变，说明沿着卸荷方向出现了明显的扩容现象。试件最终的破坏形式更加复杂，往往存在着各种形式的断裂面，包括近似平行于轴向应力的张拉型破裂面、剪切断裂面及纵横交错的微裂隙。

图 3-17 所示为定轴压卸围压试验后岩石试件的破碎状态。由图可知，定轴压卸围压造成的破坏具有明显的张拉破坏特征，破裂面近似平行于轴向加载方向，即岩石发生了卸荷方向的破坏。随着初始卸载围压的增加，破裂面逐渐倾斜，由张拉破坏向剪切破坏过渡。实际上，对试件进行卸围压，作用相当于给岩石施加了一个张拉力，造成了岩石表面张拉裂缝不断延伸扩展，进而向内部延伸，导致扩容现象，最终使岩石出现张拉破坏，张拉断裂面近似垂直于卸荷方向。随着初始卸载围压的增加，可在一定程度上抑制表面裂缝扩展，但在轴向应力作用下，内部裂纹逐渐逐渐向剪切面扩展，最终出现剪切破裂面。

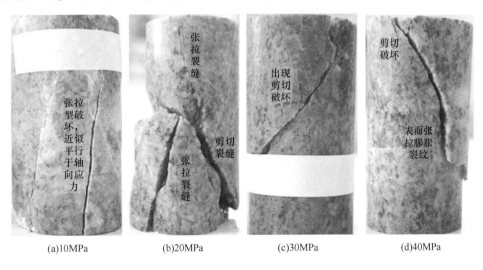

(a)10MPa   (b)20MPa   (c)30MPa   (d)40MPa

图 3-17 定轴压卸围压试验岩石试件破坏形态

图 3-18 所示为增轴压卸围压试验后岩石试件的破碎状态，由图可知，试验发生张拉破坏的现象更加明显，在围压为 10MPa、20MPa 及 30MPa 时都出现了

明显的张拉破坏，剪切破坏次之。围压从 30MPa 开始出现剪切破坏，达到 40MPa 时，主要破坏形式表现为明显的剪切破坏。与定轴压条件相比，扩容现象更加明显。

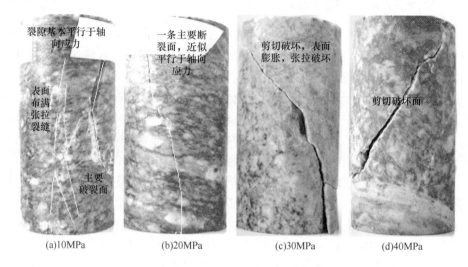

图 3-18　增轴压卸围压试验岩石试件破坏形态

分别将两种试验方案每种围压对应的试件破裂形式进行素描，图 3-19 所示为

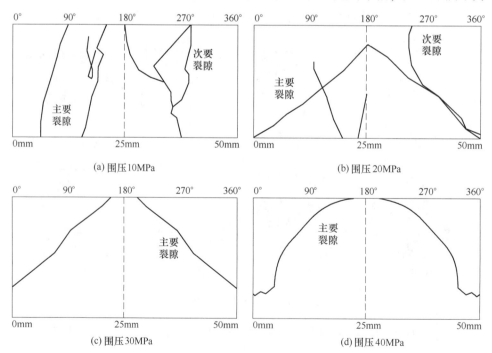

图 3-19　定轴压卸围压岩石破裂形式素描图

定轴压卸围压中岩石试件的破裂形式。由图可知，卸压造成的破坏形式中包含了大量的张拉裂隙，尤其是在低围压作用下，随着初始围压的增加，张拉裂缝逐渐减少，主要的破裂形式向剪切破坏转变。

图 3-20 所示为增轴压卸围压的试件破坏形式素描图。由图可知，试件的张拉型破坏现象更加明显，岩石表面及内部布满了复杂的张拉微裂隙，近似平行于轴向加载力的方向。

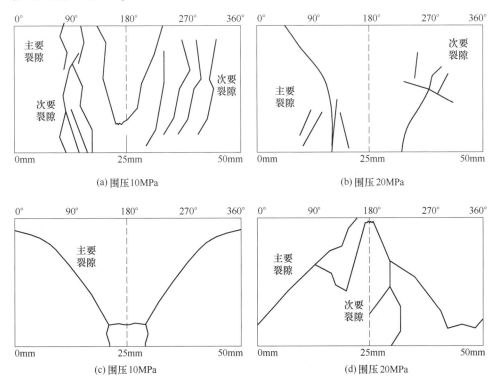

图 3-20　定轴压卸围压岩石破裂形式素描图

根据以上分析可知，在整个卸荷试验过程中，岩石内部裂隙发展具有明显的阶段特征。在卸荷影响下，表面出现大量复杂的张拉裂隙，并不断扩展、贯通。当初始卸载围压较小时，由于卸载速率要大于加载速率，因此产生的张拉裂缝不能及时有效的闭合，而沿着轴向加载方向扩展。因此，低围压作用下试件以拉裂型破坏为主。当围压较大时，可以提供一定程度的侧向支撑，在轴压和围压双重应力作用下，张拉裂缝逐渐向剪切破坏过渡，剪切型裂缝的比例逐渐增加，最终贯通形成剪切破裂面。

图 3-21 所示为不同初始围压作用下，岩石试件内部单裂缝扩展原理。图中，σ_1 和 σ_3 为试验过程中的轴向应力和围压，σ_3' 为卸压过程中产生的虚拟拉力。上

述原理图揭示了试验过程中不同围压作用下岩石试件破裂形式产生的原因。

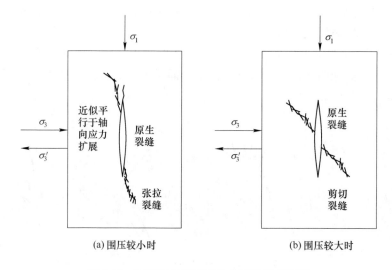

(a) 围压较小时　　　　　　　　(b) 围压较大时

图 3-21　不同初始围压试件内裂缝扩展机理

岩石在荷载作用下，内部裂纹不断扩展贯通，并萌生新的裂隙。在此过程中，往往伴随着能量的释放及声响，发生明显的声发射现象。岩石声发射现象的规律与岩石自身性质及受力状态有密切的关系，通过捕捉破坏过程中所出现的声发射信号并进行分析，可得到岩石内部裂缝演化规律，并推导岩石宏观破坏机制。

本节在进行岩石加卸载力学实验的同时，采用声发射监测设备 AEwin 进行信号的收集，通过分析试验过程中的振铃计数率能量等随应力及时间-应力的变化规律，得到岩石破裂过程中内部演化机制。

3.6.3　声发射计数率变化规律

为进行对比说明，每个方案选取了一种围压状态进行阐述。

图 3-22 所示为方案 1 围压为 30MPa 时，即常规三轴试验时的声发射计数率-时间-应力关系图。

由图可知，常规三轴压力试验进行过程中，经历了 6 个阶段，分别为初始声发射密集区，峰前相对平静阶段，峰值阶段，峰后声发射密集区，峰后平静区，残余碎裂岩石压密阶段。试验初始阶段及刚进入弹性阶段，由于内部裂隙的压密、萌生及扩展等，计数率出现了较密集的声发射现象，而后出现了声发射的相对平静现象；当应力达到峰值强度的 95% 时，声发射急速增加至 1191 次/s，密度明显增大；当密度减小至峰值强度的 50% 左右时，轴向应力水平相对较低，同样在围压作用下声发射，重新进入平静区。此时试件在围压和轴向压力共同作用

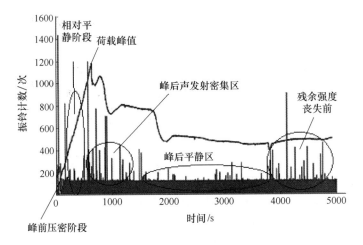

图 3-22 方案 1 围压为 30MPa 时声发射计数率-时间-应力关系图

下，内部裂纹均匀演化，声发射速率均匀变化。当轴向应力与围压达到一定比例后，内部裂纹重新开始扩展，破裂面之间的摩擦使声发射再次变得活跃。

图 3-23 为方案 2 围压为 20MPa 时，声发射计数率与应力及时间关系示意图。

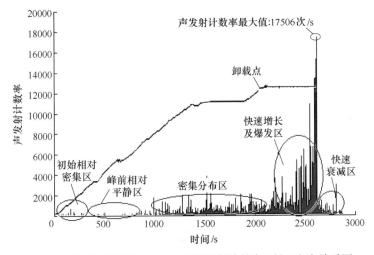

图 3-23 方案 2 围压为 20MPa 时声发射计数率-时间-应力关系图

与常规三轴试验不同，卸围压试验过程中声发射计数率变化经历了 5 个明显差异阶段，分别为初始相对密集区，峰前相对平静区，密集分布区，快速增长及爆发区，快速衰减区。卸围压前声发射计数率变化规律与常规三轴相同，都经历了相对密集区和平静区。不同的是常规三轴试验中，相对平静区和爆发区之间并没有明显的过渡，而卸载试验则经历了较长时间的密集分布区。当卸压开始后，声发射计数率快速增长；当卸压进程到约 50%时，声发射速率再次显著增加；当试件发生破坏后 5s，声发射计数率达到最大，为 17506 次/s，远大于常规三轴。之后声发射计数率迅速衰减，说明随着岩石的破裂，内部能量发生了急剧释放。

图 3-24 为方案 3 围压为 30MPa 时声发射计数率及应力与时间关系图。试验过程中，声发射计数率经历了典型的三个阶段，即峰前相对平静区、加卸载集中爆发区及峰后密集区。卸载之前，岩石的声发射现象基本处于"静默"状态。开始进行卸围压后，声发射计数率迅速增长并逐渐增加，当岩石试件发生破坏后，内部能量急剧释放，声发射计数率达到最大值，为 17789 次/s，发生峰值强度之后 5s。之后，随着内部能量的快速释放，声发射计数率急速衰减。与常规三轴试验相比，也存在密集声发射区，但由于围压不断减小，岩石试件内部损伤始终处于快速发展状态，因此，声发射计数率始终处于相对较高的水平。而常规三轴试验试件峰后阶段在围压的作用，内部损伤扩展出现了短暂停滞，造成了声发射计数率出现了短暂的峰后相对平静区。

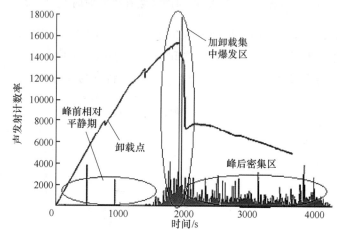

图 3-24 方案 3 围压为 30MPa 时声发射计数率-时间-应力关系图

综上所述，不同应力路径作用下，岩石试件在破坏过程中的声发射现象具有显著的差异。进行卸围压操作之前，三种方案试件应力路径相同，因此表现出了相似的声发射现象，即初始阶段的声发射相对密集区及相对平静区。而在岩石达到峰值强度之前，常规三轴试验的声发射计数率出现了突然增大；而方案 2 和方案 3 由于围压减小的影响，声发射计数率在达到峰值之前存在明显的爆发密集区，说明卸围压加速了岩石试件内部损伤的发展，使能量不断释放；而常规三轴试验由于围压的作用，对内部损伤及裂缝起到了抑制作用，因此声发射现象不明显。

3.6.4 声发射能量特征变化规律

试验过程中，岩石在破裂的同时往往伴随着大量的能量释放。通过上述研究可知，虽然不同的应力路径表现出不同的能量特征，但累计振铃计数演化过程总体分为三个阶段，包括峰前平静期、活跃期及峰后平缓期。以方案 3 围压为 30MPa 为例进行研究，图 3-25 所示为方案 3 围压为 30MPa 时，声发射计数率及累计计数率随时间的变化规律。

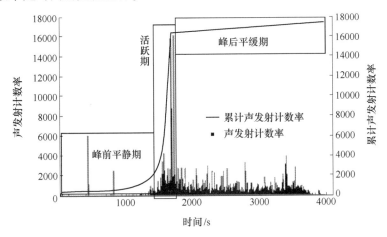

图 3-25　方案 3 围压为 30MPa 时声发射计数率-时间-累计声发射率关系图

由图可知，声发射计数率峰前平静期到活跃期不存在明显的过渡区域，而是在超过某一临界值后突然增加，最大振铃计数率占的比例远远超出其他。岩石破裂后，声发射计数率迅速衰减但密度急剧增加。对于其他试验方案，呈现了相似的规律，只是存在数值的差异，不再赘述。

通过各个方案的对比可知，岩石的破裂往往具有突发性，且存在一个临界声发射特征数，当大于这个临界值时，岩石内声发射现象变的剧烈。实际工程中要采取预防措施，注意以下特点：

（1）对于质量较好、围压较大的试样，通常峰前平静期较长，且破裂前声发射计数率较小，说明岩石试样在破坏前集聚了大量的能量，且转化为弹性能，能量耗散较小，此时应力应变存在以下关系：

$$\sigma_q \geqslant \sigma_C , \varepsilon_q \geqslant \varepsilon_C$$

式中，σ_q 和 ε_q 为平静期结束时的应力值及应变值；σ_C 和 ε_C 为破坏临界值。

（2）质量较好或围压较大的试样，破裂时最大声发射计数率也就越大，说明试样在破裂的短时间内，前期外界输入的能量急剧释放，即：

$$\varLambda_{max} \geqslant \varLambda_C , Q_{max} \geqslant Q_C$$

式中，$\varLambda_{max}$ 和 Q_{max} 分别为最大声发射计数率和最大能量释放率；$\varLambda_C$ 和 Q_C 分别为破坏声发射临界值及最大能量释放率临界值。

在实际工程应用的关键是要准确确定 σ_C、ε_C、$\varLambda_C$ 及 Q_C，需要做大量的力学实验及工程实测数据分析。

3.7　复杂应力路径下岩石损伤演化规律

开采前，深部围岩往往处于三向加载状态，相关岩石力学试验表明，岩石在三向受压状态下，具有较高的承载力，即使岩石出现结构性破坏，也不会发生整体破坏。进行开采卸压后，才会出现整体失稳。因此，对于地下开采尤其是深部矿山开采，围岩往往发生卸压破坏。

围岩发生卸荷破坏的主要原因是开采造成的应力变化使围岩内部产生了大量的节理裂隙，开采造成卸荷作用，使内部节理裂隙产生拉应力，其力学性质将发生巨大变化，造成岩石强度降低，引起整体破坏。因此，岩石的破坏是内部缺陷不断损失演化的结果。

3.7.1　高应力复杂条件下岩石损伤能量耗散分析

岩石力学试验实际上是加卸载设备不断对岩石试样施加外功的过程，通过做功，使岩石内部能量发生改变，从而岩石发生应力和变形的变化，因此岩石的破坏从本质上说是内部能量不断变化的结果。根据本书试验结果，岩石破裂存在一个能量的临界点，即：

$$Q = Q_C \tag{3-2}$$

式中，Q 为损伤能量耗散量；Q_C 为其临界值。

根据热力学定律，若不考虑试验过程中与外界的热量交换，岩石力学系统可视为是封闭的系统，则加载设备所作的外功全部转化为岩石内部的能量。一般来说，外功输入的总能量 U，全部转化为了岩石试样内部可释放弹性应变能 U_e 和单元耗散能 U_D，即：

$$U = U_e + U_D \tag{3-3}$$

在封闭系统内，根据功的定义，外界所产生的能量为：

$$U = \int_\varepsilon \sigma d\varepsilon = \int_{\varepsilon_1} \sigma_1 d\varepsilon_1 + \int_{\varepsilon_2} \sigma_2 d\varepsilon_2 + \int_{\varepsilon_3} \sigma_3 d\varepsilon_3 \tag{3-4}$$

对于可释放弹性应变能 U_e，则与岩石的受力状态密切相关。

3.7.2　常规三轴加载

当为常规三轴加载时，可释放弹性应变能为轴向可释放应变能去掉侧向变形对设备施加的能量，如图 3-26 所示，则有：

$$U_e = \int_{\varepsilon_e} \sigma d\varepsilon = \frac{1}{2}(\sigma_1 \varepsilon_{1e} + 2\sigma_3 \varepsilon_{3e}) \tag{3-5}$$

根据广义胡克定理，有：

$$\varepsilon_{1e} = \frac{1}{E_1}[\sigma_1 - \mu_1(\sigma_2 + \sigma_3)]$$

$$\varepsilon_{2e} = \frac{1}{E_2}[\sigma_2 - \mu_2(\sigma_1 + \sigma_3)]$$

$$\varepsilon_{3e} = \frac{1}{E_3}[\sigma_3 - \mu_3(\sigma_1 + \sigma_2)]$$

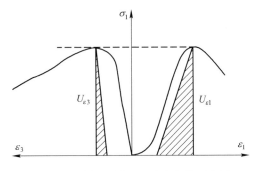

由图可知，单元耗散能 U_d 一般发生在弹性变形阶段之后，主要用于产生塑性变形及内部裂隙的扩展。由此可知，岩石单元耗散能是

图 3-26 常规三轴可释放应变能示意图

岩石内部裂隙扩展的原动力，随着耗散能的不断增加，岩石内部损伤不断扩大，当达到临界耗散能时即发生破坏。因此损伤变量可用耗散能表示，即：

$$D = \frac{U_D}{U_C} \tag{3-6}$$

式中，U_C 为单元临界耗散能。根据热力学第一定律可得：

$$U_C = \int_{\varepsilon_1}\sigma_1 d\varepsilon_1 + \int_{\varepsilon_2}\sigma_2 d\varepsilon_2 + \int_{\varepsilon_3}\sigma_3 d\varepsilon_3 - \frac{1}{2}(\sigma_1\varepsilon_{1e} + \sigma_2\varepsilon_{2e} + \sigma_3\varepsilon_{3e}) \tag{3-7}$$

3.7.3 轴压恒定的卸围压应力路径

在该种路径作用下，轴压保持不变，而轴压不断增加，因此在此过程中，试验机持续对试件做功。由于卸压点为试件的比例极限，因此，进行卸压之前，可认为外界做功大部分转化为了单元弹性应变能，如图 3-27 中的 $U_{\varepsilon11}$。忽略卸压时轴压的波动，卸压过程中的单元弹性势能是保持不变的，试件卸载破坏时的单元储存弹性势能为图中的 $U_{\varepsilon12}$，则该过程中轴向方向的耗散能为图中的 U_{12}。同时，岩样通过径向膨胀对液压设备做功，消耗部分弹性势能，为图中的 $U_{\varepsilon3}$，则

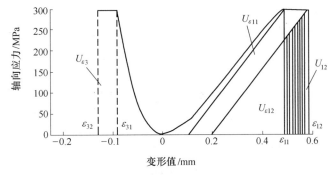

图 3-27 恒轴压卸围压应力路径岩石能量分析

该试验应力路径中，单元临界耗散能 U_C 为：

$$U_C = U_{\varepsilon3} + U_{12} = 2\int_{\varepsilon_{31}}^{\varepsilon_{32}} \sigma_3 \mathrm{d}\varepsilon_3 + \int_{\varepsilon_{11}}^{\varepsilon_{12}} \sigma_1 \mathrm{d}\varepsilon_1 \tag{3-8}$$

若围压是匀速卸载，则由图可知，岩石能量耗散随应变值的变化呈线性演化规律。朱泽奇等在对三峡地下厂房区花岗岩进行相关研究时，也得到了类似的规律，如图 3-28 所示。

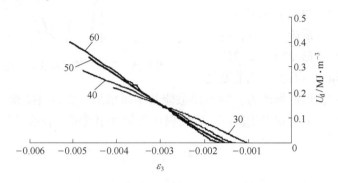

图 3-28 花岗岩能量耗散与径向变形关系曲线

由图可知，随着径向变形的增加，能量耗散量越多，且随着初始围压的增加，直线斜率也就越大，即能量耗散也就越剧烈。此时围岩破坏往往呈现明显的脆性破坏，且破坏程度较大。

3.8 基于最小耗能原理的损伤演化分析

岩石的损伤破坏实质上是损伤变量逐渐增大，直到达到临界值，期间伴随着能量的耗散，因此，岩石的损伤实质上就是岩石内部能量不断耗散的过程，研究损伤变量的演化可通过研究能量耗散率进行。

任何热力学过程都符合最小耗能原理，所谓最小耗能原理是指，任何热力学的能量耗散过程，都是按照与其相对应的约束条件的最小耗能的方式进行，其中的约束条件是指该热力过程所对应的物理条件和边界条件。

由前可知，岩石内部的耗散能如式（3-9）所示：

$$U_D = U - U_e \tag{3-9}$$

则耗散率为：

$$\dot{U}_D = \dot{U} - \dot{U}_e \tag{3-10}$$

一般来说，当岩石在弹性变形阶段，设岩石的内部损伤为 0，因此岩石内部可释放弹性应变能为常数，因此，内部耗散率即为外部输入能量变化率，由式可得：

$$\dot{U}_D = \sigma_1 \mathrm{d}\varepsilon_1 + \sigma_2 \mathrm{d}\varepsilon_2 + \sigma_3 \mathrm{d}\varepsilon_3 \tag{3-11}$$

代入式可求得：

$$\dot{U}_D = \frac{1}{E_1}[\sigma_1^2 - \mu_1(\sigma_1\sigma_2 + \sigma_1\sigma_3)] + \frac{1}{E_2}[\sigma_2^2 - \mu_2(\sigma_1\sigma_2 + \sigma_2\sigma_3)] +$$

$$\frac{1}{E_3}[\sigma_3^2 - \mu_3(\sigma_1\sigma_3 + \sigma_2\sigma_3)] \qquad (3\text{-}12)$$

设 $E_1 = E_2 = E_3 = E$，$\mu_1 = \mu_2 = \mu_3 = \mu$，因此可得耗散率为：

$$\dot{U}_D = \frac{1}{E}[\sigma_1^2 + \sigma_2^2 + \sigma_3^2 - 2\mu(\sigma_1\sigma_2 + \sigma_1\sigma_3 + \sigma_2\sigma_3)] \qquad (3\text{-}13)$$

对于假三轴加卸载试验，$\sigma_2 = \sigma_3$，因此本章试验对应的能量耗散率为：

$$\dot{U}_D = \frac{1}{E}[\sigma_1^2 + 2\sigma_3^2 - 2\mu(2\sigma_1\sigma_3 + \sigma_3^2)] \qquad (3\text{-}14)$$

由损伤力学理论可知，对于弹性模量来说，与损伤变量存在以下关系：

$$E = E_0(1 - D) \qquad (3\text{-}15)$$

式中，D 为损伤变量；E_0 为初始弹性模量。则能量耗散率为：

$$\dot{U}_D = \frac{-\dot{D}}{(1 - D)^2 E_0}[\sigma_1^2 + 2\sigma_3^2 - 2\mu(2\sigma_1\sigma_3 + \sigma_3^2)] \qquad (3\text{-}16)$$

设高应力卸荷条件下围岩的破坏准则函数为 $F(\sigma_1, \sigma_3)$，由试验结果可得：

$$F(\sigma_1, \sigma_3) = \sigma_1 - a\sigma_3 - b = 0 \qquad (3\text{-}17)$$

根据最小耗能原理可知，式应在满足边界条件的前提下，驻值为 0，即：

$$\frac{\partial[\dot{U}_D + \lambda F(\sigma_1, \sigma_3)]}{\partial\sigma_i} = 0 \qquad (3\text{-}18)$$

将式（3-16）和式（3-17）代入式（3-18），可得：

$$\begin{cases} \dfrac{-\dot{D}}{(1 - D)^2 E_0}(2\sigma_1 - 4\mu\sigma_3) + \dfrac{\lambda F(\sigma_1, \sigma_3)}{\partial\sigma_1} = 0 \\[3mm] \dfrac{-\dot{D}}{(1 - D)^2 E_0}[4\sigma_3 - 4\mu(\sigma_1 + \sigma_3)] + \dfrac{\lambda F(\sigma_1, \sigma_3)}{\partial\sigma_3} = 0 \end{cases} \qquad (3\text{-}19)$$

根据连续损伤力学原理，对于岩石材料，应力满足：

$$\sigma_1 = E\varepsilon_1 = E_0(1 - D)\varepsilon_1, \quad \sigma_3 = E\varepsilon_3 = E_0(1 - D)\varepsilon_3 \qquad (3\text{-}20)$$

式（3-19）代入式（3-20），可求得：

$$D = 1 - e^{\frac{(a+1)\lambda}{2(\varepsilon_1 - 2\varepsilon_3)} + c} \qquad (3\text{-}21)$$

式中，λ、c 为与材料相关的常数。可通过试验求取，也可通过以下步骤进行理论推导。

由岩石全应力应变曲线可知，当强度达到峰值时，曲线的斜率为 0，即：

$$\frac{d(\sigma_1 - \sigma_3)}{d\varepsilon_1} = 0, \quad \frac{d(\sigma_1 - \sigma_3)}{d\varepsilon_3} = 0 \qquad (3\text{-}22)$$

式 (3-20) 代入式 (3-22)，可得：

$$\frac{E_0 \mathrm{d}(1-D)\varepsilon_1}{\mathrm{d}\varepsilon_1} = 0, \quad \frac{E_0 \mathrm{d}(1-D)\varepsilon_3}{\mathrm{d}\varepsilon_3} = 0 \tag{3-23}$$

进行运算可得：

$$1 - (\varepsilon_{1\max} - \varepsilon_{3\max})\left(\frac{A\lambda}{\varepsilon_{1\max} - 2\varepsilon_{3\max}} + c\right)\frac{A\lambda}{(\varepsilon_{1\max} - 2\varepsilon_{3\max})^2}$$

$$= -1 + (\varepsilon_{1\max} - \varepsilon_{3\max})\left(\frac{A\lambda}{\varepsilon_{1\max} - 2\varepsilon_{3\max}} + c\right)\frac{A\lambda}{(\varepsilon_{1\max} - 2\varepsilon_{3\max})^2} \tag{3-24}$$

在峰值处可有：

$$\varepsilon_1 = \varepsilon_{1\max}, \quad \varepsilon_3 = \varepsilon_{3\max}, \quad \sigma_1 = \sigma_{1\max}, \quad \sigma_3 = \sigma_{3\max} \tag{3-25}$$

代入式 (3-23)，可得：

$$\sigma_{1\max} = E\varepsilon_{1\max}\mathrm{e}^{\frac{A\lambda}{(\varepsilon_{1\max}-2\varepsilon_{3\max})}+c}, \quad \sigma_{3\max} = E\varepsilon_{3\max}\mathrm{e}^{\frac{A\lambda}{(\varepsilon_{1\max}-2\varepsilon_{3\max})}+c} \tag{3-26}$$

进行求解可得：

$$\lambda = \frac{2(\varepsilon_{1\max} - 2\varepsilon_{3\max})^2}{3A\ln\dfrac{\sigma_{1\max}}{E_0\varepsilon_{1\max}}(\varepsilon_{1\max} - \varepsilon_{3\max})}, \quad c = \ln\frac{\sigma_{1\max}}{E_0\varepsilon_{1\max}} - \frac{2(\varepsilon_{1\max} - 2\varepsilon_{3\max})}{3\ln\dfrac{\sigma_{1\max}}{E_0\varepsilon_{1\max}}(\varepsilon_{1\max} - \varepsilon_{3\max})}$$

式中，$A = \dfrac{a+1}{2}$。

根据损伤力学原理，当损伤变量 $D = 1$ 时，岩石便发生破坏。但试验及工程实际表明，当 $D < 1$ 时岩石就已经发生破坏，因此岩石的损伤破坏临界值为一个小于 1 的值。设临界值为 D_C，试验及工程实际表明，当围岩变形趋于无限大时，岩石已发生破坏，由式可知，此时损伤变量为 $D_C = 1 - \mathrm{e}^c < 1$，与实际规律相符。同时由损伤变量的分析求解过程可知，岩石的损伤变量只与材料本身有关，包括弹性模量、承载能力及最大变形。

3.9 本章小结

本章采用 TAW-2000 微机控制岩石伺服三轴压力试验机，对取自深部的闪长玢岩进行了多种应力路径下的力学试验，并采用声发射监测设备 AEwin 对试验过程中的声发射特征数进行采集，在此基础上对岩石的变形特性及强度特性进行了分析，同时对试件破裂形式进行了素描并进行分析，得到以下结论：

（1）常规三轴加载试验表明，岩石的性质与围压的大小有密切的关系，一般随着围压的增加，轴向应力呈线性增长，即符合线性摩尔库伦强度准则，岩石的破裂形式逐渐由脆性向延性破坏过渡。当围压达到 40MPa 后，岩石应力应变曲线开始出现明显的塑性平台，说明岩石已完全转变为延性破坏，40MPa 即为转化临界围压。围压效应系数与围压呈二次非线性相关，且随着围压的增加，围压效应系数越小，即应力增加幅度变小。上述现象说明，随着深度的增加，浅部单纯线性强度准则已不适用。岩石峰值体应变与轴向应变与围压并不是单纯的线性关系，而是复杂的三次函数关系，说明峰值轴向应变和体应变不仅与围压有关，还与岩石试件内部结构及原生裂隙有关，是两者的复合函数。

（2）恒轴压卸围压应力试验表明，在该种应力路径作用下，岩石的破坏往往具有突发性，初始围压越高，卸载时的轴压越大；最终破坏时越突然，破坏的瞬间，发生急速扩容。卸载过程中的轴向应变变化量处在 0.0954~0.1059 之间。加轴压卸围压应力试验显示，卸围压之前，应力应变曲线与常规三轴加载呈现相同的规律；但围压开始卸载后，峰前曲线斜率开始降低，说明围压的减小造成了岩石轴向应力的降低，最终试件峰值强度也出现了较大程度降低，而且破坏往往具有突发性。从卸压开始到试件发生破坏，径向变形变化率要明显大于轴向变形变化率，且差别随着围压的增加而逐渐减小。

（3）三种应力路径强度对比可知，常规三轴加载强度最高，路径 3 强度最低。实际上，卸载围压实际上相当于在周围增加了反向拉力，使内部损伤扩展更加迅速，造成了强度的降低。基于本章的试验条件得出结论：三种应力路径的强度准则都符合线性摩尔-库仑准则。

（4）声发射监测数据分析可知，三种应力路径试验过程中，声发射振铃计数率表现出了较大的差异性，且路径二和路径三声发射计数率远远大于路径一，说明方案 2 和方案 3 岩石内部能量释放更加剧烈，破坏也更加彻底。总体来看，三种方案岩石试件累计振铃计数，即内部能量演化过程总体分为三个阶段，包括峰前平静期、活跃期及峰后平缓期，每个时期都有一个应力、应变及能量临界值，需要通过大量室内试验及现场监测得到。

（5）从能量的角度对不同应力路径下，岩石试件的损伤演化规律进行了分析，建立了不同应力路径作用下能量损耗方程，基于最小耗能原理建立了损伤演化方程，由分析可知，岩石的损伤变量只与本身材料有关，包括弹性模量、承载能力及最大变形，而与外界条件无关。

4 采空区空间形态分形特性
及边界模拟预测

4.1 引言

矿床在形成过程中，由于大量复杂的地质运动，品位分布呈现出杂乱和无序的特征，使得矿床空间分布呈现不确定性。另外，开采过程中岩体爆破断裂过程也是不确定和非线性的，造成了采空区本质上的复杂性。激光精细探测技术的应用，实现了采空区的三维空间可视化，并可进行较精确的定性描述和简单的定量表征，如采空区体积、暴露面积等。但由于采空区本质上的复杂性，使常规的研究方法存在局限性，采用非线性的理论方法深入的研究采空区空间特征及边界特性，是未来发展的必然。

分形理论由 B. B. Mandelbrot 第一次提出，之后得到了快速的发展，被列为非线性科学三大理论前沿之一。目前，分形理论已在多个领域得到了广泛的应用，De Wijs 首次将分形理论引入到了对矿体模型的研究中，证明了矿体品位的空间分布是分形的，进而得到矿体的空间形态具有分形特征，而采空区实际上是矿体的局部反应，理论上也具有分形特性。

本章在采空区精细探测的基础上，展开采空区分形特性的研究，初步掌握采空区二维及三维的分维参数，并研究采空区边界的模拟及预测方法。

4.2 计盒维数与矿体分形特性

4.2.1 计盒维数

计盒维数又称盒维数，由于其计算简单明了，而得到了广泛的应用。将分形对象放在一个均匀分割的网格上，确定可以覆盖分形对象网格的最小数目。通过对网格的逐步精化，查看所需覆盖数目的变化，从而计算出计盒维数。

计盒维数设 C 是属于 R^n 的非空子集，尺度为 r 且能完全覆盖 C 的正方形或立方体的最少数量记为 $N_r(C)$，则计盒维数为：

$$D_B(C) = \lim_{r \to 0} \frac{\ln N_r(C)}{-\ln r} \tag{4-1}$$

当上式的极限不收敛时，应分别计算上极限和下极限，即顶盒维数和底盒维数，根据维数基本定义可知，顶底维数分别为：

$$\underline{D_B(C)} = \lim_{r \to 0} \frac{\ln N_r(C)}{-\ln r}, \qquad \overline{D_B(C)} = \overline{\lim_{r \to 0}} \frac{\ln N_r(C)}{-\ln r} \tag{4-2}$$

若与 C 相交的边长为 $1/2^n$ 的正方形盒子数目为 $N_n(A)$，则盒维数为：

$$D_B = \lim_{n \to 0} \frac{\ln N_n(C)}{\ln 2^n} \tag{4-3}$$

只有当两个值相等的时候，计盒维数才存在。

计盒维数的计算过程如下：

对于单位长度的正方形，若用边长 $r = \frac{1}{2}$ 的正方形盒子进行覆盖，则需要的数目为：

$$N\left(\frac{1}{2}\right) = 4 = \frac{1}{(1/2)^2} \tag{4-4}$$

同理，若采用边长为 $r = \frac{1}{4}$ 的正方形进行覆盖，则需要的数目为：

$$N\left(\frac{1}{4}\right) = 16 = \frac{1}{(1/4)^2} \tag{4-5}$$

可知，当 $r = \frac{1}{k}(k = 1, 2, 3, \cdots, n)$ 时，需要的数目为：

$$N(r) = k^2 = \frac{1}{(1/k)^2} \tag{4-6}$$

对于正方体，当用 $r = \frac{1}{k}(k = 1, 2, 3, \cdots, n)$ 的立方体盒子进行覆盖时，数目为：

$$N(r) = k^3 = \frac{1}{(1/k)^3} \tag{4-7}$$

继续进行扩展到 D 维物体，盒子的数目 $N(r)$ 与边长 r 的关系为：

$$N(r) = 1/r^D \tag{4-8}$$

进行取对数变换，可得：

$$D = \frac{\ln N(r)}{-\ln r} \tag{4-9}$$

盒维数既可以用来进行二维的分形表征，同样也可以对一维和三维物质进行分形的定量表征。二维分形时可采用网格覆盖法，数盒子的方式确定数量，对于三维情况，则替换为三维立方体进行覆盖，得到立方体的数量。

该方法采用正方形、立方体、圆形或者球体等具有可定量化尺度的图形去覆盖或近似分形对象，并记录对应尺度的数量 $N(r)$。将图形尺度按照一定比例缩小，得到对应的 $N(r)$ 值。绘制 $N(r)$ 与 r 双对数散点图并进行拟合，若具有明显的线性特征，即无标度特性，说明具有分形特征。由分形定义可知：

$$N(r) = Ar^{-D} \tag{4-10}$$

取对数变换，得：

$$\ln N(r) = \ln A - D\ln r \tag{4-11}$$

线性拟合的直线斜率即为分维值。

4.2.2 矿体分形特性

自分形理论诞生以来，许多学者证明了矿床具有很好的分形现象，自相似性不仅存在于宏观空间分布中，而且存在于微观元素富集及品位分布中，甚至矿床形成的时空演化也具有自相似性。秦长兴详细论述了矿床中存在的自相似现象，体现在以下方面：成矿作用的时间演变；区域矿产分布；矿化的空间分布；矿石矿物中的元素分布；矿床构造形迹。

针对矿床中存在的自相似现象，秦长兴初步揭示了矿床分形的形成机制，地质作用的重演率具有周期性和不可逆性，两者统一就是自相似性；基本地质作用及控矿因素的自相似性导致矿床特征的自相似性；基本的物理、化学及生物等作用的自相似性导致地质作用及其产物自相似性；现代耗散结论理论、混沌理论以及其他学科中自相似性现象，可为矿床自相似性提供类比对象。

经过二十多年的发展，国内外学者提出了很多矿体分布模型，取得了丰富的理论研究成果，对矿床地质的研究具有重要的意义，体现在以下方面：

（1）通过对矿体分形的计算，可以简化研究，并可以作为模型建立的依据。

由于矿体具有自相似性，可以通过部分矿体的分维数推算整体，从而免去大量研究，同时通过矿体自相似性特点，可以对矿体模型准确程度进行评价。

（2）可以实现矿体的定量研究，进行深入的对比分析。

分维数是分形的特征量，可以作为矿体复杂程度的一个定量指标，不同方面的分维数代表不同的含义，对于矿床空间分布来说，分维数越大，矿脉的分布就越不均匀。对于元素富集规律来说，分维数越大，富集程度越高，大大提高了研究的准确度。

（3）可以对成矿机制进行研究，并对探矿提供预测依据。

（4）为矿床各方面的研究提供了一种全新的方法和思路。由于分形理论的广泛应用，为其他学科的综合渗透提供了一个很好的切入点，可以大大促进学科的进步。

4.3　采空区三维精细模型及空间信息的获取

4.3.1　金属矿山采空区基本特征

采空区是开采矿体后遗留的结构，因此与矿体有着相同的构造和相似的空间形态。另外，在开采过程中，频繁的爆破采动应力使采空区周围岩体充满了裂隙。通过对大量采空区的研究，金属矿山采空区在空间结构域构造上具有以下共性：

（1）金属矿山采空区隐伏性强，空间分布规律性差。

（2）为最大限度地回收矿体资源，并保持较小的贫化率，总是尽可能地使开采边界接近矿体边界，并避免废石的混入。因此，采空区的空间形态与矿体有很高的相似度，是矿体局部的逆反映。

（3）开采过程中，往往经过了大规模的爆破震动，岩体充满原生及次生裂隙，采空区边界是典型的爆破断裂边界。

4.3.2　采空区三维精细模型及信息获取

构建精确的采空区模型，是准确进行采空区分维计算的基础；激光扫描技术的发展与应用，为得到精细的采空区模型及空间信息的获取奠定了基础。目前常用的三维探测设备有 CMS 空区探测系统、C-ALS 钻孔式三维激光扫描仪及 VS150 地下激光 3D 扫描仪等，石人沟、大冶及成潮等铁矿已采用 CMS 空区探测系统进行采空区三维探测。

三维激光扫描技术利用激光测距的原理，通过激光的发射、反射、接收及自动换算，可以得到采空区边界表面的三维点云数据，突破了传统的单点测量方法的局限。通过扫描头的旋转，可以得到整个采空区内部边界点的三维坐标。

测量得到的是边界各点的三维坐标数据，可以直接被多种三维建模软件如 SURPAC、3DMine 等调用，进行后处理，从而对采空区进行快速三维重构，从中获取点、线、面、体等空间信息。

图 4-1 所示为石人沟铁矿某采空区探测后得到的数据点云集，基于线框模型，采用 Delaunay 三角形连法，随机连接位于空间不同位置的数据点形成三角网，并保证该三

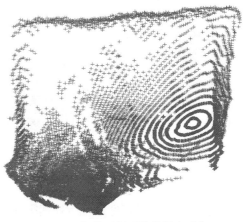

图 4-1　扫描后得到的数据点云集

角网不会覆盖其他点。经过连接运算后，得到的采空区线框图，如图 4-2 所示。对线框图进行优化、表面光滑等处理，得到三维实体图，如图 4-3 所示。

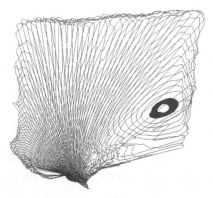 

图 4-2　采空区表面点云连接线框图　　　　图 4-3　采空区三维实体图

借助 SURPAC 三维建模软件，可以得到该采空区的体积、顶板暴露面积、长宽高等几何参数。对于该采空区，体积为 7701m^3，顶板暴露面积 275m^2，长宽高为 27.5m×10m×28m。

石人沟铁矿在 2001 年后转入地下坑道开采，一期二期开采在 -60m 水平以上，经过十余年的开采，形成了超过 100 个采空区。根据矿山矿房划分情况，-60m 水平中段有 7 个开采矿段：（1）F18 断层以南；（2）F18-F19 断层间；（3）南采区北端；（4）南分支；（5）北分支；（6）斜井采区；（7）措施井。采用 CMS 系统对其中的 45 个采空区进行了探测，并建立了采空区三维实体模型。图 4-4 和图 4-5 为部分区域采空区实体图。

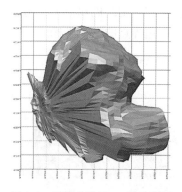 

图 4-4　措施井采区 11 号采空区　　　图 4-5　北分支 2 号和 4 号采空区三维实体模型

由上述分析可知，应用三维激光扫描技术，可以得到较为精确的采空区模型，并借助三维建模软件进行后处理得到体积等定量参数。但对于采空区的复杂程度，空间分布规律只能通过三维模型定性地进行描述，而采空区高度非线性的特征，也使得用传统的几何理论不能进行更加深入的研究。

4.4 采空区分形特征研究

4.4.1 采空区边界线一维分形特性

以石人沟铁矿采空区为例，分别选择措施井区域的5号采空区和斜井采区的39号采空区进行对比，5号采空区如图4-6所示，39号采空区如图4-3所示。

从实体图中，可以定性得到斜井采区39号采空区比措施井5号采空区形态更加复杂的结论，但无法给出一个定量的标准。

基于盒维数原理对采空区边界的二维分形特性进行研究。在采空区三维精细模型的基础上，对实体模型进行切剖面处理，得到采空区二维剖面线，然后采用边长为r的二维正方形网格进行覆盖，得到包含采空区边界

图4-6 石人沟铁矿采空区实体对比图

线的正方形网格数量$N_n(r)$，以1∶2的比例缩小网格尺寸，分别得到对应尺寸的网格数量，绘制$\ln N_n(r)$-$\ln r$散点图，并进行线性拟合回归分析，得到拟合线段的斜率。

为保证对比的准确度，分别在两个采空区相同部位选择了5个剖面进行分析。图4-7和图4-8所示为两个采空区及其对应的剖面线位置。剖面选择垂直于矿体走向，通过了顶板及两帮，具有较好的代表性。

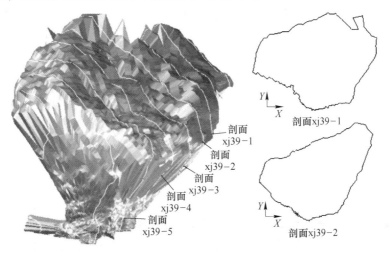

剖面 xj39-1
剖面 xj39-2
剖面 xj39-3
剖面 xj39-4
剖面 xj39-5

剖面xj39-1

剖面xj39-2

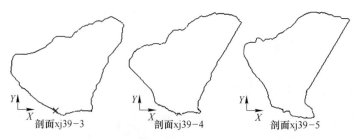

图 4-7 斜井采区 39 号采空区所选剖面位置

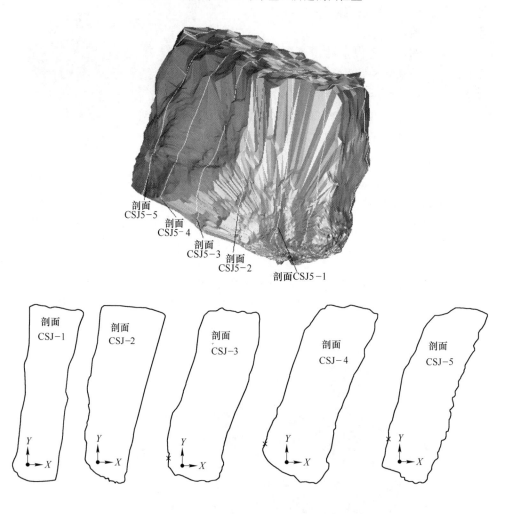

图 4-8 措施井区域 5 号采空区实体及对应剖面图

4.4.1.1 斜井区域 39 号采空区边界线分维值计算

以剖面 xj39-3 为例进行计算说明。根据盒维数计算原理，首先选择 $r = 10$ 的正方形网格进行覆盖，可得此时 $N_1(10) = 12$；然后 $r = 5$，得 $N_2(5) = 29$，同理可得 $N_3(2.5) = 58$，$N_4(1.25) = 113$，对应的网格覆盖图如图 4-9 所示。图中阴影部分为有效盒子数。

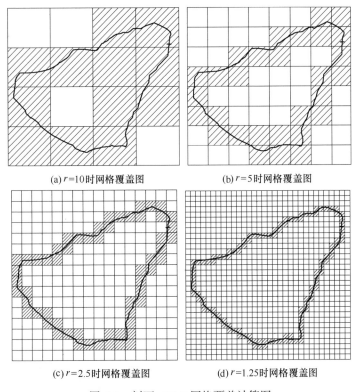

(a) $r=10$ 时网格覆盖图　　　　　　　(b) $r=5$ 时网格覆盖图

(c) $r=2.5$ 时网格覆盖图　　　　　　(d) $r=1.25$ 时网格覆盖图

图 4-9　剖面 xj39-3 网格覆盖计算图

根据式，以 $\ln 2^n$ 为横坐标，$\ln N_n(r)$ 为纵坐标，绘制关系图并进行线性拟合，如图 4-10 所示。由图可知，$\ln N_n(r)$-$\ln r$ 关系图线性拟合相关系数 $R^2 = 0.9953$，说明两者具有典型的线性分布规律，从而证明了 xj39-3 剖面的采空区边界线具有明显的分形特征，直线的斜率为盒维数值，即 $D_B = 1.07$。

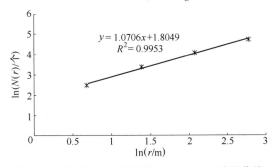

图 4-10　剖面 xj39-3 边界线 $\ln N_n(r)$-$\ln r$ 关系曲线

同理可得，斜井采区 39 号采空区 5 个剖面的计盒维数如表 4-1 所示，对应的关系图如图 4-11(a)~(d)所示。

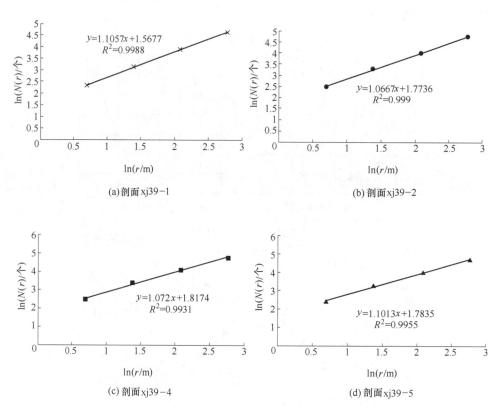

(a) 剖面 xj39-1

(b) 剖面 xj39-2

(c) 剖面 xj39-4

(d) 剖面 xj39-5

图 4-11　斜井采区 39 号采空区边界线 $\ln N_n(r)$-$\ln r$ 关系曲线

表 4-1　斜井采区 39 号采空区剖面分维值

剖　面	xj39-1	xj39-2	xj39-3	xj39-4	xj39-5
计盒维数	1.106	1.067	1.071	1.072	1.101

对比各图可知，剖面 xj39-1 的盒维数最大。从剖面图形态可以看出，该剖面边界线起伏程度最大，也最复杂，即非线性程度最大。计盒维数可作为采空区边界线复杂程度的定量指标。

4.4.1.2　措施井区域 5 号采空区边界线分维值计算

同理，对措施井区域 5 号采空区剖面边界线计盒维数进行计算。图 4-12 为剖面 CSJ5-3 网格覆盖图，盒子数分别为 $N_1(10) = 6$，$N_2(5) = 16$，$N_3(2.5) = 37$，$N_4(1.25) = 73$。对应的 $\ln N_n(r)$-$\ln r$ 关系曲线如图 4-13 所示。

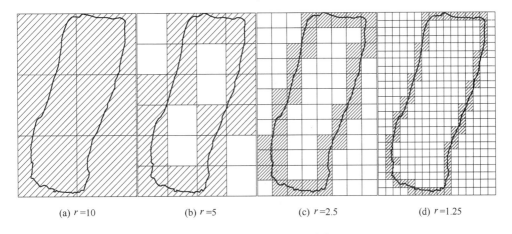

(a) $r=10$ (b) $r=5$ (c) $r=2.5$ (d) $r=1.25$

图 4-12　剖面 CSJ5-3 网格覆盖图

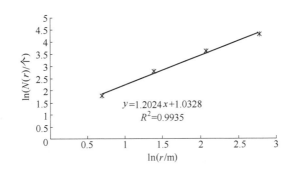

$$y=1.2024x+1.0328$$
$$R^2=0.9935$$

图 4-13　剖面 CSJ5-3 边界线 $\ln N_n(r)$-$\ln r$ 关系曲线

由图可知，剖面 CSJ5-3 的 $\ln N_n(r)$-$\ln r$ 关系图同样具有典型的线性特征，即具有分形特性。5 个剖面的计盒维数如表 4-2 所示，对应的关系图如图 4-14 所示。

表 4-2　措施井区域 5 号采空区剖面分维值

剖　面	CSJ5-1	CSJ5-2	CSJ5-3	CSJ5-4	CSJ5-5
计盒维数	1.160	1.142	1.202	1.227	1.186

由计算结果可知，剖面 CSJ5-4 的计盒维数最大为 1.227。从各个剖面对比来看，剖面 CSJ5-4 边界线起伏波动更加剧烈，复杂程度更高，因此计盒维数相对较高。

4.4.1.3　两采区计盒维数对比分析

根据计算结果可知，斜井采区 39 号采空区边界线计盒维数平均值 $\overline{D}_{xj39}=$

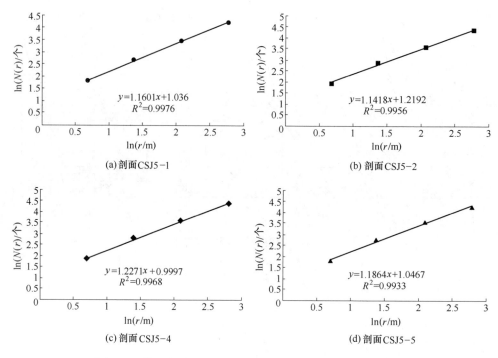

图 4-14　措施井采区 5 号采空区边界线 $\ln N_n(r)$-$\ln r$ 关系曲线

1.083，措施井采区 5 号采空区二维计盒维数平均值 $\overline{D}_{\text{CSJ5}}$ = 1.183，说明虽然 39 号采空区空间体积更大，但是 5 号边界线的复杂程度更高。主要原因是措施井区域矿房分布密集，岩体受到的爆破扰动更大，加剧了岩体结构面扩张，使采空区边界岩体更易出现沿结构面的垮落，造成了边界线的波动起伏更加复杂。

通过对两个采空区边界线分形特性的研究及计盒维数的对比分析可知：

（1）采空区边界线具有良好的分形特性，自相似性程度较高。

（2）计盒维数的大小与边界线复杂程度有密切的关系，可作为采空区边界复杂程度定量表征指标。

（3）通过对两个采空区边界线计盒维数的对比可知，采空区边界线的复杂程度与采空区空间大小并没有直接的联系，而与采空区岩体的破坏程度有关。因此，计盒维数可从一定程度上表征采空区岩体破坏情况和程度。

4.4.2　采空区平面区域二维分形特性

边界线分维值可有效的定量表征采空区边界的复杂程度，但没有考虑采空区空间属性，因此不能全面反映采空区整体复杂程度。本章在采空区边界线分形特性的基础上，考虑剖面的区域包含特性，对采空区平面区域二维分形特性进行研究。

仍然采用计盒维数表征分形特性，采用网格覆盖法进行分维值的计算。在图4-9和图4-11的基础上，将边界线内部的网格计算在内，获得新的盒子数量，对应的平面区域网格覆盖如图4-15和图4-16所示。

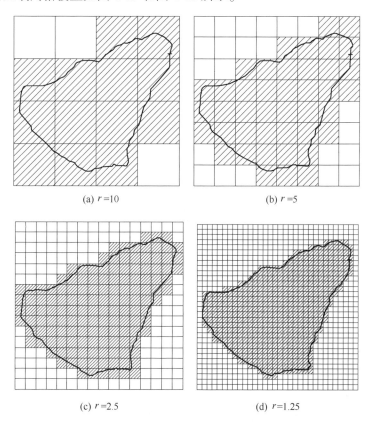

(a) $r=10$　　　　　　　　(b) $r=5$

(c) $r=2.5$　　　　　　　　(d) $r=1.25$

图 4-15　斜井采区 39 号采空区平面区域网格覆盖图

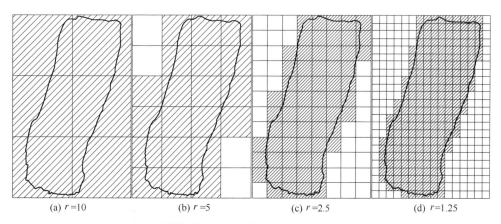

(a) $r=10$　　(b) $r=5$　　(c) $r=2.5$　　(d) $r=1.25$

图 4-16　措施井采区 5 号采空区平面区域网格覆盖图

　　由图可得，对于斜井采区 39 号采空区剖面 3，不同网格尺度对应的网格数分别为 $N_{面1}^{xj39-3}(10)=13$，$N_{面2}^{xj39-3}(5)=42$，$N_{面3}^{xj39-3}(2.5)=141$，$N_{面4}^{xj39-3}(1.25)=494$。对于措施井采区 5 号剖面 3，采空区不同网格尺度对应的网格数分别为 $N_{面1}^{CSJ5-3}(10)=6$，$N_{面2}^{CSJ5-3}(5)=20$，$N_{面3}^{CSJ5-3}(2.5)=63$，$N_{面4}^{CSJ5-3}(1.25)=223$。

　　根据统计数据，绘制两个采空区剖面 3 对应的 $\ln N_n(r)$-$\ln r$ 关系曲线并进行线性拟合，如图 4-17 所示。

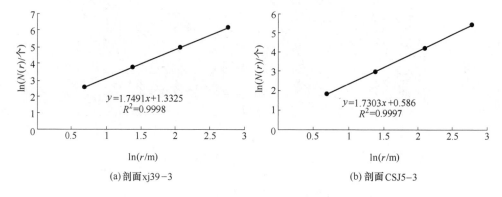

(a) 剖面 xj39-3　　　　　　　　　(b) 剖面 CSJ5-3

图 4-17　两个采空区剖面 3 $\ln N_n(r)$-$\ln r$ 关系拟合曲线

　　从拟合结果可知，两者的 $\ln N_n(r)$-$\ln r$ 关系线性拟合相关系数 R^2 分别为 0.9998 和 0.9997，具有显著的线性特征，因此可以说明两个采空区剖面 3 平面区域具有分形特性。

　　剖面 xj39-3 和 CSJ5-3 的平面区域二维分维值分别为 1.749 和 1.730，由两者的剖面图可定性得到，xj39-3 比 CSJ5-3 的平面形态更复杂，而分维值则定量的反映了这个规律。从盒维数求解过程中看出，网格覆盖了边界线及内部区域，是采空区平面区域形态的综合定量表征。

　　两个采空区其他剖面对应的平面区域 $\ln N_n(r)$-$\ln r$ 关系线性拟合图如图 4-18 和图 4-19 所示，对应的计盒维数如表 4-3 所示。

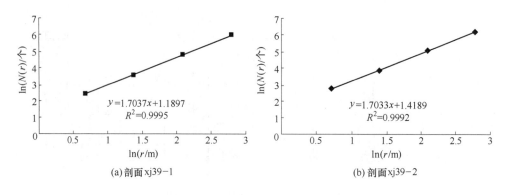

(a) 剖面 xj39-1　　　　　　　　　(b) 剖面 xj39-2

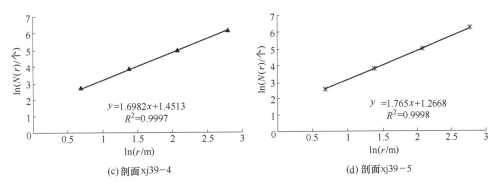

(c) 剖面xj39−4　　　　　　　(d) 剖面xj39−5

图4-18　斜井采区39号采空区平面区域 $\ln N_n(r)$-$\ln r$ 关系线性拟合图

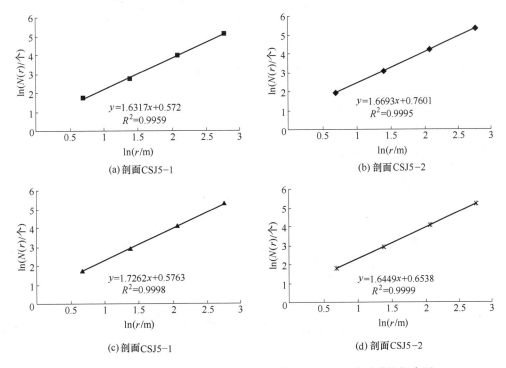

(a) 剖面CSJ5−1　　　　　　　(b) 剖面CSJ5−2

(c) 剖面CSJ5−1　　　　　　　(d) 剖面CSJ5−2

图4-19　措施井采区5号采空区平面区域 $\ln N_n(r)$-$\ln r$ 关系线性拟合图

表4-3　两个采空区剖面分维值

剖　　面	xj39-1	xj39-2	xj39-3	xj39-4	xj39-5	平均值
计盒维数	1.704	1.703	1.749	1.698	1.765	1.724
剖　　面	CSJ5-1	CSJ5-2	CSJ5-3	CSJ5-4	CSJ5-5	平均值
计盒维数	1.632	1.669	1.730	1.726	1.645	1.680

与边界线不同，平面区域二维分维计算考虑了边界线内部所包含的面积，因此计盒维数比边界线的更大，更能反映采空区形态的复杂程度。

由上述分析可知，斜井采区 39 号采空区平面区域分维值普遍大于措施井区域的 5 号采空区，说明前者的复杂程度比后者更高。从两个采空区的三维空间实体图中也能得到同样的结论。

4.4.3 采空区顶板三维分形特性

矿房往往设计为规则形态，顶板边界也可以看做是二维平面，而实际的顶板则是典型的空间曲面，复杂多样，无法用常规的几何理论进行定量描述。虽然通过精细探测和三维模型重构可实现采空区顶板的可视化和定性描述，但无法揭示顶板内在的规律。前述研究表明，采空区任何一个剖面的边界线和平面区域都具有分形特性，即具有自相似性和标度不变性。本节针对采空区顶板三维空间形态的分形特性展开研究，揭示其内在规律。

4.4.3.1 采空区顶板三维要素提取及模型重构

通过激光探测得到了采空区整个表面的数据点三维数据，需要去掉不需要的点集，保留顶板数据，进行三维重构。仍以石人沟铁矿措施井采区 5 号采空区和斜井采区 39 号采空区顶板进行对比分析。图 4-20 和图 4-21 所示为措施井采区 5 号采空区及斜井采区 39 号采空区三维模型图。

(a) 顶板俯视图(XOY平面投影)

(b) 顶板侧视图(XOZ平面投影)

图 4-20   措施井采区 5 号采空区三维模型图

从图中可以看出 5 号采空区顶板属于狭长型，$L_x \approx 4L_y$，而 z 方向上则波动较小。而 39 号采空区顶板 x 方向长度 L_x 基本和 y 方向的长度 L_y 相等，但 z 方向上则波动较大，具有明显的高度差。通过软件查询，可得到顶板上任意点的三维坐标。

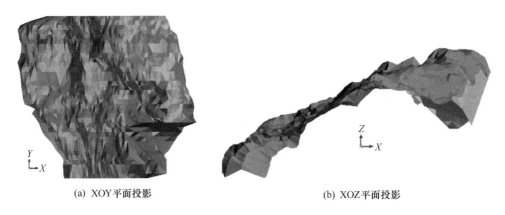

(a) XOY平面投影   (b) XOZ平面投影

图 4-21 斜井采区 39 号采空区三维模型图

4.4.3.2 采空区顶板三维计盒维数算法原理

通常意义上的盒维数可较好地求解二维平面分形问题，但对于三维不规则曲面，往往需要进行切剖面或投影等处理，往往导致某一维度分维值的压缩或缺失。如将顶板投影到 XOY 平面，进行盒维数计算，得到 XOY 平面的分维数。基于欧氏几何理论体系设 z 方向维数为 1，进行相加，得到顶板的三维计盒维数。由于顶板在 z 方向上并不是均匀分布，因此该方法不能反映 z 方向上的复杂程度，得到的结果不能准确揭示顶板内在规律。

三维计盒维数计算与二维类似，用立方体去进行覆盖，关键是如何准确得到完全覆盖 z 方向上的立方体个数。针对采空区顶板三维形态的特征，提出了 XOY-Z 两步骤计算法。该算法的基本过程如下：

（1）将顶板三维模型向 XOY 平面投影，确保顶板上的点全部都可以落到平面之上，不出现重叠与覆盖现象。采用边长为 r 的网格进行覆盖，确定包含顶板的非空网格 $r_{i,j}$，如图 4-22 所示，图中阴影为非空网格。

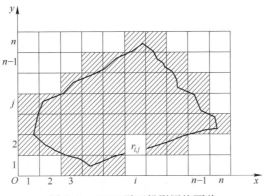

图 4-22 XOY 平面投影网格覆盖

（2）确定非空盒子 $r_{i, j}$ 内顶板上的高度坐标 $z_{i, j}$，其中 $1 \leq i, j \leq n - 1$，则 $r_{i, j}$ 内完全覆盖 z 方向上的边长为 r 的立方体个数为：

$$N_{ij} = \ln t \left[\frac{\max(z_{i, j})}{r} - \frac{\min(z_{i, j})}{r} \right] + 1 \tag{4-12}$$

式中，$\ln t(x)$ 为取整函数，则覆盖整个顶板的立方体的个数为：

$$N_n(r) = \sum_{i, j = 1}^{n-1} N_{i, j} \tag{4-13}$$

图 4-23 所示 XOZ 平面网格覆盖图显示了第 j 行上，各列非空网格在 z 方向上完全覆盖顶板的立方体数量，图 4-23（b）中灰色区域为顶板。

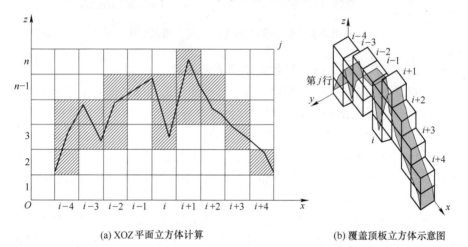

(a) XOZ 平面立方体计算　　　　(b) 覆盖顶板立方体示意图

图 4-23　三维顶板 z 方向上立方体个数计算

以 $1:2$ 倍率缩小立方体的尺度，重复上述算法，从而得到一系列 $N_n(r)$-r 数据对，绘制 $\ln N_n(r)$-$\ln r$ 双对数曲线，进行线性拟合，得到函数关系式：

$$\ln N_n(r) = - D \ln r + A \tag{4-14}$$

式中，D 为采空区顶板三维分形的计盒维数。

采用该方法进行求解时，每个步骤都是精确的数据，因此，得到的计盒维数接近真实的分维值。

4.4.3.3　算法的实现

进行三维计盒维数计算前，首先要确定顶板上任一点的坐标，尤其是 z 坐标数据。基于三维激光探测数据，借助 SURPAC 软件进行数据的获取，流程如图 4-24所示。

利用得到的每个非空正方形网格角点对应的 z 坐标数据，编制计算程序，计算任意尺度立方体覆盖整个顶板所需的数量 $N_n(r)$，进而求解三维几何维数 D。

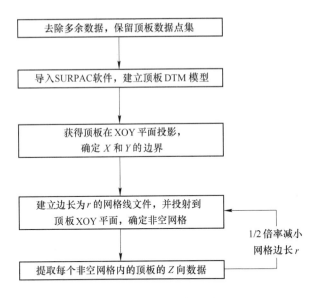

图 4-24 顶板数据提取流程

4.4.3.4 实例分析

利用上述算法,对石人沟铁矿措施井采区 5 号采空区和斜井采区 39 号采空区顶板三维分型特性进行了研究,并分别求取了 XOY 平面的二维计盒维数及整体三维计盒维数。两个采空区顶板三维空间范围如表 4-4 所示。

表 4-4 两个采空区顶板空间范围表

方向 采空区	X 方向范围		Y 方向范围		Z 方向范围	
	X_{max}	X_{min}	Y_{max}	Y_{min}	Z_{max}	Z_{min}
措施井采区 5 号采空区	20573383.96	20573368.873	4457237	4457204	−23.848	−27.843
斜井采区 39 号采空区	20573412.574	20573373.144	4457144	4457109	−21.418	−40.833

首先得到不同尺度网格覆盖顶板 XOY 平面投影的非空网格分布及数量。根据表中数据,措施井采区 5 号采空区初始覆盖网格尺度为 8m,斜井采区 39 号采空区初始覆盖网格尺度为 10m,以 1:2 的倍率分别进行缩小并重新覆盖,得到对应的非空网格分布及数量。

表 4-5 和表 4-6 所示分别为两个采空区顶板被不同尺度立方体完全覆盖时计算得到的数量。两者的 $\ln N_n(r)$-$\ln r$ 双对数散点拟合曲线如图 4-25 和图 4-26 所示。

表 4-5　措施井采区 5 号采空区立方体尺度与对应数量

立方体尺度 r/m	8	4	2	1	0.5	0.25
XOY 平面 立方体数量	12	35	106	355	1372	5327
三维空间 立方体数量	12	35	157	677	3149	13039

表 4-6　斜井采区 39 号采空区立方体尺度与对应数量

立方体尺度 r/m	10	5	2.5	1.25	0.625	0.3125
XOY 平面 立方体数量	18	58	210	790	3014	9978
三维空间 立方体数量	18	70	408	2148	9853	39156

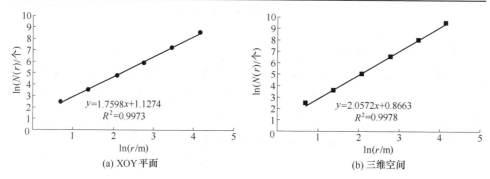

(a) XOY 平面　　　　　　　　　　(b) 三维空间

图 4-25　措施井采区 5 号采空区顶板 $\ln N_n(r)$-$\ln r$ 双对数曲线拟合图

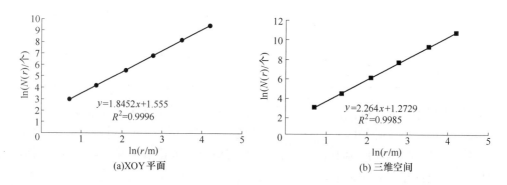

(a) XOY 平面　　　　　　　　　　(b) 三维空间

图 4-26　斜井采区 39 号采空区顶板 $\ln N_n(r)$-$\ln r$ 双对数曲线拟合图

由图可知，措施井采区 5 号采空区顶板在 XOY 平面投影的计盒维数为

1.7598，而三维空间中分维值则为 2.0572，两者相差 0.2974。斜井采区 39 号采空区顶板在 XOY 平面投影的计盒维数为 1.8452，而三维空间中分维值则为 2.264，两者相差 0.4188。

由两个采空区顶板的 XOY 平面投影图中可定性的得到，斜井采区 39 号采空区比措施井采区 5 号采空区顶板边界线更加复杂，起伏变化较多，并且前者顶板面积也比后者更大。39 号采空区顶板对应的 XOY 平面分维值比 5 号采空区的大 0.0854，定量的表征了顶板平面投影的边界复杂程度和顶板大小。

由于考虑了 z 方向上的维度影响，顶板三维分维值出现了增大，但增大的幅度不同。措施井采区 5 号采空区顶板 z 方向上变化较平缓，高差小，三维分维值增加了 0.2974；而斜井采区 39 号采空区顶板高差大，且起伏程度剧烈，因此三维分维值增加了 0.4188。顶板三维分维值全面地反映了采空区顶板的边界复杂程度、平整起伏程度及暴露面积大小，定量地表征了顶板的非线性程度。XOY 平面分维值与三维分维值之间的差值代表了 z 方向即高度的维度值，是一个小于 1 的分维数，与顶板的起伏程度有密切关系。

4.4.4 采空区分维值的物理意义

对采空区剖面边界线及平面区域二维分维值的研究可知，分维值与边界线的复杂程度及内部包含区域（面积）大小有着密切的关系，边界线越复杂、内部包含区域（面积）越大，分维值也就越大，内部包含区域（面积）的影响程度更大。

传统的欧氏几何理论认为，规则几何体的边长 L 和面积 A 存在如下关系：

$$L \propto A^{1/2} \tag{4-15}$$

对于不规则的复杂图形，分形几何理论体系认为两者的关系为：

$$L^{1/D_1} \propto A^{1/2} \tag{4-16}$$

式中，D_1 为复杂图形边界线的分维值。两边取对数，上式变换为：

$$\ln L = \ln \gamma + (D_1/2)\ln A \tag{4-17}$$

式中，γ 为常数，与形状有关。

Mandelbrot 在研究海岸线长度时，提出了"周长-面积法"，给出了区域与边界长度的关系：

$$\ln L(r) = D_2 \ln \eta + D_2(1 - D_2)\ln r + \frac{D_2}{2}\ln A(r) \tag{4-18}$$

式中，D_2 为复杂图形覆盖区域的分维值；η 为与形状有关的常数。

采空区分维值 D_1 反映了任意剖面边界线的形态特征及复杂程度，分维值 D_2 则反映了剖面包含区域（面积）的形态特征和大小，两者存在内在的联系。可确定采空区的范围。

因此，分维值是反映采空区边界线复杂程度与空间大小的定量参数，间接表征了采空区空间形态及复杂程度，具有很好的物理意义和实用价值。

4.5　基于分形插值理论的采空区边界模拟与预测

4.5.1　分形插值基本理论

事物的规律往往是极度复杂的，通过试验或监测往往只能得到部分数据，为了更加精确地得到事物内在的本质规律，提出了插值的方法，通过已知点对未知点进行模拟及预测。

设数据点集 $\{x_i, f(x_i) \in R^2, i = 1, 2, \cdots, n\}$，为以获得的点，且 x_1, x_2, $\cdots$, x_n 为 $[a, b]$ 区间上互不相同的点，令 $y_i = f(x_i)$，若存在函数 $\varphi(x)$，使得：

$$\varphi(x_i) = f(x_i) \qquad (i = 1, 2, \cdots, n) \tag{4-19}$$

则称 $\varphi(x)$ 为 $f(x)$ 的一个插值函数；点 x_i 为插值点，$[a, b]$ 为插值区间。若插值点在区间内，称为内插；处在区间外，则为外插。两者误差函数为：

$$R(x_i) = f(x_i) - \varphi(x_i) \tag{4-20}$$

插值实际上是一种近似的过程，在未知点上用 $\varphi(x_i)$ 近似代替，因此插值函数的精度决定了最终结果的准确程度。

传统的插值方法对规则曲线的模拟及预测，具有较好的效果；但对于具有高度非线性特征的复杂曲线，则较粗糙，准确率不高。

为实现复杂曲线的精确模拟和预测，M. F. Barnsley 提出了分形插值理论，取得了良好的效果。传统插值方法一般采用基函数的线性组合进行表征，因此具有"光滑"的特征，而分形插值是通过构造迭代函数 IFS 实现的。由前述章节分析可知，采空区具有明显的分形特性，边界线高度非线性，应采用更加准确的分形插值进行模拟表征。

一般的构造迭代函数 IFS 如下：

$$\{R^2 : \boldsymbol{\omega}_i, i = 1, 2, \cdots, N\} \tag{4-21}$$

其中，$\boldsymbol{\omega}_i$ 为变换矩阵，则有：

$$\boldsymbol{\omega}_i \begin{bmatrix} x \\ y \end{bmatrix} = \begin{bmatrix} a & b \\ c & d \end{bmatrix} \begin{bmatrix} x \\ y \end{bmatrix} + \begin{bmatrix} e \\ f \end{bmatrix} = \boldsymbol{M} \begin{bmatrix} x \\ y \end{bmatrix} + \boldsymbol{N} \tag{4-22}$$

式中，$\boldsymbol{M}$ 为伸缩变换矩阵；$\boldsymbol{N}$ 为平移变换矩阵。

设给定集合 R，两个端点坐标分别为 (x_0, y_0)、(x_L, y_L)，其中两个相邻的插值点为：

$$(x_{i-1}, y_{i-1}), (x_i, y_i) \tag{4-23}$$

式中，$i = 1, 2, \cdots, P$，且 $P \leqslant L$，则在此集合中有：

$$\boldsymbol{\omega}_i \begin{bmatrix} x_0 \\ y_0 \end{bmatrix} = \begin{bmatrix} x_{i-1} \\ y_{i-1} \end{bmatrix}, \quad \boldsymbol{\omega}_i \begin{bmatrix} x_L \\ y_L \end{bmatrix} = \begin{bmatrix} x_i \\ y_1 \end{bmatrix} \tag{4-24}$$

由式 (4-23) 及式 (4-24) 得:

$$\begin{cases} ax_0 + by_0 + e = x_{i-1} \\ cx_0 + dy_0 + f = y_{i-1} \\ ax_L + by_L + e = x_i \\ cx_L + dy_L + f = y_i \end{cases} \quad (i = 1, 2, \cdots, P) \tag{4-25}$$

上述方程组包含了 4 个方程和 6 个未知数, 属于超静定方程组, 需要其他边界条件进行求解。

一般的, 设 d 为常数, 定义为变换矩阵 $\boldsymbol{\omega}_i$ 纵向压缩因子, 取 $0 \leqslant d < 1$。d 越大, 准确程度越高。

对于单因变量函数曲线, 即 $y_i = f(x_i)$, x_i 不随着 y_i 变化而改变, 因此 $b = 0$。这样, 未知数变为了 4 个, 利用 4 个方程可求得其余参数:

$$\begin{cases} a = \dfrac{x_i - x_{i-1}}{x_L - x_0} \\[2mm] c = \dfrac{y_i - y_{i-1} - d(y_L - y_0)}{x_L - x_0} \\[2mm] e = \dfrac{x_L x_{i-1} - x_0 x_i}{x_L - x_0} \\[2mm] f = \dfrac{x_L y_{i-1} - x_0 y_i - d(x_L y_0 - x_0 y_L)}{x_L - x_0} \end{cases} \tag{4-26}$$

对于上述 IFS 迭代函数, 有且只有一个吸引子, 插值曲线会通过所有插值点并不断趋向于某个连续函数图形。

这样, 一维曲线的变换矩阵完全求出, 将已知点的数据代入方程 (4-25) 中, 进行迭代运算, 直到收敛至吸引子。

4.5.2 工程实际应用

采空区边界在平面上表现为封闭的曲线, 用参数方程表征, 因此, 进行采空区边界分形插值模拟及预测, 实际上就是对参数方程的分形插值过程。

若已知点集 $\{(t_i, x_i, y_i) \in R^3, i = 1, 2, \cdots, n\}$, 其中 $t_i \in [\alpha, \beta]$, 且 $\alpha = t_0 < t_1 < \cdots < t_n = \beta$, 设向量函数为:

$$f(t_i) = (\varphi(t_i), \psi(t_i)), \text{ 且 } \varphi(t_i), \psi(t_i) \in C[\alpha, \beta] \tag{4-27}$$

若上式满足 $f(t_i) = (x_i, y_i)$, 即:

$$\begin{cases} x_i = \varphi(t_i) \\ y_i = \psi(t_i) \end{cases} \quad (i = 1, 2, \cdots, n) \tag{4-28}$$

上式为采空区边界的参数方程，且可进行分形插值。其中，$\{(t, x, y) \in R^3, \alpha < t < \beta\}$ 为插值区域。记 $I = [\alpha, \beta]$，则 $I_i = [t_{i-1}, t_i]$。

根据分形插值迭代函数 IFS 构建原理，存在映射变换矩阵 $\boldsymbol{\omega}_i$，使得：

$$\begin{pmatrix} \bar{t} \\ \bar{x} \\ \bar{y} \end{pmatrix} = \boldsymbol{\omega}_i \begin{pmatrix} t \\ x \\ y \end{pmatrix} = \begin{pmatrix} t_{i-1} + a_i(t - t_0) \\ b_i \bar{t} + c_i x + d_i y + e_i \\ f_i \bar{t} + g_i x + h_i y + l_i \end{pmatrix}$$

$$= \begin{pmatrix} a_i & 0 & 0 \\ 0 & 0 & 0 \\ 0 & 0 & 0 \end{pmatrix} (t - t_0) + \begin{pmatrix} 0 \\ b_i \\ f_i \end{pmatrix} \bar{t} + \begin{pmatrix} 0 & 0 & 0 \\ 0 & c_i & d_i \\ 0 & g_i & h_i \end{pmatrix} \begin{pmatrix} 0 \\ x \\ y \end{pmatrix} + \begin{pmatrix} t_{i-1} \\ e_i \\ l_i \end{pmatrix} \tag{4-29}$$

式中，a_i 为 $\boldsymbol{\omega}_i$ 中 t 的压缩因子，且 $0 < a_i < 1$。设 $\boldsymbol{P}_i = \begin{pmatrix} c_i & d_i \\ g_i & h_i \end{pmatrix}$，则称 $\boldsymbol{P}_i$ 为 $\boldsymbol{\omega}_i$ 中 x 和 y 的压缩矩阵，且其范数满足 $0 < \|\boldsymbol{P}_i\|_2 < 1$，上述映射满足：

$$\boldsymbol{\omega}_i \begin{bmatrix} t_0 \\ x_0 \\ y_0 \end{bmatrix} = \begin{bmatrix} t_{i-1} \\ x_{i-1} \\ y_{i-1} \end{bmatrix}, \quad \boldsymbol{\omega}_i \begin{bmatrix} t_n \\ x_n \\ y_n \end{bmatrix} = \begin{bmatrix} t_i \\ x_i \\ y_i \end{bmatrix} \tag{4-30}$$

由式（4-30）可得：

$$\begin{cases} b_i t_{i-1} + c_i x_0 + d_i y_0 + e_i = x_{i-1} \\ f_i t_{i-1} + g_i x_0 + h_i y_0 + l_i = y_{i-1} \\ b_i t_i + c_i x_n + d_i y_n + l_i = x_i \\ f_i t_i + g_i x_n + h_i y_n + l_i = y_i \end{cases} \tag{4-31}$$

经过计算可求得：

$$\begin{cases} b_i = [(x_i - x_{i-1}) + c_i(x_0 - x_n) + d_i(y_0 - y_n)]/(t_i - t_{i-1}) \\ f_i = [(y_i - y_{i-1}) + g_i(x_0 - x_n) + h_i(y_0 - y_n)]/(t_i - t_{i-1}) \\ e_i = [(t_i x_{i-1} - t_{i-1} x_i) + c_i(t_{i-1} x_n - t_i x_0) + d_i(t_{i-1} y_n - t_i y_0)]/(t_i - t_{i-1}) \\ l_i = [(t_i y_{i-1} - t_{i-1} y_i) + g_i(t_{i-1} x_n - t_i x_0) + h_i(t_{i-1} y_n - t_i y_0)]/(t_i - t_{i-1}) \end{cases} \tag{4-32}$$

将边界上已得到的点的坐标数据代入方程（4-31）中，进行迭代运算，直到最终收敛至吸引子，完成最终的分形插值过程。

要进行采空区边界线的迭代计算，还需满足以下条件：

（1）对于边界线上的 x 和 y 两者互相独立，因此 $d_i = 0$，$g_i = 0$。

（2）c_i 与 h_i 分别表示 t 对 x 和 y 的影响程度，可设 $h_i = k_i c_i$，k_i 由下式 $k_i = \dfrac{\Delta y_i}{\Delta x_i}$ 求得。为保证为压缩映射，应使 $0 < \| \boldsymbol{P}_i \|_2 < 1$，即：

$$0 < \sqrt{c_i^2 + h_i^2} < 1 \Rightarrow 0 < \sqrt{c_i^2 + k_i^2 c_i^2} < 1 \Rightarrow 0 < c_i \sqrt{1 + k_i^2} < 1$$

（3）a_i 参数 t 的压缩因子，取法与普通函数分形插值相同。

根据参数形式分形插值 IFS 迭代原理及上述条件，将已知点代入进行迭代求解，完成对边界线的插值运算，实现边界线的模拟和预测。

基于分形插值理论的采空区边界模拟及预测步骤如下：

（1）为保证数据的唯一性，首先要进行坐标变换和归一化处理，变换后坐标原点 (x_0, y_0) 为：

$$x_0 = \frac{x_{\max} - x_{\min}}{2x_{\max}}, \quad y_0 = \frac{y_{\max} - y_{\min}}{2y_{\max}}$$

则边界上的数据点 (x_i, y_i) 归一化后为：

$$X_i = \frac{x_i}{x_{\max} - x_0}, \quad Y_i = \frac{y_i}{y_{\max} - y_0}$$

（2）确定 t 的压缩因子 $a_i = \dfrac{t_i - t_{i-1}}{t_n - t_0}$，为 c_i 设定初始值，并求取 k_i。

（3）求取区间内的仿射变换迭代函数系统 IFS，并得到每个参数的数值。

（4）进行迭代计算，实现采空区边界模拟及预测。

以斜井采区 39 号采空区为例，如图所示为实测得到的该剖面边界，根据前文可知，该剖面分维值为 1.071。

由于场地或条件的限制，进行采空区探测时，并不能准确得到所有的边界点，因此需要根据已获得的点对未知的点进行模拟和预测。

如图 4-27 所示，假设某次测量只得到了顶板的 7 个点，图中的粗线为根据 7 个测点连接得到的顶板线。

通过坐标变换后，得到 7 个点的坐标分别为：

$(t_1, x_1, y_1) = (39.8°, -14.517, 6.842)$；$(t_2, x_2, y_2) = (49.8°, -5.797, 8.873)$；

$(t_3, x_3, y_3) = (57.4°, -2.090, 12.437)$；$(t_4, x_4, y_4) = (75.7°, 3.170, 12.473)$；

$(t_5, x_5, y_5) = (99.5°, 11.4371, 17.849)$；$(t_6, x_6, y_6) = (123.2°, 16.335, 19.351)$；

$(t_7, x_7, y_7) = (154.8°, 20.365, 16.991)$。

采用本书的分形插值方法，设 $c_i = 0.5$，代入已知点，进行迭代运算，并绘制分形插值后的顶板曲线，对局部进行放大，如图 4-28 所示。图中实线为分形插值后得到的顶板边界线。

研究分形插值得到的采空区边界线分形特性并计算分维值，图 4-29 为分形插值得到后的边界线的 $\ln N_n(r)$-$\ln r$ 双对数曲线拟合图。由图可知，分维值为 1.098，比通过探测得到的边界线分维值大 0.027。

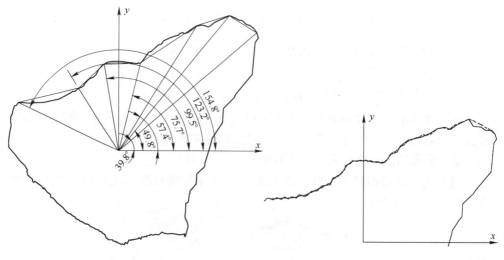

　　图 4-27　现场实测点连接顶板线　　　　　　图 4-28　分形插值后得到的顶板线

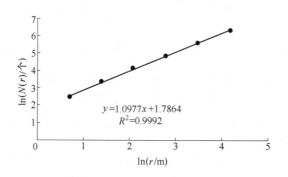

$y=1.0977x+1.7864$
$R^2=0.9992$

图 4-29　分形插值边界线 $\ln N_n(r)$-$\ln r$ 双对数曲线拟合图

　　由图还可以看出，分形插值得到的采空区边界线与精细探测得到的边界线具有较高的吻合度，但是数据具有一定的波动性，造成了分维值偏大。分形插值曲线的波动程度与已知点所在位置和 c_i 有密切关系。分形插值边界线较高的吻合度表明，采空区边界线具有较高的自相似性，也即具有良好的分形特性。

4.6　本章小结

　　基于分形几何理论体系对采空区的分形特性进行了研究，包括剖面边界线、二维平面区域及顶板三维分形。采用计盒维数对分维值进行了计算，对分维值的物理意义进行了探讨，并采用分形插值理论对采空区边界线进行了模拟和预测，得到以下结论：

　　（1）采空区分形特性研究表明，采空区剖面边界线、二维平面区域及三维顶板都具有明显的自相似性和无标度特性，可采用分形几何理论体系进行研究。

（2）研究表明，分维值采空区的非线性定量表征，具有很好的物理意义。任意剖面边界线分维值表征了边界线的复杂程度及变化规律，剖面二维平面区域分维值表征了区域复杂程度及大小，而三维顶板分维值则表征了采空区顶板空间形态的复杂程度。三维顶板分维值与顶板 XOY 平面投影分维值插值为小于 1 的分数，表示了高度方向的起伏的复杂程度。

（3）基于分形插值理论的采空区边界模拟与预测研究表明，分形插值得到的模拟曲线与实际曲线有着较高的吻合度，可实现在有限信息点的情况下，采空区边界的准确预测，具有重要的工程实践意义。

（4）采空区分形特性的研究，具有重要的理论和实际意义，可从本质上揭示采空区的非线性规律及特征，并可进行进一步的理论研究，应用前景广阔。

5 金属矿山采空区稳定性敏感特征分析

5.1 引言

目前关于煤矿采空区研究已取得了大量的成果，形成了多种切实可行的分析理论与模型。对于金属矿山，由于地质结构、矿体赋存环境复杂，造成了采空区影响因素多种多样，因此对于金属矿山采空区稳定性及失稳的研究，目前并没有形成统一的理论。实际上，采空区的失稳并不是独立事件，而是在多种影响因素综合作用下的结果。因此，开展多种因素作用下采空区稳定性敏感分析，是探明采空区失稳机理的基础。

空区的形成从整体上破坏了原来围岩应力场的平衡，使应力出现重分布，出现围岩次生应力场，同时长期受到爆破震动、地下水等因素的影响。此外，采空区的几何参数及空间位置关系都会对采空区的稳定性产生影响。因此，对采空区稳定性分析的本质，就是分析特定结构的采空区围岩在次生应力场等多场作用下的应力及变形规律。由此来看，影响采空区稳定性的两个关键因素为采空区的结构和采空区赋存环境。

5.2 金属矿山采空区稳定性影响因素分析

具体来说，采空区的结构因素包括采空区岩体结构类型、岩体质量、采空区形态、采空区跨度、采空区倾角等；采空区赋存环境包括开采深度、周围开采影响、地下水及地下温度场等。

5.2.1 采空区结构因素

5.2.1.1 采空区岩体结构类型

岩体结构由结构面和结构体两个要素组成，是反映岩体工程地质特征的最基本因素，不仅影响岩体的内在特性，而且影响岩体的物理力学性质及其受力变形破坏的全过程。结构面和结构体的特性决定了岩体结构特征，也决定了岩体结构类型。岩体的稳定性主要取决于两个方面，结构面性质及其空间组合和结构体的性质，这是影响岩体稳定性的最基本因素。

5.2.1.2 采空区岩体质量

岩体的完整性、岩石质量和不连续面特性是控制岩体质量的内在因素，岩体质量的好坏直接决定了采空区的稳定状态。

5.2.1.3 采空区形态

采空区形态是影响采空区稳定性的直接性因素。采空区形态包括采空区高跨比、采空区复杂程度、倾角及复杂程度等因素。

A 采空区高跨比

理论计算和实测结果均表明，围岩的松动范围与采空区跨度成正比。大跨度地下采空区围岩的松动范围远远大于小跨度采空区。一般来说，相同结构类型岩体，大跨度发生冒落的数量要多于小跨的采空区。

B 采空区倾角

采空区的倾角则决定了采空区顶底板围岩的应力应变状况。倾角较小的采空区，顶板中间部位往往下沉幅度最大，最终出现拉裂破坏；采空区边壁及矿柱则多为剪切破坏。倾角较大的采空区，岩体重力产生的向采空区方向的法向应力减小。虽然在一定深度下稳定性较好，但随着开采深度的加大，则易造成突然破坏。

C 采空区复杂程度

采空区复杂程度包括了采空区规模大小和边界的复杂程度。采空区规模大，造成采空区顶板下沉变大，易出现拉应力，且应力向两侧集中，对矿柱稳定性也有不利影响。同时，边界越复杂，越易出现围岩应力集中，影响到采空区的稳定。采空区规模的稳固性不仅取决于单一开采空间应力分布，还需考虑相邻部位的开采引起的应力叠加问题。多个采空区会形成一种群的效应。

5.2.2 采空区赋存环境

5.2.2.1 采空区赋存深度

采空区赋存深度是影响采空区稳定性的重要因素之一。一方面，深度的增加使地应力大大增加，造成了采空区形成过程中应力的集中程度和释放程度大大增加，对围岩稳定性造成较大影响；另一方面，深度的增加使赋存环境越来越复杂，岩石在高地应力的作用下性质会发生较大变化，进而影响采空区的稳定性。

5.2.2.2 周围开采影响

工程案例表明，两个相距很近的采空区地压显现强烈。当两个小采空区合并成一个大跨度空间后，地压显现反而降低，变得稳定，主要是因为两个小采空区相距太近，之间的岩体受支撑压力叠加影响而失稳。所以，为保持相邻采空区的稳固性，需根据次生应力场情况及岩性强度考虑空间间距。另外，相邻矿体开采会产生频繁的爆破震动，加剧了岩体内节理裂隙的发展，使采空区的稳固性大大降低。

5.2.2.3　地下水及温度的作用

地下水和温度通过影响采空区赋存环境的应力场来影响采空区的稳定性，往往形成两场或多场的耦合作用。这种耦合作用往往对采空区的稳定性产生重要的影响。另外，地下水和温度还会对围岩质量产生影响，进而影响采空区的稳定性。

5.3　单一采空区稳定性敏感分析

由上述分析可知，影响采空区稳定性的因素复杂多样，但对于同一矿山区域的采空区，采空区围岩的结构、地下水及温度等因素往往是相同或相似的，此时采空区的稳定性则主要决定于采空区形态、采空区的深度及侧压系数。

本节以石人沟铁矿为工程背景，综合考虑多种因素作用下，采空区围岩内部的应力分布及稳定性。

5.3.1　单一采空区稳定特征的结构效应

对于单一采空区，主要的结构参数包括跨度、高度及倾角，三者共同决定了采空区围岩的受力状态及稳定特征。相关参数以石人沟铁矿为工程背景，石人沟铁矿一期开采-60m 水平矿体，地面标高约-140m；围岩单一，主要为片麻岩，围岩力学参数如表 5-1 所示。

表 5-1　围岩及矿体物理力学参数

岩石名称	块体密度 /g·cm⁻³	抗压强度 /MPa	抗拉强度 /MPa	抗剪参数		变形参数	
				内聚力 C /MPa	内摩擦角 φ/(°)	弹性模量 /10⁴ MPa	泊松比
片麻岩	2.74	141.58	14.37	2.754	55.08	6.98	0.26
M1 矿体	3.58	99.44	11.95	2.183	48.36	8.03	0.21
M2 矿体	3.46	130.77	10.52	2.367	53.33	7.59	0.20

目前石人沟铁矿采空区赋存于地表以下 200m，则测压系数为：

$$\lambda = \frac{181}{H} + 0.73 = \frac{181}{200} + 0.73 = 1.635 \tag{5-1}$$

为较全面研究采空区稳定特征，采空区的跨度、高度和倾角分别选取 6 个数据进行研究，分别为：

跨度 L = 10，20，30，40，50，60m；

高度 H = 10，20，30，40，50，60m；

倾角 $\alpha = 20°$，$30°$，$40°$，$50°$，$60°$，$70°$。

将围岩视为各向同性均匀介质，符合摩尔库伦准则，以弹塑性理论进行求解，设顶板设计安全系数为 1.5。

5.3.1.1 采空区稳定特征的高度与跨度影响规律

首先取采空区高度为 10m，倾角为 90°，研究单一跨度对采空区稳定特征的影响规律。图 5-1 所示为高度为 10m、跨度为 10m 时，采空区围岩内最大主应力分布规律。

图中分别展示了最大主应力和最小主应力沿跨度方向、沿顶板高度方向、沿采空区肩部方向、边壁方向及柱脚方向的变化规律。图中括号内第一个数字为距离起点距离，第二个数字为最大应力值，单位为 MPa。

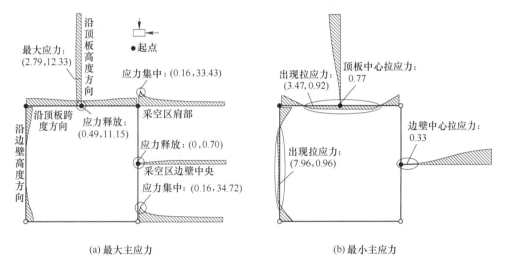

(a) 最大主应力　　　　　　　　　(b) 最小主应力

图 5-1　高度 10m，跨度 10m，倾角 90°时采空区围岩应力分布图

由图 5-1(a)可知，采空区的顶板和边壁中央都出现了应力释放现象，而边壁的应力释放程度远远大于顶板的释放程度，在边壁的肩部及脚部都出现了应力集中现象，最大值出现在柱脚位置，为 34.72MPa。最小主应力出现负值，说明顶板和边壁都出现了拉应力。整个空区最大拉应力出现在了边壁距离顶板 7.96m 处，大小为 0.96MPa。顶板的最大拉应力并没有出现在顶板中心，而是出现在了距离起点 3.47m 处。最大主应力随着远离采空区区域而逐渐减小并趋于平稳，而最小主应力随着远离采空区区域则逐渐由拉应力变为了压应力。

计算得到了应力集中系数和释放系数在采空区围岩中的分布，如图 5-2 所示。由图可知，采空区边壁中心的应力释放系数为 2.95，而顶板中心的应力释放系数则为 1.828，边壁应力释放系数变化幅度也比顶板中心距离。柱脚和肩部的应力集中系数则相差较小，分别为 1.651 和 1.681。

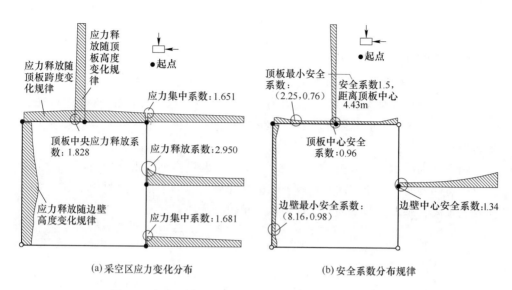

(a) 采空区应力变化分布　　　　　(b) 安全系数分布规律

图 5-2　高度 10m, 跨度 10m, 倾角 90°时采空区围岩状态

为得到采空区围岩的稳定状态, 计算得到了采空区围岩安全系数, 如图 5-2 (b) 所示。由图可知, 整个采空区安全系数最低出现在顶板位置, 距离起点 2.25m 及其对称位置。顶板和边壁的安全系数变化都呈现两头大中间小的规律, 顶板中心最低点安全系数为 0.96, 随着高度的升高逐渐增大; 当距离顶板边缘 ≥ 4.43m 时, 安全系数大于 1.5, 说明此时的顶板临界安全厚度为 4.43m。由于侧压系数大于 1, 所以矿柱的应力释放程度大于顶板, 说明侧压系数对采空区围岩应为分布有重要的影响, 后面将进行详细讨论。

图 5-3 所示为高度为 10m 时, 不同跨度对应的顶板下沉与矿柱的侧向位移变化规律及拟合曲线。由图可知, 跨度的变化对矿柱的侧向位移影响较小, 而对顶板的下沉产生了较大的影响, 通过多项式拟合可得顶板下沉位移与采空区跨度的

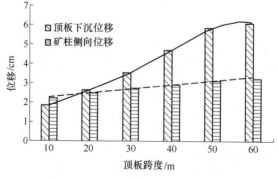

图 5-3　高度 10m, 不同跨度顶板及矿柱位移变化规律

关系为：

$$d = -0.0255L^4 + 0.3046L^3 - 1.1821L^2 + 2.6272L + 0.1173 \quad (5\text{-}2)$$

式中，d 为顶板的下沉；L 为顶板的跨度。对矿柱位移进行线性拟合，有：

$$w = 0.213L + 2.0669 \quad (5\text{-}3)$$

图 5-4 所示为跨度为 10m 时，不同采空区高度对应的顶板及矿柱位移柱状图及拟合曲线。通过拟合可知，顶板下沉位移与采空区高度存在如下关系：

$$d = 0.7184\ln(h) + 1.7789 \quad (5\text{-}4)$$

由式可知，两者的关系为对数关系，采空区高度对顶板下沉影响较小。矿柱侧向位移与采空区高度存在如下关系：

$$w = 2.2196h^{0.7693} \quad (5\text{-}5)$$

矿柱侧向位移与采空区高度的关系是一种指数的关系，说明采空区对矿柱位移影响较大。

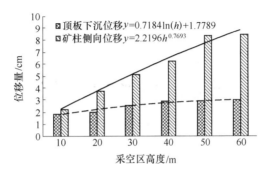

图 5-4　跨度 10m，不同高度顶板及矿柱位移变化规律

图 5-5 所示为不同结构的采空区对应的顶板安全厚度，采用多项式拟合可知，顶板安全厚度与顶板跨度存在如下关系：

$$T = AL^2 + BL + C \quad (5\text{-}6)$$

式中，A、B、C 为与高度相关的系数，通过拟合可知，其取值范围为：

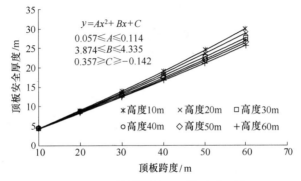

图 5-5　不同结构采空区顶板安全厚度

$$0.057 \leqslant A \leqslant 0.114, \ 3.874 \leqslant B \leqslant 4.335, \ -0.142 \leqslant C \leqslant 0.357$$

三个常数变化范围较小，说明高度对顶板安全厚度的影响较小。从图中也可得出相同的结论，随着跨度的增加，高度对安全厚度的影响逐渐增加。

如图 5-6~图 5-8 所示，分别为高跨比为 1:3、1:1、3:1 时的最大主应力及最小主应力分布云图，图中的红色为最大值，绿色为最小值（参见封底）。

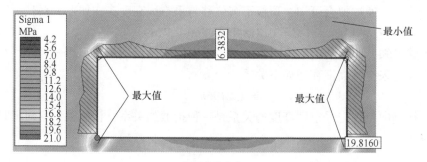

(a)最大主应力

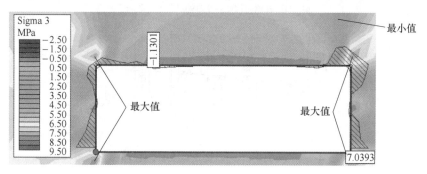

(b)最小主应力

图 5-6 高跨比为 1:3 时采空区围岩应力分布规律

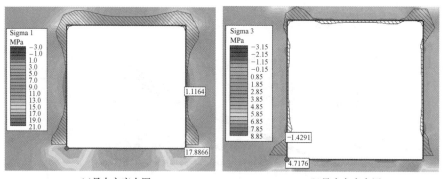

(a)最大主应力图　　　　　　　(b)最小主应力图

图 5-7 高跨比为 1:1 时采空区围岩应力分布规律

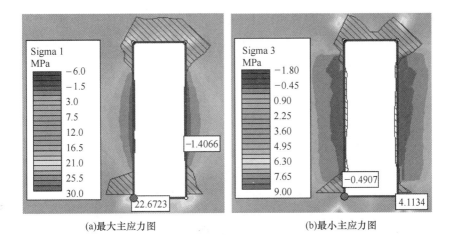

(a)最大主应力图　　　　　　　(b)最小主应力图

图 5-8　高跨比为 3∶1 时采空区围岩应力分布规律

由图可知，随着高跨比的增加，顶板上方的最大主应力趋势逐渐增加，说明应力释放程度逐渐降低，而矿柱两侧的主应力随着高跨比的增加则急剧减小，甚至出现拉应力，大小为 1.407MPa，说明应力释放程度剧烈。顶板最小主应力则随着高跨比的增加逐渐增加，说明顶板的应力状态得到了改善，拉应力逐渐转变为压应力，而矿柱的最小主应力则随着高跨比的增加而减小，逐渐出现拉应力。在侧压系数为 1.635 的前提下，当高跨比不小于 1 的时候，矿柱稳定状态较差。

图 5-9 所示为不同高跨比，应力集中系数变化规律曲线。由图可知，随着高跨比的减小（采空区由"窄高"向"宽矮"过渡），应力集中系数逐渐增加，但趋势增加幅度逐渐减小。

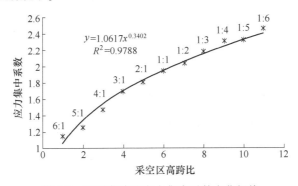

图 5-9　不同高跨比应力集中系数变化规律

进行拟合后，可知应力集中系数与高跨比是一种幂函数关系：

$$k = a_1 x^{b_1} \tag{5-7}$$

式中，k 为应力集中系数；a_1、b_1 分别为与围岩性质及赋存环境有关的常数，其中 b_1 为不大于 1 的常数。

采空区形成过程中，顶板和矿柱中心会发生应力的释放，若释放剧烈，则会造成岩石的破坏。如图 5-10 所示为随着高跨比的减小，顶板应力释放系数和矿柱应力释放系数的变化规律曲线。

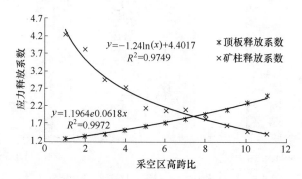

图 5-10　不同高跨比应力释放系数变化规律

由图可知，随着高跨比的减小，顶板应力释放系数逐渐增大，并与高跨比存在以下关系：

$$\lambda = a_2 e^{b_2 x} \tag{5-8}$$

式中，λ 为顶板应力释放系数；a_2、b_2 分别为与围岩性质及赋存环境有关的常数，其中 b_2 为不大于 1 的常数。

矿柱的释放系数则随着高跨比的减小而逐渐减小，与高跨比存在以下关系：

$$\eta = a_3 \ln(x) + b_3 \tag{5-9}$$

式中，η 为矿柱应力释放系数；a_3、b_3 分别为与围岩性质及赋存环境有关的常数，其中 a_3 为小于 0 的常数。

由于侧压系数的存在且大于 1，因此造成了矿柱的应力释放系数在高跨比大于 1 时，要大于顶板的应力释放系数。

5.3.1.2　采空区稳定特征的倾角影响规律

当矿体具有一定倾角时，造成了采空区赋存呈一定的倾角，此时采空区的边壁除了受到水平应力的作用还受到垂直应力的影响。图 5-11 为采空区受力示意图。

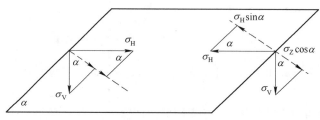

图 5-11　采空区上下盘受力示意图

由图可知，采空区上下盘受力分别为：

上盘： $$\sigma_{上盘} = \sigma_H \sin\alpha + \sigma_V \cos\alpha$$

下盘： $$\sigma_{下盘} = \sigma_H \sin\alpha - \sigma_V \cos\alpha$$

式中，σ_H 为水平应力；σ_V 为垂直应力；α 为矿体倾角。由此可知，采空区上下盘的应力与采空区倾角有密切关系，理论上服从三角函数规律。

图 5-12 为倾角 60°时，采空区围岩最大主应力、最小主应力、剪应力及应力集中释放分布图。

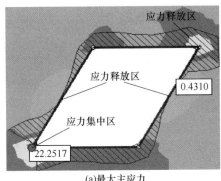

(a)最大主应力

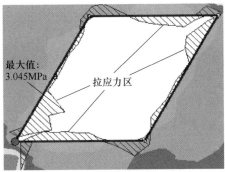

(b)最小主应力

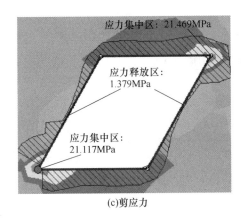

(c)剪应力

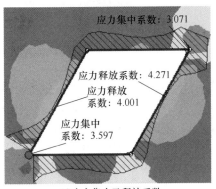

(d)应力集中及释放系数

图 5-12 倾角为 60°时采空区围岩应力分布情况

由图可知，在采空区上盘的下底角及下盘的上顶角出现了最大主应力和剪应力的集中，而在上下盘的中部则出现了应力的释放，其中上盘下底角的应力集中系数达到了 3.597，大于下盘上顶角的集中系数 3.071。而下盘的应力释放系数则大于上盘，达到了 4.271。图 5-13 所示分别为不同倾角围岩应力变化曲线。

由图可知，采空区围岩的应力变化都呈现了波动的变化，主要是由采空区的倾角变化造成，与理论推导是吻合的。当采空区倾角分别为 30°和 70°时，采空区围岩的各应力指标包括应力集中系数都达到了阶段的最大值。尤其是倾角为

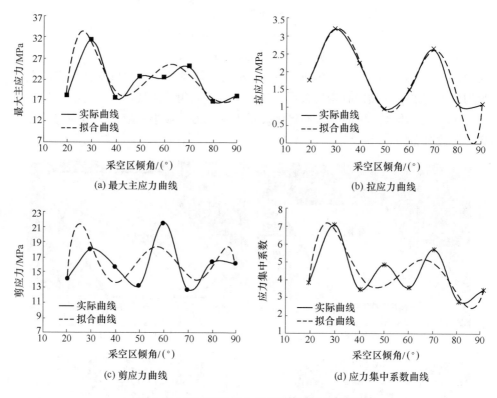

图 5-13　不同倾角采空区围岩应力状况变化

30°的时候，都出现了较剧烈的起伏，最大主应力、拉应力、剪应力及应力集中系数分别达到了 31.273MPa、3.203MPa、18.026MPa 及 7.081。最大主应力、剪应力及最大应力集中系数基本都出现在了上盘下底角处。

图 5-14 所示为跨度为 30m 时，不同倾角对应的顶板安全厚度变化规律。由图可知，随着倾角的增大采空区顶板安全厚度逐渐减小，且下降幅度逐渐减小。

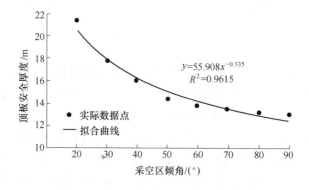

图 5-14　不同采空区倾角顶板安全厚度

对数据点进行幂函数拟合，顶板安全厚度与倾角的关系存在以下关系：

$$T = a_4\theta^{b_4} + c_4 \tag{5-10}$$

式中，T 为顶板安全厚度；θ 为采空区倾角；a_4、b_4 及 c_4 为与岩石性质及赋存环境相关的系数。

5.3.2 采空区分维值与采空区稳定性关系

由采空区分形特性可知，采空区边界线及平面区域具有明显的分形特性，而分维值是采空区复杂程度的综合定量表征。分维值越大，采空区复杂程度越高。而采空区的复杂程度尤其是边界线的形态往往决定了采空区围岩内部的应力分布，最终决定采空区的稳定状态。一般来说，边界线越复杂，越易出现应力集中，围岩的稳定状态也就越差。以第 4 章中的斜井采区 39 号采空区为计算对象，分别分析 xj39-1、xj39-2、xj39-3、xj39-4 及 xj39-5 剖面开采后围岩的围岩应力状态及稳定状况。剖面如图 4-7 所示，对应的边界线及平面区域分维值如表 4-1 所示。

地下岩石破坏多为剪破坏及拉破坏，因此主要研究围岩拉应力及剪应力的变化规律。由于边界分形维数是采空区复杂程度的综合表征，因此换算为平均应力进行研究。图 5-15 所示为分形维数与岩石中拉应力及剪应力的变化规律。

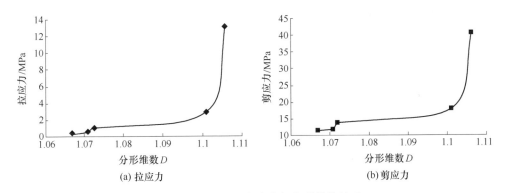

(a) 拉应力 (b) 剪应力

图 5-15 采空区围岩应力与分形维数关系

由图可知，随着分形维数的增加，拉应力及剪应力都逐渐地增加，即边界复杂程度越高，围岩的应力状况越差。尤其是 xj39-1 剖面，边界中存在大量的岩石凸点，在该部位易出现应力的集中及急剧变化，造成了围岩应力的急剧变化。实际上，该剖面围岩已发生破坏，由于采用弹塑性理论，因此允许出现较大应力，拉应力达到了 12.999MPa，剪应力达到了 40.891MPa。

图 5-16 所示为分形维数与围岩边界应力集中系数的关系及拟合曲线。由图可知，边界应力集中系数随着分形维数的增加而变大，且分形维数越大，应力集中系数增长的也就越快，尤其是 xj39-1 剖面的应力集中系数达到了 9.09。

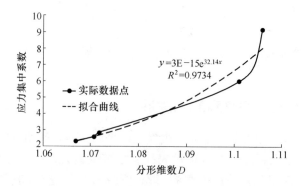

图5-16 采空区围应力集中系数与分形维数关系

进行数值拟合可知，应力集中系数与分形维数呈指数关系，即：

$$k = a_5 e^{b_5 D} + c_5 \tag{5-11}$$

式中，k 为采空区围岩平均应力集中系数；D 为采空区边界分形维数；a_5、b_5 及 c_5 为与岩石性质及赋存环境相关的系数。

图5-17 为分形维数与围岩应力释放系数的关系曲线图。由图可知，应力释放系数呈现了与集中系数相似的规律，分形维数越大应力释放系数释放越剧烈。

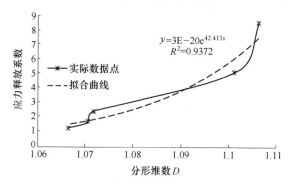

图5-17 采空区围应力释放系数与分形维数关系

进行数据拟合后可知，应力释放系数与分形维数也呈现指数关系，即：

$$\beta = a_6 e^{b_6 D} + c_6 \tag{5-12}$$

式中，β 为采空区围岩平均应力集中系数；D 为采空区边界分形维数；a_6、b_6 及 c_6 为与岩石性质及赋存环境相关的系数。

图5-18 为分形维数与围岩安全系数的关系曲线图，图中的安全系数是围岩的平均安全系数。

由图可知，采空区围岩的平均安全系数随着边界线分形维数的增加而减小，分形维数越大，安全系数降低得越剧烈。尤其当分形维数大于1.1之后，平均安

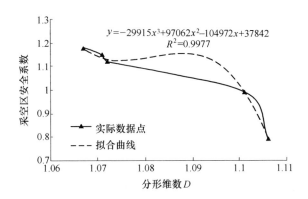

图 5-18 采空区围应力安全系数与分形维数关系

全系数已小于 1，即采空区已不稳定。xj39-5 剖面围岩安全系数为 0.989，而 xj39-1 剖面围岩安全系数只有 0.789。经过数据拟合可知，安全系数与分形维数关系如式（5-13）所示，是一种三次非线性函数的关系。

$$F = -29915D^3 + 97062D^2 - 104972D + 37842 \tag{5-13}$$

综上所述，采空区边界的应力分布与稳定状态与分形维数有着密切的关系，呈复杂的非线性关系。随着分形维数的增加，围岩边界内拉应力及剪应力都有明显的增加，且随着分形维数的增加，应力的集中与释放程度呈指数规律增加，安全系数也急剧下降。

5.3.3 赋存环境对单一采空区稳定性的影响规律

5.3.3.1 深度对采空区稳定性的影响

随着深度的增加，地应力逐渐增加，使采空区形成过程中，应力释放程度越来越剧烈，必然会影响采空区的稳定状态。一般来说，随着深度的增加，侧压系数会逐渐减小。为得到深度对采空区稳定性的单一影响规律，设侧压系数为 1，且保持不变，采空区尺寸取为长×宽＝40m×20m。深度计算方案分别为：100m、200m、300m、400m、500m、600m、700m、800m、900m 及 1000m。

图 5-19 和图 5-20 为深度为 500m 和 1000m 时，采空区周围最大主应力和最小主应力分布示意图。

由图可知，随着深度的增加，最大主应力不断变大，位置始终处于左下角处，出现应力集中，顶板中心和矿柱中心主应力则出现应力释放。由最小主应力分布可以看出，在顶底板及矿柱中部出现了拉应力，最大值在底板中心处，且随着深度的增加而变大。图 5-21 所示为随着深度的增加，顶板拉应力的变化曲线。

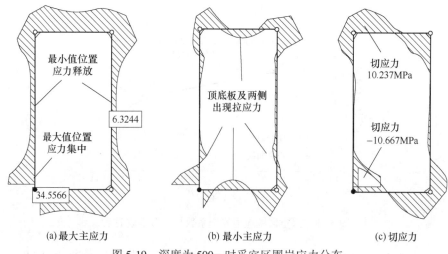

图 5-19 深度为 500m 时采空区围岩应力分布

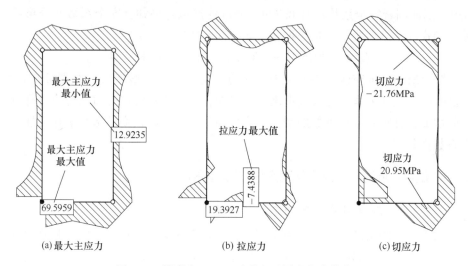

图 5-20 深度为 1000m 时采空区围岩应力分布

由图可知，顶板拉应力随着深度增加严格按线性规律增加，即：

$$\sigma = a_4 H + b_4 \tag{5-14}$$

式中，a_4 与 b_4 为与围岩性质相关的系数。

如图 5-22 所示为应力集中系数随深度的变化规律曲线。

由图可知，应力集中系数随着深度的增加呈严格的线性增加，由 1.371 增加到了 14.488，说明深度的增加对应力集中程度影响较大。深度超过 700m 后，应力集中系数已大于 10，较易发生岩爆等灾害。系数与深度的关系为：

$$k = a_5 H + b_5 \tag{5-15}$$

式中，a_5 与 b_5 为与围岩性质相关的系数。

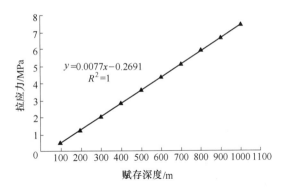

图 5-21 顶板拉应力随深度变化曲线

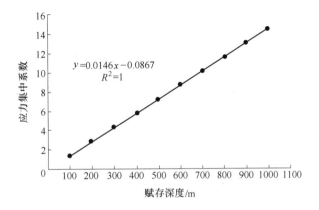

图 5-22 应力集中系数随深度变化曲线

图 5-23 所示为随着深度变化，顶板安全厚度变化规律曲线。

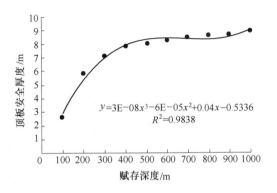

图 5-23 顶板安全厚度随深度变化曲线

由图可知，随着深度的增加，顶板安全厚度逐渐增加，但增加幅度却在不断缩小。当深度超过 800m 后，增加幅度出现增大。因此可知，顶板安全厚度随着深度的增加经过了三个阶段，即 100~400m 为快速增长深度，400~800m 为缓慢增长期，大于 800m 后增长重新加速。

若不考虑其他因素的变化，随着深度的增加，主要造成的影响是垂直应力的增加，因此应力变化随着深度变化呈线性增长。实际上，随着深度的增加，水平应力也在不断增加，即侧压系数不断变化，也会对围岩的状态造成影响。

5.3.3.2 侧压系数对采空区稳定的影响

随着深度的增加，侧压系数与深度有如下关系：

$$\lambda = \frac{181}{H} + 0.73 \tag{5-16}$$

本研究选择采空区尺寸为 40m×20m，深度取 500m；侧压系数分别为 0、0.2、0.4、0.6、0.8、1.0、1.2、1.4、1.6、1.8 及 2.0；其他条件保持不变。

图 5-24 和图 5-25 所示为侧压系数分别为 0、1 及 2 时，采空区围岩最大主应力及最小主应力分布规律。

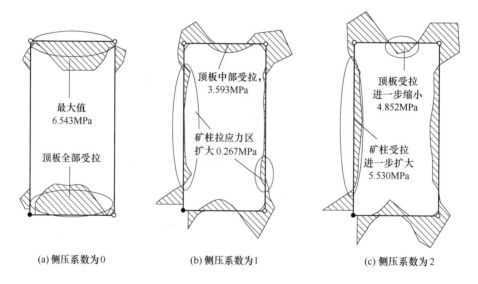

(a) 侧压系数为 0　　　　(b) 侧压系数为 1　　　　(c) 侧压系数为 2

图 5-24　采空区围岩最小主应力分布图

由图可知，随着侧压系数的增加，采空区顶板的拉应力区逐渐缩小，数值先减小后增加；侧压系数为 0 时，顶板拉应力最大，达到了 6.543MPa；侧压系数为 1 时，减小为 3.593MPa；而侧压系数为 2 时，则增大为 4.852MPa。矿柱的拉应力区则随着侧压系数的增加不断变大，但增长幅度不大。而最大主应力则呈现了相反的变化规律，随着侧压系数的增加顶板中心的最大主应力逐渐和两端相

(a) 侧压系数为0　(b) 侧压系数为1　(c) 侧压系数为2

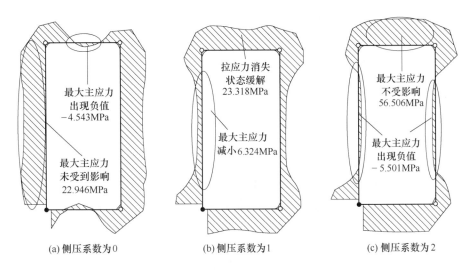

图 5-25　采空区围岩最大主应力分布图

同，即顶板应力释放程度逐渐减小，应力状态得到改善；而矿柱两侧应力释放程度则不断增加，应力状态恶化。

图 5-26 所示为随着侧压系数的增加，拉应力及最大主应力的变化规律。由图可知，采空区围岩内拉应力及最大主应力与侧压系数是一种复杂的非线性关系，顶板中心拉应力随着侧压系数的增加先减小后增大，侧压系数为 0.4 时拉应力最小，为 2.436MPa；随后逐渐增加，但增加幅度逐渐减小。通过拟合，两者满足以下关系：

$$\sigma_{顶板} = 3.167\lambda^4 - 16.54\lambda^3 + 29.88\lambda^2 - 19.97\lambda + 6.94$$

而矿柱中心点的拉应力，当侧压系数小于 1.6 时，虽然一直在增加，但增长幅度很小；当大于 1.6 时，则急剧增长，最终大于顶板的拉应力。经过拟合，两者符合以下关系：

$$\sigma_{矿柱} = 3.395\lambda^4 - 10.058\lambda^3 + 8.999\lambda^2 - 2.243\lambda + 0.1681$$

(a) 围岩拉应力　(b) 围岩最大主应力

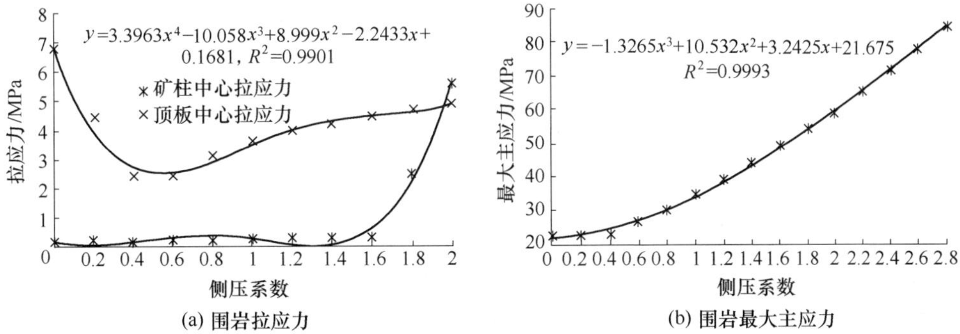

图 5-26　采空区围岩应力随侧压系数变化规律

由图可知,随着侧压系数的增加,最大主应力增长规律呈三次非线性函数形式,当侧压系数小于 0.8 时,最大主应力增长较缓慢,大于 0.8 之后增长速度逐渐变大。经过拟合,两者具有以下关系:

$$\sigma_1 = -1.327\lambda^3 + 10.532\lambda^2 + 3.243\lambda + 21.675$$

由侧压系数和深度关系可知,随着深度的增加,侧压系数是不断减小的。根据采空区围岩拉应力分布规律可知,侧压系数对浅部矿山影响较大,随着深度的增加影响程度逐渐变小,垂直应力起到主导作用。

图 5-27 所示为顶板中心位移与矿柱中心位移随着侧压系数增加的变化规律。由图可知,随着侧压系数的增加,顶板及矿柱的位移呈线性增大,矿柱侧向位移增长率大于顶板,说明侧压系数对矿柱的稳定状态影响较大,在浅部矿山应特别注意矿柱的稳定性。

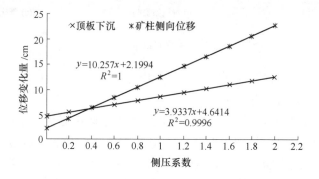

图 5-27　采空区顶板及矿柱位移随侧压系数变化规律

图 5-28 所示为顶板厚度随着侧压系数的变化规律,总体来看两者呈线性关系,随着侧压系数的增加,顶板厚度逐渐增加。但从实际数据来看,侧压系数小于 0.6 时,安全厚度增长速率较慢,即深度较大时安全厚度增加较慢,与图 5-28 所示的规律相吻合。

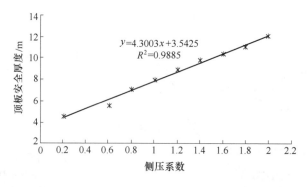

图 5-28　采空区顶板安全厚度随侧压系数变化规律

5.4 多采空区耦合结构作用效应

由于地下矿体往往是连续的，因此往往在有限的范围内存在两个甚至多个采空区。这些采空区相互作用，形成一种耦合效应。最常见的多采空区耦合结构为3个采空区在同一方向上连续存在，即三联跨形式，如图5-29所示。

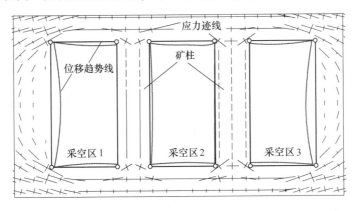

图 5-29　多采空区三联跨耦合结构示意图

以石人沟-60m水平斜井采区37号、38号及41号采空区为工程背景，研究三联跨形式采空区群形成过程中围岩的扰动规律及稳定特征，采用了相似材料试验与三维数值模拟的手段。

5.4.1　相似材料试验研究

相似模拟技术是研究矿山压力、围岩稳定及破坏规律的主要方法和手段。地下开采一般可简化为平面应变问题，故可以用计算结果近似地代替三维结果。

5.4.1.1　模型制作

选取几何相似比例常数为：$\alpha_i = 100$，容重相似常数为：$\alpha_r = 2.39$。由此可得应力相似常数 $\alpha_\sigma = 239$，弹性模量相似常数 $\alpha_E = \alpha_\sigma = 239$。则根据表5-1所示物理力学参数，可计算得模型的物理力学参数如表5-2所示。

表 5-2　模型物理力学参数

岩层名称	容重 $\gamma / \mathrm{kN \cdot m^{-3}}$		弹性模量 E/GPa		抗压强度 σ_c / MPa	
	实际	模型	实际	模型	实际	模型
黑云母角闪片麻岩	2.69	1.13	69.8	0.29	124.28	0.515
Fe	3.51	1.47	80.3	0.34	164.91	0.686

模拟范围为斜井采区 N16 穿到 N18 穿附近的 37 号、38 号、41 号矿房及矿

柱。调查显示，模拟实际范围为长×宽×高 = 172m×60m×85m，如图 5-30 所示。

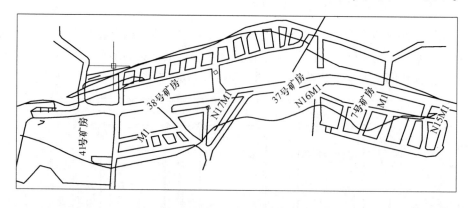

图 5-30　物理模型试验范围

本模型采用平面应力模型来代替平面应变模型，因此在模型两侧前后表面上没有满足原边界的约束条件。由于矿房的走向长度并非远远大于矿房的宽度，而空区的稳定性主要受空区的形状、暴露面积等因素影响，因此模型中矿房的走向长度具体计算如图 5-31 所示。

试验台的宽度为 25cm，矿体的内摩擦角为 48.360°，故滑动面破坏角为 45.0° + 24.180° = 69.18°，取 70°

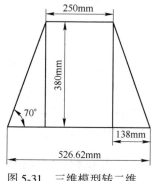

图 5-31　三维模型转二维尺寸等效图

模型中矿房的实际影响宽度为 25 + 38×tan70° = 52.6cm。

矿房原尺寸长×宽约为 42m×40m，故模型中的矿房的长度应该为 42×40/52.6 = 32cm。

根据矿体各水平的划分，再加上顶底柱及上层安全顶板的厚度，高度共计 85m，故模型实际高度为 85cm。模型长度为：

$$30 + 32 + 8 + 32 + 8 + 32 + 30 = 172cm$$

模型最终尺寸为长×宽×高 = 172cm×25cm×85cm，如图 5-32 所示。

5.4.1.2　监测手段

试验需要对模型中可能出现的应力和位移方面的变化进行监测。应力数据采集通过应力数据采集箱，模型中预设应变传输数据。在堆砌模型时，按照设计部位事先埋好应变片，使用数据采集器自动采集压力数据。共布置 22 个应力监测点，如图 5-33 所示。

位移监测在模型正面完成，布点间距为 8×8cm²，共计布置 8 行 15 列共 120

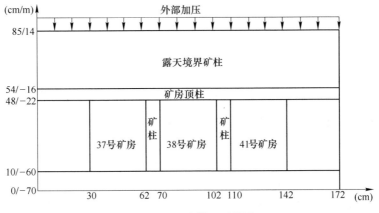

图 5-32 试验模型示设计

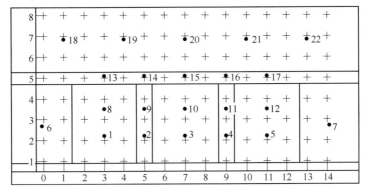

图 5-33 监测点位置图

(· 应力监测点,＋位移监测点)

个位移监测点,模型表面监测区域达到 90%。用全站仪对位移监测点坐标进行测量。

5.4.1.3 试验程序

按照实际的开采顺序进行试验,即先开采 37 号矿房,然后 38 号矿房,最后开采 41 号矿房。单个矿房开采时,先对模拟矿体进行六水平划分,即 -54m、-48m、-42m、-36m、-30m 和 24m 水平,用工具从下至上依次开采,直到顶部。根据相似原理,可求得时间相似常数为 $a_t = \sqrt{a_i} = 10$,按照相似后的时间进行开采,以确保和实际生产的吻合。

5.4.1.4 试验结果分析

采空区的破坏主要包括顶板冒落和矿柱的破坏,因此在研究采空区围岩应力机制时,应重点关注顶板的位移和矿柱的应力。本节将主要从这两个方面对围岩的应力应变的演变规律进行研究。

A 顶板位移演变规律分析

图 5-34（a）、（b）是采空区顶板各监测点垂直位移在三个采空区形成过程中的变化曲线图，图中 i 表示测点所在的列数，后面的数字表示该列测点的行数。每个采空区选取了 3 列数据，分别为 37 号采空区的 2、3、4 列，38 号采空区的 6、7、8 列，以及 41 号采空区的 10、11、12 列。

由图可知，采空区开采对顶板上方的影响随着高度的上升逐渐减小，位移逐渐变小，最大位移均出现在顶板的中间部位。当开采 37 号采空区时，顶板最大位移为 3.2mm，其他矿房顶板的位移几乎为 0。当开采 38 号矿房时，38 号采空区顶板的最大位移为 4.4mm；37 号采空区顶板的最大位移又出现了较大增大，达到了 3.6mm；最大位移出现的位置也发生了变化，向 38 号矿房靠近。

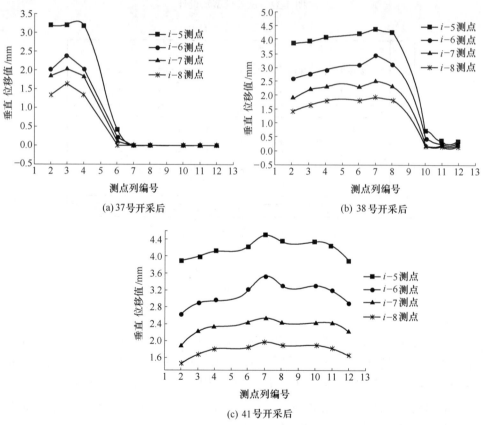

(a) 37 号开采后

(b) 38 号开采后

(c) 41 号开采后

图 5-34 不同阶段顶板垂直位移曲线

当开采 41 号矿房时，41 号采空区顶板位移出现了急剧增大，为 4.3mm，出现在靠近 38 号矿房的地方；37 号采空区顶板的最大位移继续增大，变为了 3.8mm；而三个采空区顶板最大位移出现在位于中间部位的 38 号采空区顶板中心，为 4.5mm。

由以上分析可知，采空区顶板最大位移一般出现在中心位置。但是对于采空区群来说，最大位移一般出现在区域的中间部位，并不一定位于单个采空区顶板的中心位置。在采空区群形成过程中，单个采空区顶板的最大位移一直在增加，并且位置也在随着采空区群区域的形态变化而变化。

B 围岩应力演变规律分析

根据监测结果，主要对矿柱和顶板的应力演变规律进行了分析。37 号和 38 号采空区之间矿柱记为 1 号矿柱，38 号和 41 号采空区之间矿柱记为 2 号。

图 5-35 所示为采空区之间两个矿柱的应力变化曲线。由曲线可知，采空区的开采对矿柱的应力影响具有一定的时效性，当对 37 号进行开采时，1 号矿柱应力出现了较快的增长，位于矿柱下方的应力变化较快，大小变为 22kPa。而 2 号矿柱上得应力几乎没有变化，2 号矿柱受到的影响较小。当开采 38 号采空区时，1 号矿柱上的应力又出现了较大增大，变为 69kPa，而 2 号矿柱最大应力增加为 32kPa。当开采 41 号时，2 号矿柱的应力出现了急剧增大，且速率超过了 1 号矿柱应力增加的最大速率。直到开采完毕后慢慢减小，最终两个矿柱的最大应力接近相同，而 1 号矿柱上的应力并没有停止增加，而是一直在缓慢增加。由以上分析可知，在采空区群形成过程中，矿柱的应力始终处在增长中，尤其是处在中间部位的采空区的矿柱，应力状态始终最差。

图 5-36 为采空区顶板应力变化曲线。选取了三个采空区顶板中心位置和采空区相邻的两肩部位。由曲线可知，顶板中心的应力都经历先增压后剧烈卸压的过程，直到开采完毕后顶板的应力变为了拉应力。37 号矿房开采时，顶板中心压力增加较大，而 38 号和 41 号顶板的压力在开采时虽然也有增加，但是由于 37 号采空区形成时已剧烈卸压，所以增加幅度不大。位于两肩的监测点压力始终比较稳定，变化幅度不大。每个采空区开采完毕后，顶板卸压并没有停止，而是在采空区群形成过程中，拉应力始终缓慢增加，尤其是位于中间的 38 号采空区顶板，增加的幅度始终最大，说明群区域中间部位的采空区危险最大。

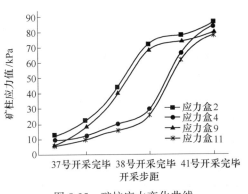

图 5-35 矿柱应力变化曲线

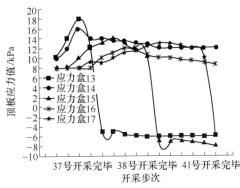

图 5-36 顶板应力变化曲线

5.4.2 多采空区耦合效应的数值模拟分析

5.4.2.1 三联跨采空区群计算模型

根据采空区群区域所在位置，模型的地理坐标范围为（20573350，4457050）到（2057360，4457300），模拟深度为-110m至地表。x 和 y 方向的网格大小均为 4m，z 方向的网格大小根据地表的高程点不同而不均匀分布。由于本次采空区群分析的对象都集中在-60 ~ -10m 水平，因此将此区域的网格 z 方向进行加密，建立了该区域的 FLAC3D 计算模型。图 5-37 所示为该区域的地表三维计算模型透视图，中间为采空区所在的矿体 M1 及采空区群。

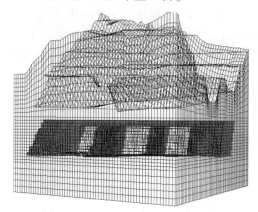

图 5-37　计算模型三维透视图

空区所处围岩主要为角闪斜长片麻岩，矿体有两种类型分别为 M1 矿体和 M2 矿体，物理力学参数取值参见表 5-1。

5.4.2.2 计算结果分析

A　应力场分析

根据计算结果主要分析了采空区顶板的最小主应力和矿柱的最大主应力。图 5-38(a) ~ (c) 为采空区群形成过程中顶板及矿柱最小主应力和最大主应力的变化对比图。图的上部为最小主应力，下部为最大主应力。

当 37 号采空区形成时，采空区顶板的最小主应力为 0.33MPa，为拉应力，主要集中在顶板的中心位置。最大主应力则出现在了两侧的矿柱位置，大小达到了 4.98MPa。当 38 号采空区形成之后，顶板的最小主应力变大，为 0.35MPa，虽然只增加了 0.02MPa，但是拉应力的影响跨度大大增加，在 37 号矿房顶板达到了 16m，占采空区总跨度的 38.1%。38 号顶板达到了 26m，占采空区总跨度的 61.9%。在距离顶板 7m 左右的拉应力带距离很近，该区域内为拉应力危险带。两个采空区之间的最大主应力则变为 5.58MPa，增大了 0.6MPa，集中在矿柱的底部。

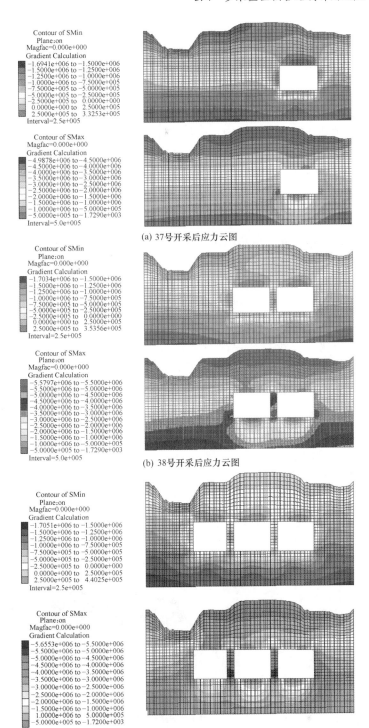

(a) 37号开采后应力云图

(b) 38号开采后应力云图

(c) 41号开采后应力云图

图 5-38 不同阶段采空区围岩应力云图

当41号采空区形成后，顶板的拉应力继续增长，增长幅度较大，达到了0.44MPa，增长幅度达25.7%，且影响跨度也出现了较大增加。尤其是41号采空区的顶板，影响跨度达到了36m，占总跨度的85.7%；38号顶板影响跨度增加较小，达到了30m，并在距离顶板8m出现了贯通；37号顶板影响跨度基本没有变化。矿柱的最大主应力增大了0.07MPa，达到了5.65MPa，主要集中在相邻采空区之间的矿柱底部，38号和41号之间的矿柱主应力影响范围较大。

经过上述应力分析可知，虽然三个采空区的几何参数相近，所处的地质条件相同，但是在开采时，每个采空区围岩的力学机制表现并不相同，越是开采较晚的采空区，其围岩的应力状态也就越差，而且最终的应力也越大，并且影响范围增加较大。

研究表明，开采主要对旁边的采空区影响较大，影响程度随着距离的增大而减弱较大。因此，在采空区群区域中应特别注意处于中间部位的采空区。在距离顶板一定高度范围内出现交汇，出现了"高应力"带。在这个区域内的岩石处在较危险的应力状态中，易出现破坏。采空区之间的矿柱应力较其他区域大很多，说明距离较近的采空区在形成过程中，互相影响，而且应力的增大不是简单的叠加，而是呈现一种较复杂规律，形成了采空区的"群效应"。这种"群效应"的大小，与采空区的形状、大小和之间的距离等因素有关。

B 位移场分析

为更好地说明采空区群在形成过程中围岩位移的演变规律，将每个采空区单独开采时的围岩位移和群条件下围岩位移进行了对比分析，图5-40和图5-41的上部为单独开采采空区，下部位群条件下的开采。主要研究采空区顶底板的垂直位移。

图5-39所示为37号采空区形成后围岩的 Z 向位移，最大 Z 向位移出现在顶板的中间部位，大小为1.73cm，竖直向下；底板出现了竖直向上的位移，大小为2.78cm。在采空区的顶板上方和底板的下方出现了一个袋状的位移延伸区，大小从1.0~1.73cm；顶板最大位移影响范围较小，为50m²，影响高度4m左右。

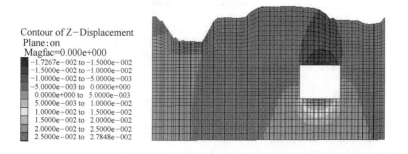

图 5-39 37号采空区形成后的 Z 向位移云图

图 5-40 为 38 号采空区不同条件下顶底板的 Z 向位移对比图，可以发现出现了较大的不同。单独开采时，38 号顶板 Z 向位移大于 1.0cm 的区域较小；而在群条件下开采时，出现了大幅的增长，在地表形成了较大范围影响区域。单独开采时，38 号顶板最大位移为 2.12cm，影响区域只有顶板中央的 32m²，高度 4m 左右；而群条件下分别达到了 2.39cm，100m² 和 8m，增加幅度较大，位置不在顶板中央，而是靠近 37 号采空区。37 号顶板的最大位移虽然数值增大，但是影响范围变小，这主要是因为 38 号开采时，38 号顶板位移急剧增大，产生了一种"翘板效应"，使 37 号顶板位移范围减小，但是围岩的应力状态却在变差，两个采空区顶板上方的位移带已经出现贯通。而底板的位移也呈现了相似的规律，在下方出现了贯通，造成位移影响范围大幅增加。

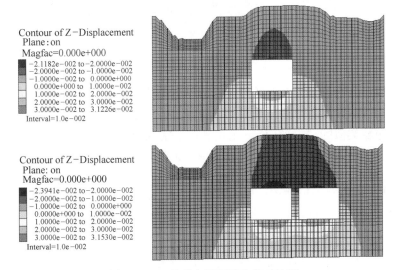

图 5-40 38 号采空区顶板位移对比图

图 5-41 为 41 号采空区在不同条件开采时顶底板的 Z 向位移对比图，同样也出现了较大的区别。单独开采时，41 号顶板最大位移为 2.12cm，集中在顶板的中央，影响范围为 210m² 左右，影响高度为 13m 左右；在群条件下开采时，由于此时围岩已经产生了较大损伤，顶板最大位移增大为 2.78cm，位置不在位于顶板的中央而是向群区域的中央位置靠近，影响范围增加较小为 280m²，影响高度为 15m 左右。而此时的 38 号矿房的顶板的 Z 向位移出现了较大的增加，尤其是影响范围和高度，陡增到 480m² 及 18m 左右，而 37 号采空区变化不大。底板的 Z 向位移变化规律相似，但是在群条件开采时，41 号底板位移影响范围却相对减小，而向 38 号底板"靠拢"。这说明了，在群条件开采，会对已形成的采空区造成极大的扰动，尤其是对处于中间部位的采空区。因此，在采空区群附近开采时，尤其应注意群区域中间部位的采空区。

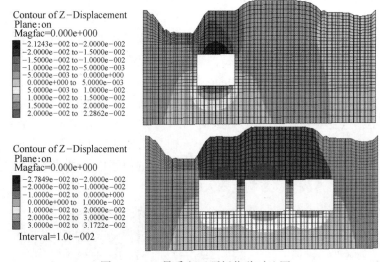

图 5-41　41 号采空区顶板位移对比图

通过以上分析可知，在群条件开采对围岩的扰动较单独开采时急剧增大，最大位移带的面积并不是单独开采时的简单相加。在采空区形成过程中，也出现了和应力分布相类似的"群效应"，尤其是在采空区距离相对较近、采空区密度较大的区域，这种效应产生的影响要大于单个采空区产生影响的叠加。

5.5　结构面对采空区稳定性的影响

从前人的研究结果可知，当结构面不经过采空区时，其对采空区稳定性的影响程度远没有结构面切割采空区时来得剧烈。因此，在此基础上，本文对结构面进行研究时，均只考虑结构面通过采空区的情况。

5.5.1　单组结构面对采空区稳定性的影响

为了研究单组结构面对采空区稳定性的影响，设计若干组不同产状的结构面进行模拟计算，探讨在单组结构面影响下采空区的稳定性规律。设计空区端面与长轴面都近似为竖直平面，顶面为近似水平面，长轴面走向为 x 轴方向，端面走向为 y 轴方向。将结构面产状分为 $90°\angle15°$、$90°\angle30°$、$90°\angle45°$、$90°\angle60°$、$90\angle75°$ 五组，并加上无结构面的一组作为对照试验。由于模型的对称性，故结构面倾角仅在 $0°\sim90°$ 的范围内选取。同时，为了保证模型的对称性，假定结构面均通过原点。考虑到端面暴露面积较小且在实际采矿中原生节理裂隙大多跟矿体走向一致，故选取与矿体一致的走向来研究单组结构面对采空区稳定性的影响。

单组结构面指的是一组产状平行的结构面，依据赤平面投影理论，一般必须三组结构面交汇才能塌方。因为边界面最少的是四面体，一个在临空面，另三个必然是在结构面上。举例来说，在仅有 1～2mm 厚的层状千枚岩片理中，也能开挖出稳定性很好的跨度达到十几米的隧道。这是因为这些层理仅是一组结构面构成的。因此，在模拟计算中，把产状平行的一组结构面都简化成一个该产状的结构面，因为好几个产状平行的结构面所产生的滑移体，之间相互平行、相互贴合，必须在第一个滑移体产生滑移之后，后续的滑移体才有空间跟着移动，只需要考虑产生第一个滑移体的结构面对采空区稳定性的影响即可。

5.5.1.1 数值模拟对照分析

模型的选取按照程潮铁矿现阶段开采的实际埋深进行，模型顶部标高为 −300m，模型底部标高为 −600m，模型高度 300m，长度和宽度也均为 300m。程潮铁矿实际采用分段嗣后充填法进行开采，每一阶段高度 70m，矿房宽度 18m，因此模型中采空区的高度也设为 70m，采空区顶板高度 −430m，底板高度 −500m；采空区宽度 18m，长度 100m。

本次数值模拟的本构模型选用摩尔库伦模型，按照程潮铁矿的实际情况设置边界条件，在模型四周施加滑动约束，即模型四周各块体的 x 方向速度以及 y 方向速度固定为 0，z 方向上无约束；模型底部施加固定约束，即模型底部 xyz 方向速度均固定为 0。

计算模型的初始应力环境由各向应力与自重体力荷载共同形成。赋予应力环境后，通过运行模型，计算体的力平衡方程的荷载向量可求得计算体内的初始应力。根据程潮铁矿具体情况，初始应力按构造应力设置，即：

$$\sigma_y = \gamma h , \ \sigma_x = \sigma_z = \lambda \sigma_y , \ \lambda = \frac{\mu}{1-\mu}$$

式中，λ 为水平应力场的侧压力系数；μ 为泊松比；σ_i 为 i 方向的应力分布。

数值模拟中，参数的选择按照上述实验结果结合现场实际测量数据选取，节理参数按照实验室测量数据以及以往位移反分析法的结论进行选取。本次数值模拟采用的具体参数如表 5-3 所示。

表 5-3 数值模拟力学参数

容重 /kN·m⁻³	单轴抗拉强度 /MPa	黏聚力 /MPa	内摩擦角 /(°)	弹性模量 /GPa	泊松比
4300	5.55	8.32	21.6	14.96	0.31
不连续面法向刚度 K_n	节理面剪切刚度 K_s	黏聚力 /MPa	内摩擦角 /(°)	抗拉强度 /MPa	
9×10⁶	9×10⁶	0.22	25.7	0.3	

数值模拟各方案均在 25000 步左右达到初始平衡。各方案具体模拟过程如下。

A　采空区无结构面

通过应力云图（图 5-42，图 5-43）可以看出，在没有结构面的情况下，最大主应力主要集中在采空区顶底板与两帮交汇的四个边角处，由于棱角的存在，产生了一定的应力集中。最小主应力主要分布在顶板，由于上方岩体自身重力而下方又被挖空没有支撑，所以在顶板位置产生一定的拉应力，但总体上采空区保持稳定。

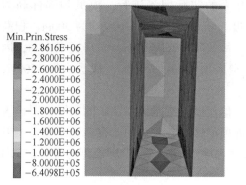

图 5-42　采空区剖面最大主应力云图

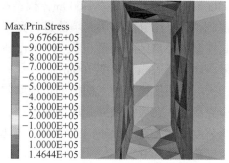

图 5-43　采空区剖面最小主应力云图

通过位移云图（图 5-44）可以看出，在没有结构面的情况下，采空区的最大位移为 1.233cm，发生在采空区的顶板，两帮的最大位移在 0.8cm 左右。通过位移矢量图可以发现，采空区的位移主要发生在顶板，两帮也有些许指向采空区内部的变形，但变形不是很大，采空区保持稳定。

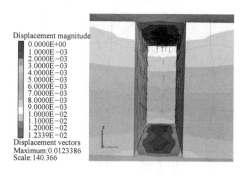

图 5-44　采空区剖面位移云图

B　结构面产状 90°∠15°

通过应力云图（图 5-45，图 5-46）可以看出，在没有结构面的情况下，最大主应力主要集中在采空区顶底板与两帮交汇的四个边角处，由于棱角的存在，产生了一定的应力集中。最小主应力主要分布在顶板，由于上方岩体自身重力而下方又被挖空没有支撑，所以在顶板位置产生一定的拉应力，但总体上采空区保持稳定。

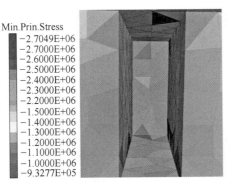 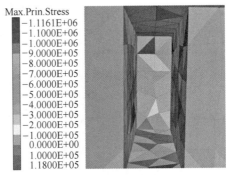

图 5-45　采空区剖面最大主应力云图　　　图 5-46　采空区剖面最小主应力云图

　　通过数值计算可以看出，加入结构面以后，模型最大位移由 1.233cm 增加到 2.167cm，增加了 75.7%，可见结构面的存在对采空区的稳定性影响是巨大的。从图 5-47 中也可以看出，位移在结构面处发生了明显的分层，说明结构面上部的采空区岩体沿着结构面发生了滑移，通过观察位移矢量图也能很好地印证这一点。

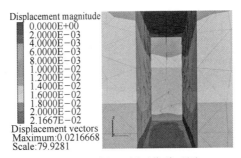

图 5-47　采空区剖面位移云图

　　C　结构面产状 90°∠30°

　　通过应力云图（图 5-48，图 5-49）可以看出，在没有结构面的情况下，最大主应力主要集中在采空区顶底板与两帮交汇的四个边角处，由于棱角的存在，产生了一定的应力集中。最小主应力主要分布在顶板，由于上方岩体自身重力而下方又被挖空没有支撑，所以在顶板位置产生一定的拉应力，但总体上采空区保持稳定。

　　通过模拟计算可得，最大位移达到了 5.134cm，位于采空区端面与结构面的交汇处。观察图5-50可以发现，采空区周围岩体初始平衡时的位移分层现象消失，出现了垂直于结构面的分层带，说明采空区周围岩体沿着结构面发生了较为严重的滑移，对采空区的稳定性造成了较大的威胁。

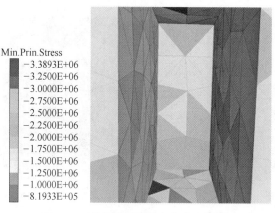

图 5-48 采空区剖面最大主应力云图

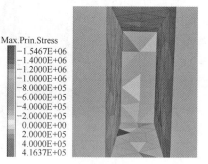

图 5-49 采空区剖面最小主应力云图

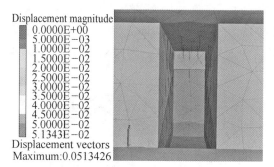

图 5-50 采空区剖面位移云图

D 结构面产状 90°∠45°

通过应力云图（图5-51，图5-52）可以看出，在没有结构面的情况下，最大主应力主要集中在采空区顶底板与两帮交汇的四个边角处，由于棱角的存在，产生了一定的应力集中。最小主应力主要分布在顶板，由于上方岩体自身重力而下方又被挖空没有支撑，所以在顶板位置产生一定的拉应力，但总体上采空区保持稳定。

通过模拟计算可知，最大位移发生在顶板与结构面交汇处，达到5.374cm。观察位移图（图5-53）发现，采空区附近岩体初始平衡时的水平分层情况消失，取而代之的是几近于垂直结构面的倾斜分层现象。这说明，采空区附近岩体顺着结构面产生了较大的滑移，可能造成采空区的失稳。

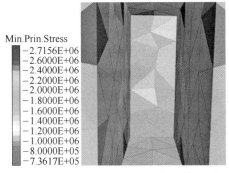
图 5-51 采空区剖面最大主应力云图

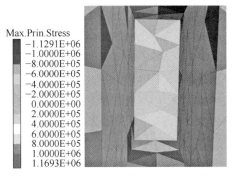
图 5-52 采空区剖面最小主应力云图

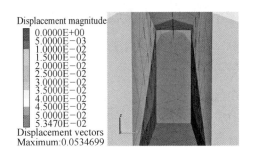
图 5-53 采空区剖面位移云图

E 结构面产状 90°∠60°

通过应力云图（图 5-54，图 5-55）可以看出，在没有结构面的情况下，最大主应力主要集中在采空区顶底板与两帮交汇的四个边角处，由于棱角的存在，产生了一定的应力集中。最小主应力主要分布在顶板，由于上方岩体自身重力而下方又被挖空没有支撑，所以在顶板位置产生一定的拉应力，但总体上采空区保持稳定。

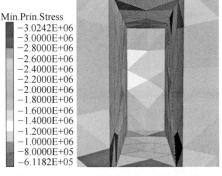
图 5-54 采空区剖面最大主应力云图

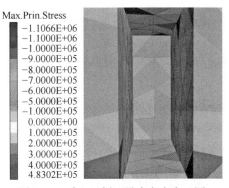
图 5-55 采空区剖面最小主应力云图

通过模拟计算可以发现，最大位移较之之前产生了回落，为 3.375cm，出现在顶板与结构面的交汇处。从图 5-56 中可以看出位移依然在结构面处分层，说明采空区周围岩体随着结构面产生了一定的滑移，尤其是在顶板与结构面交汇的位置，需要尤为注意。

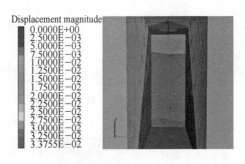

图 5-56　采空区剖面位移云图

F　结构面产状 90°∠75°

主应力云图见图 5-57 和图 5-58。通过数值计算可以发现，随着结构面倾角的继续增大，采空区的最大位移出现了继续回落，最大位移为 1.859cm（图 5-59），依然出现在采空区的顶板部位，采空区整体依然沿着结构面滑移，但滑移的幅度进一步减小，位移矢量图说明了这一点。

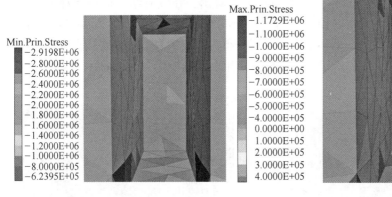

图 5-57　采空区剖面最大主应力云图　　　　图 5-58　采空区剖面最小主应力云图

通过上述的对照实验可以看出，相比较于顶板，两帮的稳定性要好得多。不管是结构面切割顶板或者结构面切割帮壁的情况，最大位移总是出现在顶板位置。单组结构面对采空区的影响形式总是滑移破坏，无法形成直接塌落；而两帮的滑移又总是滞后于顶板的滑移，或者说是顶板的滑移带动了两帮的滑移，因此顶板的滑移位移大小总是要大于两帮。因此,单组结构面对采空区的稳定性影响主要应该考虑采空区顶板的稳定性。

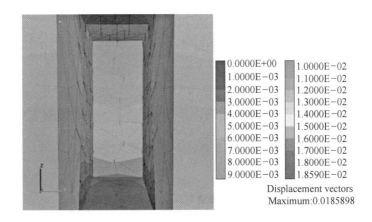

图 5-59 采空区剖面位移云图

将上述对照试验的数据列表比较可以发现,各个实验方案中最大位移的出现位置均出现在顶板,且与结构面的产状关系较为明显。随着结构面倾角的增大,采空区顶板最大位移先增大后减小。这说明单组结构面产状对采空区顶板位移的影响并非是线性的,而是在某一范围内对采空区顶板的位移影响较大。采空区顶板位移对单组倾角在 25°~50°的结构面较为敏感,容易产生较大范围的滑移,影响采空区的稳定性。

5.5.1.2 结构面强度对采空区的影响

结构面的强度主要取决于结构面的摩擦强度,而结构面的摩擦强度又主要由两个属性决定:内聚力和内摩擦角。为了分析这两个属性对结构面强度的影响,通过建立模型,分别单独分析其中一个因素对采空区顶板最大位移的影响,从而判断两个因素对采空区稳定性影响的敏感性。

通过上面的分析可知,结构面的倾角处于 25°~50°时对采空区的稳定性影响较大,因此模拟时选取结构面倾角为 40°。当研究内聚力时,内摩擦角设置为 0.1;当研究内摩擦角时,内聚力设为 0。

A 内聚力

表 5-4 内聚力与采空区位移关系

内聚力/kPa	0	20	40	60	80	100
采空区最大位移/cm	−5.839	−4.806	−3.668	−2.837	−2.133	−1.792

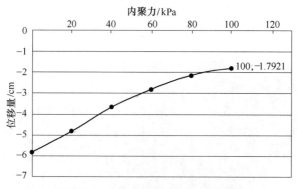

图 5-60　内聚力对采空区位移的影响

B　内摩擦角

表 5-5　内摩擦角与采空区位移的关系

内摩擦角/(°)	0	5	10	20	25	30	35
采空区最大位移/cm	−7.999	−6.128	−4.584	−2.045	−1.777	−1.771	−1.761

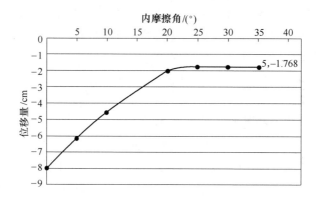

图 5-61　内摩擦角对采空区位移的影响

通过分析上面图表（图 5-60，图 5-61；表 5-4，表 5-5）中的数据可以发现，内聚力对采空区最大位移的影响基本是线性的，内聚力越大，采空区的最大位移越小。而内摩擦角对采空区最大位移的影响关系则呈现为，当内摩擦角小于周围岩层的内摩擦角时，对采空区位移影响显著，呈近似线性关系；当内摩擦角等于或大于周围岩层内摩擦角时，对采空区的位移影响不大。综合看来，内摩擦角对采空区位移的影响比内聚力更为敏感。

5.5.2　可产生滑塌锥的结构面对采空区的影响

按照赤平面投影理论，根据石根华、蒋爵光等人的研究成果，空间上不同产状的节理裂隙可以采用其在赤平面上的投影来代替，从而更加直观地看出临空面的所在以及可能产生的滑塌形式。由于多组结构面在空间的组合方式太多，因此本节在赤平面投影法的基础上，选取空间位置上具有代表性的结构面组进行数值模拟，探讨其对采空区稳定性的影响。

5.5.2.1 极射赤平投影的基本原理

极射赤平投影以球作为投影工具，进行投影的各个部分称为投影要素，包括：（1）投影球（也称投射球）：以任意长为半径的球；（2）球面：投影球的表面称为球面；（3）赤平面：通过投影球的球心的一个水平面；（4）大圆：球面和通过球心的平面相交，形成的圆称之为大圆，所有大圆的直径都等于投影球的直径；（5）小圆：不过球心的平面与球面相交形成的圆，称为小圆；（6）极射点：投影球两极的顶点称为极射点。

本文中规定坐标系 x 轴指向东，y 轴指向北，z 轴垂直向上。进行赤平面投影时，首先需要一个圆心为坐标原点，半径为 R 的投影球：

$$x^2 + y^2 + z^2 = R^2$$

从原点出发的任一向量 g 与球面相交于一点，该点与球极 S 的连线交赤道平面 $z=0$ 的交点记为 g，则为向量 g 的投影；反之，$-g$ 的投影则为 g'（图 5-62）。

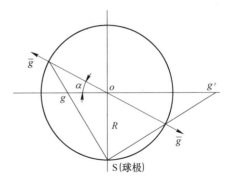

则有：

$$R^2 = \overline{og} \cdot \overline{og'}, \quad \overline{og} = R\tan\left(45 - \frac{\alpha}{2}\right)$$

$$\overline{og'} = R\tan\left(45 + \frac{\alpha}{2}\right)$$

图 5-62　赤平面投影圆示意图

平面或者一组结构面的赤平面投影是指将它们平移成过原点的平面 P，P 与投影球相交为一个圆，该圆每一点与球极 S 的连线在赤道平面 $z=0$ 的交点形成一个圆，该圆周就是他们的投影。投影圆的圆心和半径求法如下：

设 $(x, y, 0)$ 为赤道平面上任意一点，球极 $(0, 0, -R)$ 与 $(x, y, 0)$ 的连线交球面于点 $[xt, yt, (t-1)R]$，则有：

$$x^2t^2 + y^2t^2 + (t-1)^2R^2 = R^2 , \quad t = 2R^2/(x^2 + y^2 + R^2)$$

设 P 的倾角为 α，走向角为 β，则 P 的方程为：

$$x\sin\alpha\sin\beta - y\sin\alpha\cos\beta + z\cos\alpha = S$$

考虑到一般条件，P 可以不经过球心。因为 $[xt, yt, (t-1)R]$ 在平面 P 上，所以有投影方程：

$$\frac{2Rx\sin\alpha\sin\beta}{x^2 + y^2 + R^2} - \frac{2Ry\sin\alpha\cos\beta}{x^2 + y^2 + R^2} + \left(\frac{2R^2}{x^2 + y^2 + R^2} - 1\right)R\cos\alpha = S$$

当 $R\cos\alpha + S = 0$ 时，即 P 通过（0，0，$-R$）点时，上述方程简化为一条直线：

$$x\sin\alpha\sin\beta - y\sin\alpha\cos\beta + R\cos\alpha = 0$$

当 $R\cos\alpha + S \neq 0$ 时，上述方程即为一般投影圆方程：

$$\left(x - \frac{R^2\sin\alpha\sin\beta}{S + R\cos\alpha}\right)^2 + \left(y + \frac{R^2\sin\alpha\cos\beta}{S + R\cos\alpha}\right)^2 = \frac{(R^2 - S^2)\,R^2}{(S + R\cos\alpha)^2}$$

在上述方程中令 $\beta = 0$，$S = 0$ 就是走向南北的平面的投影，它的圆心坐标为（0，$-R\tan\alpha$），半径为 $R/\cos\alpha$。

5.5.2.2 赤平面投影图的画法

（1）平面的赤平投影。平面与球面相交的圆或小的圆，圆的点与赤道平面相交连接发射点，交叉连接称为相应的平面投影。

（2）直线的赤平投影。直线 AB 的投影点用下面的方法确定。铅直线的投影点位于基圆中心；过球心水平直线确定的投影点就是基圆上两个极点，两点间距离等于基圆的直径；倾斜直线也有两个投影点（见图 5-63～图 5-66）。

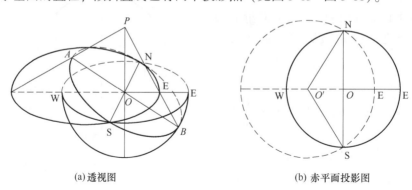

(a) 透视图   (b) 赤平面投影图

图 5-63　倾斜平面的极射赤平面投影

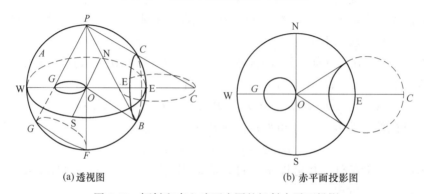

(a) 透视图   (b) 赤平面投影图

图 5-64　倾斜和直立球面小圆的极射赤平面投影

（3）采空区各滑塌形式在赤平面投影法中的显示。当地下矿体的开挖致采空区形成以后，将出现若干个临空面，即采空区的帮壁和顶板。而裂隙产生的结构面则会对岩体产生切割效应，使得岩体在空间上被切割成形状各异的多面体，从而在临空面上滑移或者塌落。

显然，当只有一组或者两组结构面时，采空区周围的岩体只可能发生滑移而不可能塌落，因为塌落体至少为四面体，排除一组临空面后，至少还需要三组结构面才能切割岩体，使之形成塌落体。

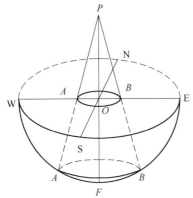

图 5-65 水平球面小圆的赤平面投影

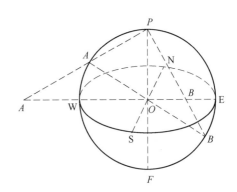

图 5-66 倾斜直线的赤平面投影

相比较于滑移，塌落对采空区的危害要大得多，因为塌落会在原有临空面的基础上形成新的临空面，而新的临空面则可能造成新的塌落，因此一旦采空区内发生塌落的现象，很有可能会发生连续垮塌的连锁反应，造成采空区的失稳。工程中存在片理 1~2mm 厚的薄层千枚岩形成良好的跨度长达 10m 的隧道的实例。这是因为节理只是一组结构面。垮塌在赤平面投影上表现为三种形式，即直接坠落、单滑面滑塌以及双滑面滑塌。

如图 5-67(a)所示，切削锥的重力向量落在切割锥的曲面上。而图 5-67（b）所示的切割锥，由于重力矢量落在曲底面之外，只能形成单滑面的滑塌或者双滑面的滑塌。因此，直接坠落体的形成条件为重力矢量落在切割锥的曲底面之内。

单滑面切割锥，必然位于滑动面 P_i 之上（图 5-68a）、其他结构面 P_j 之下或之上，但其滑动方向皆为沿着 P_i 面的倾向，所以单滑面切割锥的赤平面投影包括单滑面 P_i 的倾向 g_i 在内的，由平面 P_j 之上的赤平投影形成的曲边多边形组成（见图 5-68b）。

沿双滑面滑动的切割锥（图 5-69）必然位于交线 g_{ij} 之上，即 P_i，P_j 两面交线的方向。滑动切割锥必然位于 P_i，P_j 二面之上，或者其中一面之上。

从上述分析可以看出，无论是直接塌落还是哪种滑塌形式，都需要至少三组

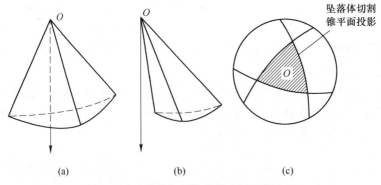

图 5-67 坠落体切割锥及其赤平投影表示

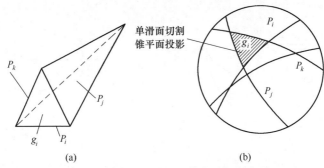

图 5-68 单滑面切割锥及其赤平投影表示

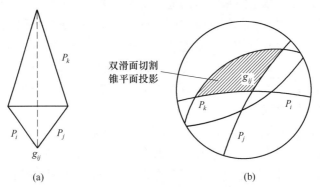

图 5-69 双滑面切割锥及其赤平投影表示

结构面以及一个临空面，在赤平面投影图上表现为几组结构面的赤平面投影能够形成一个独立的多边形，这才存在垮塌的可能。因此，本文在探究多组结构面对采空区稳定性影响时，只考虑存在垮塌可能的空间组合形式，再在此基础上考虑结构面强度、空间位置等因素的作用。

（1）垮塌体位于采空区顶板。

考虑如表 5-6 所示的三组结构面，其在空间上的位置关系如图 5-70 所示。将其分别做赤平面投影，得到的投影图如图 7-71 所示，从图中可以看出存在一个有直接坠落可能的塌落锥，是一个标准的四面体形状。当其位置位于顶板时，考虑其对采空区稳定性的影响。

表 5-6　结构面产状表

结构面组编号（P_i）	结构面倾向	结构面倾角	结构面摩擦系数
P_1	0	60	0.75
P_2	120	60	0.75
P_3	240	60	0.75

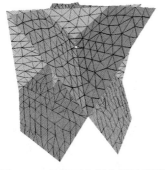

图 7-70　结构面空间位置示意图

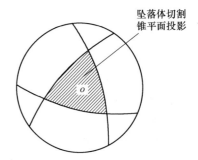

坠落体切割锥平面投影

图 7-71　结构面所围成的坠落体示意图

以内聚力和内摩擦角作为自变量，采空区的位移情况作为因变量，将数值模拟的情况统计如表 5-7 所示。顶板位移三维曲面如图 5-72 所示。

表 5-7　采空区顶板位移敏感性分析统计

内摩擦角/(°) ＼ 内聚力/kPa	0	100	200	300	400	500	600	700	800	900	1000
0	破坏	破坏	破坏	破坏	破坏	3.22	3.1	2.9	2.65	2.46	2.32
5	破坏	破坏	破坏	破坏	破坏	3.02	2.93	2.75	2.6	2.4	2.29
10	破坏	破坏	破坏	破坏	破坏	2.83	2.78	2.69	2.56	2.36	2.23
15	破坏	破坏	破坏	破坏	2.53	2.46	2.4	2.33	2.28	2.24	2.22
20	破坏	破坏	破坏	4.33	2.46	2.41	2.38	2.31	2.24	2.21	2.19
25	破坏	破坏	4.56	3.59	2.41	2.34	2.32	2.28	2.21	2.17	2.15
30	破坏	4.32	3.87	2.49	2.36	2.31	2.29	2.26	2.17	2.13	2.12
35	3.84	2.87	2.58	2.34	2.3	2.28	2.25	2.23	2.15	2.1	2.08
40	3.03	2.78	2.48	2.3	2.21	2.16	2.11	2.08	2.06	2.05	2.04
45	2.87	2.76	2.46	2.26	2.17	2.13	2.08	2.07	2.06	2.04	2.02
50	2.5	2.46	2.26	2.17	2.13	2.08	2.07	2.06	2.04	2.02	2

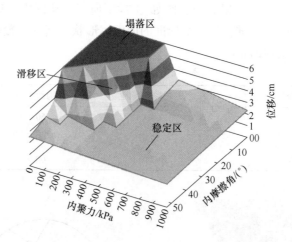

图 5-72　影响采空区顶板位移的三维曲面图

以内聚力为 0kPa、内摩擦角为 0° 破坏时的数值模拟结果为例，破坏时塌落锥的形态如图 5-73 所示。

从表 5-7 中数据以及数据所构成的三维曲面图可以发现，形成滑塌锥后并不一定意味着塌落。由于裂隙自身强度的原因，在内聚力以及内摩擦角较大时，滑塌锥仍然可以保持稳定；随着两者的减小，滑塌锥开始沿着裂隙面朝临空面滑移；当裂隙的强度继续减小，滑塌锥继而坠落。

从曲面图中可以看出，内摩擦角对滑塌锥位移的影响比内聚力更为敏感。但内聚力对其影响存在突变性，即保持内摩擦角不变。单独考虑内聚力对其影响时，会在某一点由稳定区突变至塌落区，滑移区很小甚至没有。

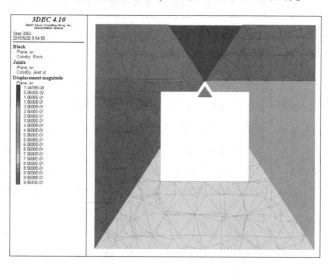

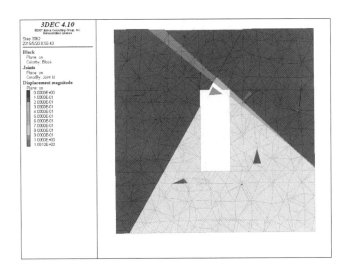

图 5-73 塌落锥空间形态示意图

（2）垮塌体位于采空区侧帮。

依旧考虑上述三组结构面，但将垮塌体的空间位置移动到侧帮，由于模型的对称性，仅在一侧边帮考虑其对采空区稳定性的影响。

以内聚力和内摩擦角作为自变量，采空区的位移情况作为因变量，将数值模拟的情况统计如表 5-8 所示，位移影响三维曲面如图 5-74 所示。

表 5-8 采空区侧帮位移敏感性分析统计

内聚力/kPa 内摩擦角/(°)	0	100	200	300	400	500	600	700	800	900	1000
0	破坏	破坏	破坏	破坏	破坏	破坏	破坏	1.9	1.9	1.9	1.9
5	破坏	破坏	破坏	破坏	破坏	破坏	破坏	1.9	1.9	1.9	1.9
10	破坏	破坏	破坏	破坏	破坏	破坏	破坏	1.9	1.9	1.9	1.9
15	破坏	破坏	破坏	破坏	破坏	破坏	破坏	1.9	1.9	1.9	1.9
20	破坏	破坏	破坏	破坏	破坏	破坏	破坏	1.9	1.9	1.9	1.9
25	破坏	破坏	破坏	破坏	破坏	破坏	破坏	1.9	1.9	1.9	1.9
30	破坏	破坏	破坏	破坏	破坏	破坏	破坏	1.9	1.9	1.9	1.9
35	破坏	破坏	破坏	破坏	破坏	破坏	破坏	1.9	1.9	1.9	1.9
40	11.41	11.14	9.98	8.95	7.76	1.9	1.9	1.9	1.9	1.9	1.9
45	7.23	6.34	5.33	4.36	3.27	1.9	1.9	1.9	1.9	1.9	1.9
50	5.49	4.43	3.21	2.22	1.9	1.9	1.9	1.9	1.9	1.9	1.9
60	4.47	3.45	2.43	1.9	1.9	1.9	1.9	1.9	1.9	1.9	1.9

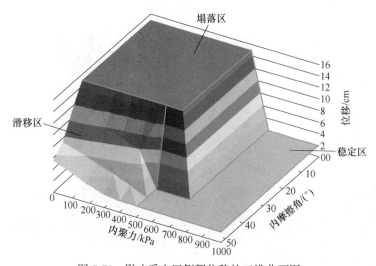

图 5-74 影响采空区侧帮位移的三维曲面图

从表 5-8 数据以及曲面图中可以看出，当滑塌锥位于边帮时，其塌落区的范围变得比滑塌锥位于顶板时更大，滑移区也出现得更早更短，内聚力的突变性也表现得更为突出。这是由于该采空区模型的模拟深度为 −500m，在该开采深度时，侧压系数已超过 1，达到 1.3~1.5，因此相比于竖直方向的重力，侧向压力更大，导致了滑塌锥更易塌落。

此外，由于该采空区的理想化模型为一长方体，侧向暴露面积远大于顶板暴露面积，即侧向临空面更为自由，也可能导致了侧帮的滑塌锥更易塌落。

以内聚力为 0、内摩擦角为 0° 破坏时的数值模拟结果为例，破坏时塌落锥的形态如图 5-75 所示。

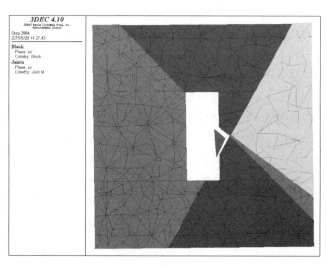

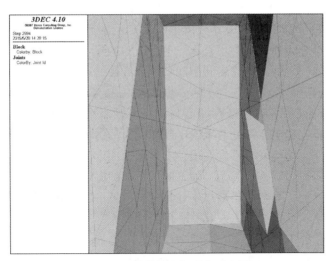

图 5-75 塌落锥空间形态示意图

5.6 本章小结

本章对采空区稳定性影响因素进行了全面的分析，并将这些因素归结为采空区结构与赋存环境两大类。以石人沟铁矿为工程背景，重点研究了采空区高度与宽度、采空区倾角、边界复杂程度、赋存深度与侧压系数对单一采空区围岩应力状态及稳定状态的影响敏感性，并研究了多采空区耦合结构的作用效应，得到以下结论：

（1）采空区稳定性影响因素总体可分为采空区结构环境及赋存环境两类，其中采空区结构因素主要包括采空区围岩结构类型、岩体质量及采空区形态，赋存环境则包括了采空区赋存深度、周围采动影响及地下水和温度等。

（2）采空区顶板位移随着跨度的增加呈一元四次非线性关系，与两端固支梁挠度原理相似，而与高度为对数关系，说明高度对顶板位移影响较小。矿柱的侧向位移与高度呈幂指数关系，而与顶板跨度呈斜率较小的线性增长。同时，顶板的安全厚度与跨度呈一元二次非线性关系，而高度对顶板安全厚度影响则较小。

（3）采空区围岩应力集中与释放程度与高跨比有着密切的关系，一般在采空区矿柱脚部出现应力集中，而在顶板及矿柱的中心出现应力释放。围岩的应力集中程度与高跨比呈幂指数关系，顶板应力释放系数与高跨比呈指数关系，随着高跨比的减小而指数增加；而矿柱的应力释放系数则与高跨比呈负对数关系，随着高跨比的减小而减小，但减小幅度逐步下降。

（4）倾角对采空区围岩应力分布及稳定状态是一种波动的影响，呈现三角函数的关系。研究表明，倾角为30°和60°时，采空区围岩稳定状态最差。

（5）采空区边界分维值是采空区复杂程度的综合定量表征，因此采空区围岩的应力分布及稳定状态与边界分维值有密切的关系。研究表明，分形维数越大，围岩平均拉应力和剪应力增长越迅速，应力的集中程度与释放程度随分维数的增加呈指数增长。围岩的稳定状态随着分形维数的增加呈非线性下降，平均安全系数与分维值呈负三次非线性关系。

（6）重点研究了采空区赋存深度与侧压系数对采空区围岩应力分布及稳定状态的影响。研究表明，深度对采空区围岩应力的影响呈线性关系，随着深度的增加单调递增，而顶板安全厚度的增长率则随着深度的增加而逐渐减小。侧压系数对采空区应力的影响则较复杂，随着侧压系数的增加，矿柱及顶板中心的拉应力先减小、后增加，当侧压系数小于0.4时，顶板拉应力变化剧烈，之后变化逐渐平稳；而当侧压系数大于1.6时，矿柱的拉应力则出现了急剧增加。围岩中的最大主应力主要处于矿柱脚部，随着侧压系数的增加，呈一元三次非线性增长。

（7）采用相似材料试验及数值模拟的手段对三联跨采空区的耦合结构作用效应进行了研究。多采空区区域的应力和位移分布较单个采空区时都有了较大增加，且增加幅度并不是单纯的叠加，说明在该区域内形成了一种采空区的"结构耦合效应"。这种效应使采空区的围岩和顶板的应力状态更加危险，加大了采空区的危险等级，应予重点关注。这种效应在区域的中间部位尤其严重，这与相似材料试验研究结果是相同的。

（8）不管是结构面切割顶板或者结构面切割帮壁的情况，最大位移总是出现在顶板位置。单组结构面对采空区的影响形式总是滑移破坏，无法形成直接塌落。

（9）采空区顶板位移对单组倾角在25°~50°的结构面较为敏感，容易产生较大范围的滑移，影响采空区的稳定性。

（10）内聚力对采空区最大位移的影响基本是线性的，内聚力越大，采空区的最大位移越小。而内摩擦角对采空区最大位移的影响关系则呈现为：当内摩擦角小于周围岩层的内摩擦角时，对采空区位移影响显著，呈近似线性关系；当内摩擦角等于或大于周围岩层内摩擦角时，对采空区的位移影响不大。综合看来，内摩擦角对采空区位移的影响比内聚力更为敏感。

（11）形成滑塌锥后并不一定意味着塌落。由于裂隙自身强度的原因，在内聚力以及内摩擦角较大时，滑塌锥仍然可以保持稳定；随着两者的减小，滑塌锥开始沿着裂隙面朝临空面滑移；当裂隙的强度继续减小，滑塌锥继而坠落。

6 不同空间形态采空区围岩扰动规律与顶板力学模型

6.1 引言

由于矿体形态的千变万化造成了采空区形态千差万别，不同类型采空区形成过程中，对围岩的扰动规律是不同的。根据采空区结构因素，采空区形态主要可分为两种：

(1) 立方形采空区。该类型采空区长度和宽度相差较小，即长度 $L \leqslant 2B$ 宽度，高度一般为 15～70m。采空区在形成过程中，主要表现为高度的上升。

(2) 狭长形采空区。该类型采空区长度远远大于宽度，即长度 $L > 3B$ 宽度，高度一般为 10～15m。采空区在形成过程中，主要表现为长度的增加。

实际上，不同采空区形态在形成过程中，对围岩的扰动规律是不同的，这往往决定了采空区形成后的稳定状态及后期的处理措施的选择。目前的研究主要集中在采空区形成后的稳定特征的研究，缺乏形成过程中围岩应力情况的研究，尤其是针对实际的监测数据的分析研究。另外，在采空区形成之后，由于顶板的空间形态存在较大的差异，应力分布也存在较大的差异，因此表现出不同的受力状态，是不同的力学模型，应分别进行研究建模。

针对上述两种类型的采空区，基于数值模拟分析及现场监测数据对形成过程中的围岩扰动规律进行研究，得到两种类型采空区形成过程中围岩的应力应变规律，最后根据两种类型采空区顶板的空间形态，建立对应的力学模型。

6.2 立方型采空区形成过程围岩扰动规律

6.2.1 工程背景

以石人沟铁矿为工程背景，矿区主要有五层矿，即 M0、M1、M2、M3 和 M4 矿体；呈南北向分布，全长约 3600m，主要为 M2 矿体。-60m 水平以上矿体平均厚度达 30m，矿体倾角 50°~70°。采用浅孔留矿法进行回采，采场长度一般为 50m，宽 20～30m，开采高度为 50m，形成的采空区属于典型的立方形。

6.2.2 围岩扰动规律现场监测布置

监测地点为斜井采区 38 号矿房，应力监测点共布置 4 个，其中 2 个应力点布置在斜井采区 38 号矿房两侧边柱中，其余 2 个布置在中间 2 个矿柱中。另外，在采空区周围布置了 9 个位移监测点，布置平面图如图 6-1 所示。

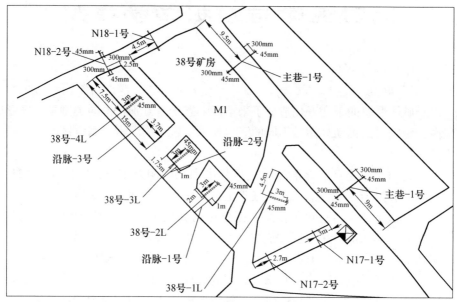

图 6-1   石人沟铁矿 38 号矿房应力及应变监测点布置平面图

应力监测点位置及围岩性质如表 6-1 所示，应变监测点如表 6-2 所示。

表 6-1   应力监测点钻孔基本情况

编　号	测点位置/m	测孔岩性	距底板高度/m	测孔深度/m	钻孔倾角/(°)
38 号-1L	距右侧矿柱边界 4.5	磁铁矿	1.5	3.0	0
38 号-2L	距右侧矿柱边界 2	磁铁矿	1.5	3.0	0
38 号-3L	距右侧矿柱边界 1.75	磁铁矿	1.5	3.0	0
38 号-4L	距右侧矿柱边界 7.5	磁铁矿	1.5	3.0	0

表 6-2   应变孔详细信息

编　号	测点位置/m	岩性	距底板高度/m	深度/m	倾角/(°)
N18-1（1 号点）	距离矿柱左侧边界 4.5	铁矿			
N18-2（2 号点）	距离矿柱右侧边界 2.5	片麻	收敛计高度 1.5	收敛计孔为 0.3	收敛计为 0
N17-1（3 号点）	距离矿柱左侧边界 3	铁矿			

编　号	测点位置/m	岩性	距底板高度/m	深度/m	倾角/(°)
N17-2（4号点）	距离矿柱右侧边界2.7	铁矿			
沿脉-1（5号点）	距离矿柱左侧边界1	铁矿			
沿脉-2（6号点）	距离矿柱左侧边界1	铁矿	收敛计高度1.5	收敛计孔为0.3	收敛计为0
沿脉-3（7号点）	距离矿柱左侧边界3.7	铁矿			
主巷-1（8号点）	距离N18右侧巷道壁9.5	铁矿			
主巷-2（9号点）	距离N17右侧巷道壁9	铁矿			

应力监测采用 KSE-Ⅱ-1 型钻孔应力计，位移监测采用 JSS30A 型数显收敛计，监测了采空区形成的整个过程。

6.2.3　围岩扰动规律及稳定特征分析

从安装开始到测量结束，应力监测点总共进行了 16 次测量，时间跨度 12 个月，全面监测了采空区形成过程中，矿柱应力变化规律。如图 6-2 所示，在整个过程中，随着开采水平的上升，矿柱应力的变化经历了三个阶段，分别为应力释放阶段、快速上升阶段及缓慢上升阶段。从安装监点到第三次测量时，处于应力释放阶段，此时开采水平高约 5.4m，矿柱应力监测点高 1.5m，处于矿柱的卸压带。之后开采水平逐步提升，监测点逐步由卸压带进入应力集中带，应力也出现了较快的增长。第三次测量至第十次测量，矿柱应力为快速上升阶段，每次测量时开采水平上升高度基本一致，因此该阶段的应力上升基本呈线性规律。第十次测量之后，由于开采高度上升速度的减慢，使应力增长逐渐减慢。

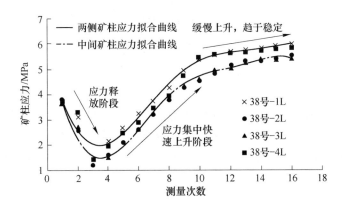

图 6-2　采空区形成过程中矿柱应力变化曲线

表 6-3 为采空区形成过程中，应力集中与释放程度值。

表 6-3 各测点应力变化值 （MPa）

测 点	初始值	峰值	最小值	应力集中系数	应力释放系数
38 号-1L	3.731	6.011	1.418	1.611	2.631
38 号-2L	3.798	5.543	1.190	1.459	3.192
38 号-3L	3.635	5.442	1.087	1.497	3.344
38 号-3L	3.721	5.836	1.430	1.568	2.062
平均值	3.721	5.708	1.281	1.534	2.905

由表可知，当开采高度小于 6m 时，矿柱发生了较明显的应力释放，系数平均达到了 2.905；随着开采高度的增加，最终在矿柱形成应力集中，系数平均为1.534。目前石人沟矿柱是稳定的，没有出现较大程度的应力集中。

由于现场条件所限和生产的影响，只对其中的六个位移监测点进行了测量，分别为 N18-1、N17-1、主巷-1、主巷-2、沿脉-1 和沿脉-3，即 1、3、5、7、8 和9 号点。经过处理后得到的数据曲线如图 6-3 所示。

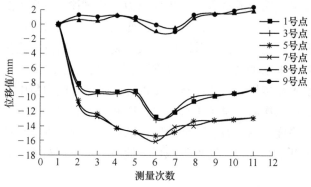

图 6-3 采空区形成过程中矿柱应力变化曲线

由监测结果可知，矿柱上的两个监测点水平位移变形比较明显，这是因为矿柱在整个开采过程中应力变化较剧烈，承担了主要的应力。因此，监测点在矿区活动扰动时应该有明显变化。

位于矿房两侧的位移监测点变化比矿柱的小，说明矿房开采对两侧的扰动小于对矿柱的影响。主巷位于采空区下盘，位移监测点变化最小，说明对下盘的扰动较小。位移监测从整体上看，变化不大，且随着开采的进行而趋于稳定。

6.3 狭长型采空区形成过程围岩扰动规律

6.3.1 工程背景

以果洛龙洼金矿区为工程背景，矿区矿体属于急倾斜薄矿脉，平均厚度不足

1.5m，平均倾角达到70°以上，为石英脉。上下盘围岩较稳固，岩性主要为千糜岩。开采时采用单翼后退式开采，采场宽度1.5~2m，采场长度70~80m，采场高度14m，形成的采空区属于典型的狭长型采空区。

6.3.2　围岩扰动规律现场监测及分析

开采水平位于3840m，采用中深孔开采至3854m水平，监测点布置在3840m水平中段，监测在试验开采过程中围岩应力变化及位移变化。分别位于距离开采最初回采工作面的20m、40m和60m处，测点布置如图6-4所示。采场长度120m左右，中间布设一个矿柱，分成两个采场，三个监测点全部位于第一个采场中。

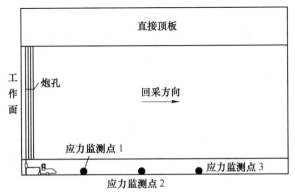

图6-4　果洛龙洼金矿区3840m水平应力及应变监测点简图

应力监测采用KSE-Ⅱ-1型钻孔应力计，监测了采空区形成的整个过程。

根据回采工作面后退的速度，每后退5m测量一次。图6-5所示为开采结束后采场各监测点数据变化曲线。

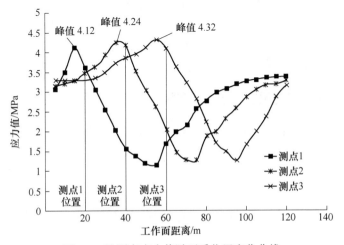

图6-5　监测点应力值随开采位置变化曲线

由图可知，三个应力计数值的变化呈现相同的变化趋势，即随着回采工作面的推进，都呈现出先增大后减小再增大的变化趋势。当监测点位于回采工作面前方时，围岩应力处于增加阶段。测点 3 位置距离初始回采工作面较远。当回采工作面距离测点 40~60m 时，应力值几乎没有发生变化；当距离小于 40m 时，应力值开始逐渐增大，出现压力支撑带；小于 20m 时，进入加速阶段；当回采工作面推进至距离测点 5m 左右时，应力达到峰值，三个测点的应力值分别为 4.12MPa、4.24MPa 和 4.32MPa。当回采工作面经过监测点后，相应测点应力值会急剧降低，出现卸压。当回采工作面推进至监测点后方 40m 左右时，应力值达到最小，分别为 1.16MPa、1.26MPa 和 1.23MPa。随着回采工作面的继续推进，应力开始逐渐恢复，并逐渐超过了最初值；回采工作面距离测点 80m 时，围岩的应力值恢复到了初始值。

综上所述，随着回采工作面的推进，采场某点围岩应力经历了四个阶段，分别为缓慢增加、急剧增加、急剧降低、缓慢恢复，由于监测点数量不足，监测到的应力变化范围为 120m 左右。表 6-4 所示为监测点初始应力值、应力峰值、最小应力值及最终应力值。

表 6-4　各测点应力变化值　　　　　　　　　（MPa）

测点	初始值	峰值	最小值	最终值	应力集中系数	应力释放系数
1	3.06	4.12	1.16	3.38	1.35	3.56
2	3.15	4.24	1.26	3.28	1.35	3.33
3	3.28	4.32	1.23	3.16	1.33	3.51
平均值	3.16	4.23	1.22	3.27	1.34	3.47

由表可知，由于开采造成的回采工作面前方的应力集中系数平均为 1.34，而回采工作面后方的应力释放系数达到了 3.47，变化剧烈。由应力监测可知，要特别注意回采工作面过后的应力释放，避免出现拉应力。

由上述分析可知，狭长型采空区形成过程中，围岩的应力变化与回采工作面的后退距离有明显的关系，随着回采工作面的变化而呈现周期起伏的变化，说明狭长型采空区形成过程中，长度的变化对围岩扰动明显。

6.3.3　基于精细探测的采空区围岩稳定状态分析

该采场开采结束后，为得到采空区的实际形态，采用采空区三维激光扫描系统对采空区进行了精细扫描，并采用 SURPAC 进行建模，得到了实际形态。图 6-6 所示为处理后得到的采空区精细模型。

借助 SURPAC 软件，提取剖面数据，导入 ANSYS 进行建模；通过接口程序，将模型数据文件转化成 FLAC3D 可以接受的数据格式，导入 FLAC3D 软件。该方法的建模流程如图 6-7 所示。

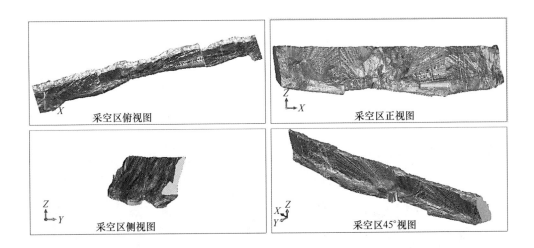

图 6-6 果洛龙洼金矿区 3840m 采空区三维实体图

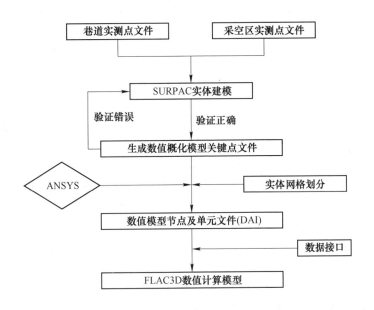

图 6-7 数值计算建模流程示意图

　　岩性主要包括石英脉金矿及围岩，物理力学参数如表 6-5 所示。本构模型为 Mohr-Coulomb 准则，采用 FLAC3D 对采空区的形成过程进行了全程模拟。图 6-8 为建立的模型图。采空区顶板是决定采空区稳定性的关键结构之一，重点对采空区的顶板中心进行了监测。图 6-9 所示为采空区顶板的位移监测点布置。

表 6-5   矿岩物理力学参数

项目	容积密度 /kg·m⁻³	弹性模量 E/GPa	泊松比 μ	黏聚力 C/MPa	内摩擦角 φ/(°)	抗拉强度 /MPa
金矿	2650	92.79	0.20	1.2	31	1.2
围岩	2750	76.51	0.14	1.7	33.3	1.2

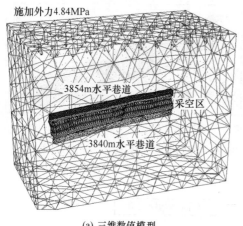

(a) 三维数值模型

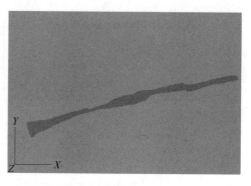

(b) 剖面俯瞰图

图 6-8   数值计算建模流程示意图

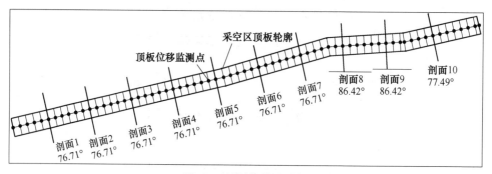

图 6-9   顶板位移监测点

图 6-10 为特定开采步骤，顶板各监测点垂直位移曲线图。由图可知，在每个开采阶段，顶板垂直位移变化规律是相似的，呈现出两边向中间波动下降的规律，两侧基本对称分布，最终顶板最大位移为 2.9mm 左右，为 33 号监测点。开采采空区造成的顶板下沉量远远大于开采巷道造成的下沉量。

图 6-11 为开采完毕后，上下盘围岩状态分布图。由图可知，采空区形成后，两侧围岩均出现了大量的塑性区，尤其是上盘侧围岩，分布范围及塑性区体积都

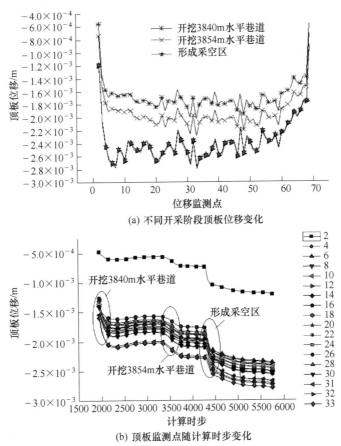

(a) 不同开采阶段顶板位移变化

(b) 顶板监测点随计算时步变化

图 6-10   顶板监测点位移变化规律

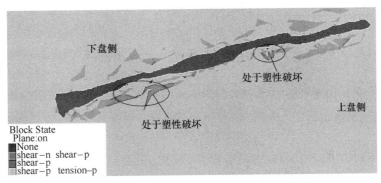

图 6-11   开采完毕后采空区围岩稳定状态分布图

较大，在采空区宽度突变的地方围岩状态最差，正处于塑性破坏状态。

本节基于现场监测及数值模拟对立方型及狭长型两种不同的采空区形成过程

中围岩扰动规律进行了研究，而狭长型采空区的围岩扰动规律则与采场的长度变化有密切关系。

6.4　不同类型采空区顶板力学模型构建

6.4.1　基于弹性厚板理论的立方型采空区顶板稳定研究

对于大多数金属矿，尤其是铁矿，矿体厚度一般都大于 10m，跨度不超过 50m，因此形成的采空区大部分为立方型。对于立方型采空区，顶板的宽度与长度相差并不大，一般 $B \leqslant L \leqslant 3B$。对顶板进行应力分析时，宽度和长度都不能忽略，因此，立方型采空区顶板可简化为弹性板模型。随着顶板不同的应力状态，顶板四周支护形式也不同。图 6-12 为立方型采空区顶板的弹性板模型图。

岩石一般为脆性材料，往往出现较小变形时即发生破坏，所以采空区顶板位移远远小于顶板厚度，因此属于弹性板小挠度问题。

在顶板中取任意单元体 $h \times dx \times dy$，如图 6-13 所示。单元体的上表面受到均布荷载分布力的作用，下表面没有外力，其他表面所受外力分别为 N_x、N_y、Q_x、Q_y、M_x 及 M_y。

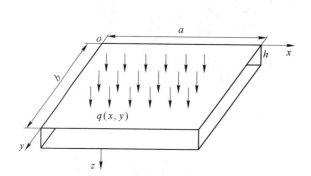

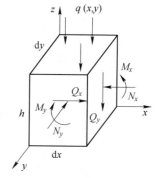

图 6-12　立方型采空区顶板弹性板力学模型　　　　图 6-13　顶板单元体受力示意图

在外力的作用下，六个表面分别产生应力，分别为 σ_x、σ_y、τ_{xy}、τ_{xz}、τ_{yz} 及 τ_{yx}，由静力平衡可得：

$$N_x = \int_{-\frac{h}{2}}^{\frac{h}{2}} \sigma_x dz, \ N_y = \int_{-\frac{h}{2}}^{\frac{h}{2}} \sigma_y dz, \ N_{xy} = \int_{-\frac{h}{2}}^{\frac{h}{2}} \tau_{xy} dz, \ N_{yx} = \int_{-\frac{h}{2}}^{\frac{h}{2}} \tau_{yx} dz, \ Q_x = \int_{-\frac{h}{2}}^{\frac{h}{2}} \tau_{xz} dz$$

$$M_x = \int_{-\frac{h}{2}}^{\frac{h}{2}} \sigma_x z dz, \ M_y = \int_{-\frac{h}{2}}^{\frac{h}{2}} \sigma_y z dz, \ M_{xy} = \int_{-\frac{h}{2}}^{\frac{h}{2}} \tau_{xy} z dz, \ M_{yx} = \int_{-\frac{h}{2}}^{\frac{h}{2}} \tau_{yx} z dz, \ Q_y = \int_{-\frac{h}{2}}^{\frac{h}{2}} \tau_{yz} dz$$

一般 $\tau_{xy} = \tau_{yx}$，则 $N_{yx} = N_{xy}$，$M_{yx} = M_{xy}$。对于顶板中心位置处，一般认为 $\sigma_x = \sigma_y = \tau_{xy} = \tau_{yx}$，则可求解得到各应力分量为：

$$\sigma_x = \frac{12M_x}{h^3}z \ , \ \sigma_y = \frac{12M_y}{h^3}z \ , \ \sigma_z = -q(x, \ y)\left(\frac{1}{2} - \frac{z}{h}\right)^2\left(1 + \frac{z}{h}\right)$$

$$\tau_{xy} = \frac{12M_{xy}}{h^3}z \ , \ \tau_{xz} = \frac{3}{2}\frac{h^2 - 4z^2}{h^3}Q_x \ , \ \tau_{yz} = \frac{3}{2}\frac{h^2 - 4z^2}{h^3}Q_y$$

对于采空区顶板的力学研究，学者大多数将顶板简化为梁，使力学分析计算得到了大大的简化，但却由于条件的简化而无法考虑岩石的材料性质及空间效应。实际上，对于立方型采空区的顶板，由于长和宽尺寸相差并不大，任意方向应力状态的改变都会影响采空区的稳定状态，因此，板式模型更加符合立方型采空区顶板的空间形态特点。

目前弹性薄板理论已较成熟，以弹性薄板力学模型研究采空区顶板稳定性取得了较好的效果。一般将厚度 h 远远小于宽度 b 的弹性板称为薄板，当 $h/b < 1/5$ 时，也可按薄板进行计算。但对于立方型采空区，采空区顶板厚度与宽度的比例并不满足薄板理论。因此，需对现有的薄板理论进行完善。

弹性薄板理论进行求解时，由于厚度远远小于宽度，一般忽略板内的剪切变形；但对于中厚板，剪切变形往往是不可忽略的。对于弹性中厚板，较常用的理论为 Reissner 厚板理论，对于如图 6-12 所示的板式力学模型，控制方程为：

$$D\nabla^2\nabla^2 w = q(x, \ y) - \frac{h^2(2 - \mu)}{100(1 - \mu)}\nabla^2 q(x, \ y) \ , \ \nabla^2\varphi - \frac{10}{h^2}\varphi = 0 \quad (6-1)$$

式中，D 为顶板的抗弯刚度，$D = Eh^3/[12(1 - \mu^2)]$；∇^2 为拉普拉斯因子；φ 为应力函数。经过推导，顶板内任意单元体的外力为：

$$Q_x = -D\frac{\partial}{\partial x}\nabla^2 w - \frac{h^2(2 - \mu)}{10(1 - \mu)}\frac{\partial q}{\partial x} + \frac{\partial\varphi}{\partial y} \ , \ Q_y = -D\frac{\partial}{\partial y}\nabla^2 w - \frac{h^2(2 - \mu)}{10(1 - \mu)}\frac{\partial q}{\partial y} + \frac{\partial\varphi}{\partial x}$$

$$M_x = -D\left(\frac{\partial^2 w}{\partial x^2} + \mu\frac{\partial^2 w}{\partial y^2}\right) + \frac{h^2}{5}\frac{\partial Q_x}{\partial x} - \frac{h^2}{10}\frac{\mu}{1 - \mu}q \ , \ \omega_x = -\frac{\partial w}{\partial x} + \frac{h^2}{5D(1 - \mu)}Q_x$$

$$M_y = -D\left(\frac{\partial^2 w}{\partial y^2} + \mu\frac{\partial^2 w}{\partial x^2}\right) + \frac{h^2}{5}\frac{\partial Q_y}{\partial y} - \frac{h^2}{10}\frac{\mu}{1 - \mu}q \ , \ \omega_y = -\frac{\partial w}{\partial y} + \frac{h^2}{5D(1 - \mu)}Q_y$$

$$M_{xy} = -D(1 - \mu)\frac{\partial w}{\partial x\partial y} + \frac{h^2}{10}\left(\frac{\partial Q_y}{\partial x} + \frac{\partial Q_x}{\partial y}\right)$$

6.4.1.1 顶板边缘破裂极限跨度

当采空区顶板未破裂时，四边都是固定支撑的，此时的边界条件为：

$$w\big|_{x=0, \ x=a} = 0 \ , \ w\big|_{y=0, \ y=b} = 0 \ , \ \frac{\partial w}{\partial x}\bigg|_{x=0, \ x=a} = 0 \ , \ \frac{\partial w}{\partial y}\bigg|_{y=0, \ y=b} = 0$$

为简化分析，设采空区顶板上部荷载为均匀分布，只与上覆岩层厚度有关，则控制方程变为：

$$D\nabla^2\nabla^2 w = q_0 \quad\quad\quad\quad (6-2)$$

对于四周固支的顶板，取挠度试函数：

$$w = \frac{256w_0}{a^4 b^4} \left[\left(x - \frac{a}{2} \right)^2 - \frac{a^2}{4} \right]^2 \left[\left(y - \frac{b}{2} \right)^2 - \frac{b^2}{4} \right]^2 \tag{6-3}$$

代入式 (6-2)，可求得顶板中心最大的挠度为：

$$w_0 = \frac{q_0 a^2 b^2}{16(a^2 + b^2)D} \tag{6-4}$$

对于平均转角 ω_x 和 ω_y，根据其与挠度的关系，有：

$$\omega_x = \frac{\partial w}{\partial x}, \ \omega_y = \frac{\partial w}{\partial y} \tag{6-5}$$

则根据单无应力可计算公式，可求得板内剪力为：

$$Q_x = \frac{320 q_0 (1 - \mu)}{h^2 (a^4 b^2 + a^2 b^4)} (y^2 - by)^2 (x^2 - ax)(2x - a) \tag{6-6}$$

$$Q_y = \frac{320 q_0 (1 - \mu)}{h^2 (a^4 b^2 + a^2 b^4)} (x^2 - ax)^2 (y^2 - by)(2y - b) \tag{6-7}$$

可求得顶板内的弯矩为：

$$M_x = \frac{32 q_0}{a^2 b^2 (a^2 + b^2)} \left[(1 - 2\mu)(y^2 - by)^2 (6x^2 - 6ax + a^2) - \right.$$

$$\left. \mu(x^2 - ax)^2 (6y^2 - 6by + b^2) \right] - \frac{h^2}{10} \frac{\mu}{1 - \mu} q_0 \tag{6-8}$$

$$M_y = \frac{32 q_0}{a^2 b^2 (a^2 + b^2)} \left[(1 - 2\mu)(x^2 - ax)^2 (6y^2 - 6by + b^2) - \right.$$

$$\left. \mu(y^2 - by)^2 (6x^2 - 6ax + a^2) \right] - \frac{h^2}{10} \frac{\mu}{1 - \mu} q_0 \tag{6-9}$$

对于四边固支的采空区顶板，在四个边上的中点位置处，弯矩达到最大值，即在 $(a/2, 0)$ 和 $(a/2, b)$ 处，M_x 达到最大：

$$|M_{x\max}| = \frac{2\mu a^2 q_0}{a^2 + b^2} - \frac{h^2}{10} \frac{\mu}{1 - \mu} q_0 \tag{6-10}$$

在 $(b/2, 0)$ 和 $(b/2, b)$ 处，M_y 达到最大：

$$|M_{y\max}| = \frac{2\mu b^2 q_0}{a^2 + b^2} - \frac{h^2}{10} \frac{\mu}{1 - \mu} q_0 \tag{6-11}$$

则顶板最大应力分别为：

$$|\sigma_{x\max}| = \frac{6|M_{x\max}|}{h^2} = \frac{12\mu a^2 q_0}{h^2 (a^2 + b^2)} - \frac{3}{5} \frac{\mu}{1 - \mu} q_0$$

$$|\sigma_{y\max}| = \frac{6|M_{y\max}|}{h^2} = \frac{12\mu b^2 q_0}{h^2 (a^2 + b^2)} - \frac{3}{5} \frac{\mu}{1 - \mu} q_0$$

当顶板岩体许用应力 $|\sigma_{x\max}| \geqslant [\sigma_{x\max}]$ 或 $|\sigma_{y\max}| \geqslant [\sigma_{y\max}]$ 时，顶板边缘岩体即发生破裂，此时顶板的长度和宽度即为顶板边界下表面破裂的极限跨度。

此时，采空区顶板并没有发生整体的失稳，而是边界处出现塑性铰，由固支转变为简支。

6.4.1.2 顶板内部破坏的边界条件

当采空区边缘由固支变为简支后，边界塑性铰线由边角向顶板内部蔓延，当在顶板内部形成交汇时，顶板出现失稳，此时的边界条件为：

$$w|_{x=0,\ x=a} = 0\ ,\ w|_{y=0,\ y=b} = 0\ ,\ \frac{\partial^2 w}{\partial x^2}\bigg|_{x=0,\ x=a} = 0\ ,\ \frac{\partial^2 w}{\partial y^2}\bigg|_{y=0,\ y=b} = 0$$

设此时的挠度试函数为 $w = w_0 \sin\dfrac{\pi x}{a} \sin\dfrac{\pi y}{b}$，代入控制方程中，可求得顶板中心最大挠度值为：

$$w_0 = -\frac{a^2 b^2 q_0}{D\pi^2(a^2 + b^2)} \tag{6-12}$$

可求得此时顶板内部的剪切力及弯矩分别为：

$$Q_x = \frac{10ab^2 q_0}{h^2(a^2 + b^2)}\cos\frac{\pi x}{a}\sin\frac{\pi y}{b}\ ,\ Q_y = \frac{10a^2 b q_0}{h^2(a^2 + b^2)}\sin\frac{\pi x}{a}\cos\frac{\pi y}{b}$$

$$M_x = -\frac{a^2 b^2 q_0}{\pi^2(a^2 + b^2)}\sin\frac{\pi x}{a}\sin\frac{\pi y}{b}\left[(2\mu-1)\frac{\pi^2}{a^2} + \mu\frac{\pi^2}{b}\right] - \frac{h^2}{10}\frac{\mu}{1-\mu}q_0$$

$$M_y = -\frac{a^2 b^2 q_0}{\pi^2(a^2 + b^2)}\sin\frac{\pi x}{a}\sin\frac{\pi y}{b}\left[(2\mu-1)\frac{\pi^2}{b^2} + \mu\frac{\pi^2}{a}\right] - \frac{h^2}{10}\frac{\mu}{1-\mu}q_0$$

对于四边简支的采空区顶板，在顶板中心位置处，弯矩及应力达到最大值，即在 $(a/2,\ b/2)$ 处，分别有：

$$|M_{x\max}| = \frac{a^2 b^2 q_0}{a^2 + b^2}\left[(2\mu-1)\frac{1}{a^2} + \mu\frac{1}{b^2}\right] - \frac{h^2}{10}\frac{\mu}{1-\mu}q_0$$

$$|M_{y\max}| = \frac{a^2 b^2 q_0}{a^2 + b^2}\left[(2\mu-1)\frac{1}{b^2} + \mu\frac{1}{a^2}\right] - \frac{h^2}{10}\frac{\mu}{1-\mu}q_0$$

$$|\sigma_{x\max}| = \frac{6a^2 b^2 q_0}{(a^2 + b^2)h^2}\left[(2\mu-1)\frac{1}{a^2} + \mu\frac{1}{b^2}\right] - \frac{3}{5}\frac{\mu}{1-\mu}q_0$$

$$|\sigma_{y\max}| = \frac{6a^2 b^2 q_0}{(a^2 + b^2)h^2}\left[(2\mu-1)\frac{1}{b^2} + \mu\frac{1}{a^2}\right] - \frac{3}{5}\frac{\mu}{1-\mu}q_0$$

当顶板中心的岩体许用应力 $|\sigma_{x\max}| \geqslant [\sigma_{x\max}]$ 或 $|\sigma_{y\max}| \geqslant [\sigma_{y\max}]$ 时，顶板中心即发生失稳。当上覆荷载不变时，此时顶板的长度和宽度即为顶板中心破坏的极限尺寸。

当顶板中心出现破坏后，顶板整体变得不稳定，极易出现失稳灾变。

6.4.1.3　顶板失稳过程及模式

由上述分析可知，立方型采空区顶板在跨度不断增加的时候，顶板经历了四个主要阶段，即四边固支阶段、固支-简支阶段、四边简支阶段及中心破坏阶段。

A　四边固支阶段。

图 6-14 所示为四边固支时顶板的模型。

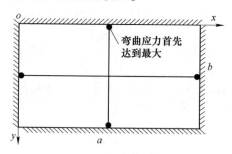

图 6-14　四边固支顶板模型示意图

该阶段顶板的四个边界处岩体都没有发生破坏，保持固定支撑，是顶板的最稳定跨度。此时的顶板弯曲应力分布如图 6-15 所示。

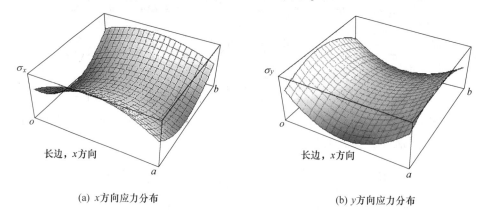

(a) x 方向应力分布　　　　　　　　(b) y 方向应力分布

图 6-15　顶板内应力分布

由图可知，两个方向的应力分别在边界中心处达到最大，向两侧依次降低。顶板内长边方向（x 方向）的弯曲应力要大于短边方向。

B　固支-简支阶段

随着跨度的增加，长边的弯曲应力 σ_x 首先达到最大，而后破坏范围向两侧扩展，直到短边的弯曲应力 σ_y 也达到最大。在此过程中，长边中间部分岩体已出现破裂，由固支变为了简支。随着跨度的增加，简支的长度所占比例越来越多，如图 6-16 所示。

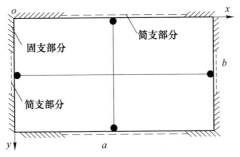

图 6-16　简支–固支阶段顶板模型示意图

C　四边简支阶段

跨度进一步扩展后，边界岩体完全破裂，固支完全变为简支，边界条件发生变化，内部的应力分布也发生变化，集中在边界的内力向顶板中心转移。图 6-17 为此时顶板弯曲应力的分布图。

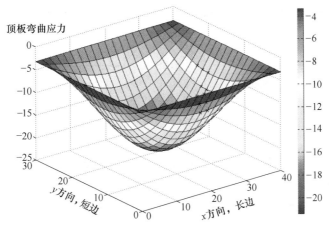

图 6-17　顶板中心弯曲应力分布图

从图中看出，弯曲应力都在顶板的中心位置出现最大值。随着跨度的继续变大，最大应力逐渐增大。当达到岩体许用应力后，顶板进入最后一个阶段。

D　中心破坏阶段

顶板中心处的 x 方向弯曲应力首先达到最大，因此顶板破裂从中心开始向外扩展，首先从中心位置处平行 x 轴方向产生破裂线。当延伸到一定程度后，分化为 4 条破裂线向角点扩展，变化过程如图 6-18 所示。

由图可知，在没有突变破坏的情况下，顶板最终的破裂形式往往呈 X 型，在高度方向上表现为从中心位置处开始逐步向上发生冒落。

上述顶板破裂失稳情况发生在上覆岩层荷载未超过极限载荷时，若第一阶段时上覆岩层荷载突然大于极限荷载，即：

$$[q_{x0}]_1 > \frac{[\sigma_{x\max}]}{\dfrac{12\mu a^2}{h^2(a^2+b^2)}-\dfrac{3}{5}\dfrac{\mu}{1-\mu}}, \quad [q_{y0}]_1 > \frac{[\sigma_{y\max}]}{\dfrac{12\mu b^2}{h^2(a^2+b^2)}-\dfrac{3}{5}\dfrac{\mu}{1-\mu}}$$

则在第一阶段时往往发生顶板的整体切断垮落，造成严重的冲击。若在第三阶段上覆岩层荷载突然大于极限荷载，即：

$$[q_{x0}]_2 > \frac{[\sigma_{x\max}]}{\dfrac{6a^2b^2}{(a^2+b^2)h^2}\left[(2\mu-1)\dfrac{1}{a^2}+\mu\dfrac{1}{b^2}\right]-\dfrac{3}{5}\dfrac{\mu}{1-\mu}}$$

$$[q_{y0}] > \frac{[\sigma_{y\max}]}{\dfrac{6a^2b^2}{(a^2+b^2)h^2}\left[(2\mu-1)\dfrac{1}{b^2}+\mu\dfrac{1}{a^2}\right]-\dfrac{3}{5}\dfrac{\mu}{1-\mu}}$$

此时顶板往往从中心部位发生突然的张拉破坏。

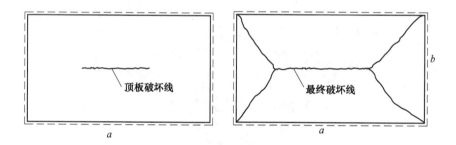

图 6-18　顶板中心断裂过程及最终破坏线

6.4.2　基于弹塑性理论的狭长型采空区顶板稳定研究

6.4.2.1　狭长型采空区力学模型与极限跨度

狭长型采空区顶板沿走向的长度远大于宽度，因此可将采场顶板视为具有一定厚度的岩梁结构。根据顶板的不同受力状态，梁的支撑形式也不同，造成了顶板梁式模型形式的不同。

当顶板状态较好，即两端岩体尚未破裂，此时两端为固定支撑，顶板模型为固支梁；当两端破裂后，顶板模型为两端铰支梁。下面对两种模型进行解算。

设顶板的厚度为 h，宽度为 b，跨度为 $2l$，顶板岩体的弹性模量为 E，抗拉强度极限为 σ_s，设顶板上层岩体对顶板上表面的均布荷载为 q_0，则作用在顶板上的总的均布荷载为 q_0 与顶板自重的叠加，即

$$q = q_0 + \rho g h \tag{6-13}$$

在进行解算时，要做如下的基本假设：

（1）岩石材料为各向同性，且为理想弹塑性体。

（2）采场坚硬顶板在进入裂隙扩展阶段之前为小变形，上覆均布荷载不发生明显变化。

（3）在开采过程中，上下盘岩壁对顶板的支撑和约束作用忽略不计，对其变形的影响忽略不计。

（4）顶板的受力与变形是对称的。

（5）进行弹塑性分析时，不考虑岩石的蠕变损伤。

当顶板为固支梁模型时，力学模型简图如图 6-19 所示。

当采空区跨度较小时，顶板处于弹性阶段，由弹性理论可知，顶板上弯矩为：

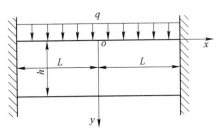

图 6-19　狭长型采空区顶板固支梁力学模型

$$M = \frac{1}{2}qx^2 - \frac{1}{6}ql^2 \qquad (6-14)$$

由式（6-14）可知，在两个固支端处弯矩最大，因此，两端首先达到弹性极限弯矩 M_e，此时其与跨度的关系为：

$$M_e = \frac{1}{3}ql_1^2 \qquad (6-15)$$

所以极限跨度为：

$$l_1 = \sqrt{\frac{3M_e}{q}} \qquad (6-16)$$

对于理想弹塑性材料的矩形截面梁，已有：

$$M_e = \frac{bh^2}{6}\sigma_s \ , \ M_u = \frac{bh^2}{4}\sigma_s \qquad (6-17)$$

式中，M_u 为塑性极限荷载；b、h 为顶板梁的宽和高度。

固支端弯矩最大，因此固支端附近将首先出现弹塑性变形。假设两端塑性区长度为 a，其余为弹性区。根据假设（4），对计算模型进行进一步简化，在跨中 A 处取截面。已知跨中间处剪力为 0，设 A 处弯矩为 M_A，轴力为 N。则其他任意截面弯矩为：

$$M = \frac{1}{2}qx^2 - M_A \qquad (6-18)$$

根据式（6-18）可求得 a 为：

$$a = \frac{\sqrt{2(M_e + M_A)}}{q} \qquad (6-19)$$

梁发生弹塑性变形时，矩形截面梁曲率 K 与 M 的关系为：

$$K = \begin{cases} \dfrac{M}{EI} & \text{（弹性段）} \\[4mm] \dfrac{K}{\sqrt{3 - \dfrac{2|M|}{M_e}}}\mathrm{sgn}M & \text{（弹塑性段）} \end{cases} \tag{6-20}$$

根据单位荷载法，A 处的转角 θ_A 为：

$$\theta_A = \int_0^l \overline{M} K \mathrm{d}x = \int_0^a \frac{\frac{1}{2}qx^2 - M_A}{EI}\mathrm{d}x + \int_a^{l_2} \frac{K_e}{\sqrt{3 - \dfrac{qx^2 - M_A}{M_e}}}\mathrm{d}x = \frac{a}{EI}\left(\frac{1}{6}qa^2 - M_A\right) +$$

$$K_e\sqrt{\frac{M_e}{q}}\left(\arcsin\frac{\sqrt{q}\,l_2}{\sqrt{3M_e + 2M_A}} - \arcsin\frac{\sqrt{q}\,a}{\sqrt{3M_e + 2M_A}}\right) \tag{6-21}$$

由弯矩受力特点可知，中间截面的转角 $\theta_A = 0$，又由式（6-13）可得：

$$\theta_A = (M_e - 2M_A) + 3M_e\sqrt{M_e}\left[\arcsin\frac{\sqrt{q}\,l_2}{\sqrt{3M_e + 2M_A}} - \arcsin\sqrt{\frac{2(M_e + M_A)}{3M_e + 2M_A}}\right] = 0 \tag{6-22}$$

由分析可知，当固支端处于**塑性极限**时，有：

$$M_{\text{端}} = \frac{1}{2}ql_2^2 - M_A = M_u = 1.5M_e \tag{6-23}$$

由式（6-13）、式（6-15）、式（6-16）可得：

$$2l_2 = \sqrt{\frac{18.961M_e}{q}}\,, \quad M_A = 0.870M_e\,, \quad a = 0.394l$$

当采空区跨度较大时，顶板的两端完全成为塑性流动机构，成为塑性铰，此时顶板力学模型变为两端简支梁，计算模型如图 6-20 所示。

根据假设（4），仍取一半结构进行研究，此时顶板两端岩体所承受的弯矩为 M_u，则根据式（6-14）可求得中间弯矩为：

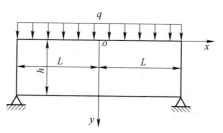

图 6-20　两端简支梁计算简化图

$$M_A = \frac{1}{2}ql_3^2 - 1.5M_e \tag{6-24}$$

则此时顶板各处的弯矩分布为：

$$M = \frac{1}{2}qx^2 - \frac{1}{2}ql_3^2 + 1.5M_e \tag{6-25}$$

随着跨度的增加,之前处于弹性区的部位会随之达到弹性极限,即跨中 A 截面弯矩达到弹性极限弯矩 M_e,可求得此时的跨距为:

$$2l_3 = \sqrt{\frac{20M_e}{q}} \tag{6-26}$$

当采场跨度继续增加时,顶板的塑性区域会不断扩展,直到顶板全部区域变为塑性区,在跨中 A 处形成塑性铰,此时跨中达到塑性极限状态,即:

$$M_A = \frac{1}{2}ql_4^2 - 1.5M_e = 1.5M_e \tag{6-27}$$

可求得此时的极限跨度为:

$$2l_4 = \sqrt{\frac{24M_e}{q}} \tag{6-28}$$

6.4.2.2 狭长型采空区顶板不同稳定状态断裂时间预测

由弹塑性分析可知,顶板两端首先达到弹性极限,然后进入弹塑性阶段,再进入断裂孕育阶段。梁的上部受压,下部受拉,由于岩石的抗压强度远大于抗拉强度,因此假设损伤断裂只发生在受拉区。

根据岩石蠕变的特点,由 Norton 公式可得:

$$\dot{\varepsilon} = \left(\frac{\sigma}{B}\right)^n = \left[\frac{\sigma}{B(1-D)}\right]^n \tag{6-29}$$

式中,$\dot{\varepsilon}$ 为应变率;B,n 为材料参数;D 为岩石损伤因子。

梁中各点的应变率为:

$$\dot{\varepsilon} = y\dot{k} \tag{6-30}$$

式中,y 为顶板内任意坐标;$\dot{k}$ 为轴线曲率变化率。

由式 (6-29) 和式 (6-30) 可得:

$$\sigma = y^{\frac{1}{n}} \dot{k}^{\frac{1}{n}} B \tag{6-31}$$

又可知梁端弯矩与应力的关系为:

$$\int_0^h \sigma y \mathrm{d}y = M \tag{6-32}$$

由式 (6-31) 和式 (6-32) 可得顶板内应力为:

$$\sigma = \frac{M(2n+1)}{2nh^{\frac{2n+1}{n}}} y^{\frac{1}{n}} \tag{6-33}$$

由式可知,顶板底部的拉应力最大,即 $y = h$。随着岩石材料内部损伤的不断扩展,当损伤因子 $D = 1$ 时,顶板发生破裂,由 Kachanov 蠕变损伤理论可知:

$$\dot{D} = \left[\frac{\sigma}{A_0(1-D)} \right]^n \tag{6-34}$$

式中，A_0 为材料常数；$\dot{D}$ 为岩石损伤因子变化速率。

由式（6-33）和式（6-34），可得顶板两端损伤断裂的临界时间为：

$$t_{断} = \frac{1}{n+1} \left[\frac{M(2n+1)}{2A_0 nh^2} \right]^{-n} \tag{6-35}$$

当 $t > t_{断}$ 时，顶板底部开始出现断裂。由式可知，不同阶段顶板两端损伤断裂时间变化较大，处于不同稳定状态的采空区损伤断裂时间是不同的，应在此时间之前对顶板进行适当处理。

6.4.2.3　工程应用

顶板预留厚度 3.0m，开采宽度 2.0m 左右，矿体密度为 2605kg/m³，弹性模量 $E = 92.5$GPa，屈服强度取 54.3MPa，泊松比 0.2。上覆岩层主要为千糜岩，密度 2750kg/m³，厚度平均为 150m。则采场顶板上覆岩层压力为：

$$q = 2650 \times 9.8 \times 3 + 2750 \times 9.8 \times 150 = 4.1\text{MPa}$$

顶板处于弹性区的极限跨距，可由式（6-16）求得：

$$2l_1 = 2\sqrt{\frac{3 \times \dfrac{2 \times 3^2}{6} \times 6.2}{4.1}} = 21.84\text{m}$$

顶板两端出现塑性区的极限跨度为：

$$2l_2 = \sqrt{\frac{18.961 \times \dfrac{2 \times 3^2}{6} \times 54.3}{4.1}} = 27.45\text{m}$$

顶板两端成为塑性铰，由固支变为铰支的极限跨距可由式（6-26）求得：

$$2l_3 = \sqrt{\frac{20 \times \dfrac{2 \times 3^2}{6} \times 6.2}{4.1}} = 28.19\text{m}$$

整个顶板都处于塑性区成为塑性流动机构的极限跨距，可由式（6-28）求得：

$$2l_4 = \sqrt{\frac{24 \times \dfrac{2 \times 3^2}{6} \times 6.2}{4.1}} = 30.88\text{m}$$

由上述分析可知，从两端出现塑性区到在两端形成塑性铰，顶板跨度只增加了 0.74m；而由两端成为塑性铰到整个顶板变成塑性流动机构，顶板跨度增加了 2.69m。由此可知：顶板两端由固支变为铰支是一个突然发生的过程。在实际开采过程中，当开采至出现塑性区跨度时，应特别注意围岩的稳固情况，防止受力状态的突然变化造成顶板的失稳。

当顶板成为塑性流动机构后，就变得不稳定，内部裂纹不断扩展，直至损伤断裂，因此，当开采至30.88m时，要及时对采空区进行处理。

根据岩石力学实验结果，可知取顶板岩石的材料参数 $n = 3$，$A_0 = 1.36 \times 10^{3.5} \text{Pa/s}$，则顶板两端损伤断裂的临界时间为：

$$t_\text{断} = 288.58 \times 10^{10.5} M^{-3} \quad (\text{s}) \tag{6-36}$$

由式（6-36）可知，顶板两端损伤断裂的时间与弯矩的关系如图6-21所示。

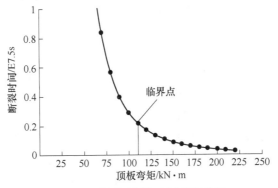

图 6-21　断裂时间与弯矩函数关系

由顶板力学分析可知，当跨度变化时，顶板处于不同的应力状态，弯矩分布也不同，顶板两端弯矩随跨度的函数关系为：

$$M = \begin{cases} \dfrac{1}{3}ql^2 & 0 < l \leqslant l_\text{e} \\[2mm] \dfrac{1}{2}ql^2 - 0.87M_\text{e} & l_\text{e} < l \leqslant l_\text{u} \\[2mm] 1.5M_\text{e} & > l_\text{u} \end{cases} \tag{6-37}$$

式中，l_e 为顶板两端处于弹性的最大跨度；l_u 为顶板两端处于塑性的最大跨度。则顶板两端损伤断裂时间随跨度的函数关系为：

$$t_\text{断} = \begin{cases} A \times q^{-3}l^{-6} & 0 < l \leqslant l_\text{e} \\[2mm] B \times \left(\dfrac{1}{2}ql^2 - 0.87M_\text{e}\right)^{-3} & l_\text{e} < l \leqslant l_\text{u} \\[2mm] C \times M_\text{e}^{-3} & > l_\text{u} \end{cases} \tag{6-38}$$

对于本矿区，式中，$A = 113.05 \times 10^{10.5}$，$B = 288.58 \times 10^{10.5}$，$C = 80.51 \times 10^{10.5}$。求得 $M_\text{e} = \dfrac{2 \times 3^2}{6} \times 54.3 = 162.9 \text{kN} \cdot \text{m}$。

根据断裂时间与跨度的时间关系，将相关数据代入后，可知当顶板进入塑性流动机构阶段后，断裂时间 $t_\text{断} = 6.82\text{d}$。损伤断裂时间是对顶板进行处理的截止时间，根据顶板的不同跨度，确定处理时间。

6.5　本章小结

　　分别以石人沟铁矿和果洛龙洼金矿区为工程背景，基于现场监测及数值模拟分析，对立方型和狭长型两种采空区在形成过程中围岩的扰动规律进行了详细的研究，并针对两种类型采空区顶板的实际形态，分别建立了符合实际的力学模型，得到以下研究结论：

　　(1) 从形成过程的空间变化来看，立方型采空区主要表现为高度的上升，而狭长型采空区则主要表现为长度的增加。

　　(2) 从围岩扰动规律来看，立方型采空区对围岩的扰动规律更加剧烈，主要是由于立方型采空区各个尺寸的差别并不明显，因此在采空区影响区域内，任意尺寸的变化都会对围岩造成较大的扰动，高度的上升对矿柱底部的应力产生了较大的影响，经历了从应力释放到应力集中再到应力逐步稳定。狭长型采空区由于长度远远大于宽度及高度，宽度及高度的增加可以进行简化处理，因此围岩的应力变化及稳定状态主要与长度的增加及增加速度有关。随着长度的增加，矿柱底部也经历了应力释放到应力集中再到应力趋于平稳。

　　(3) 基于弹性厚板理论建立了立方型采空区顶板的力学模型，并对各个阶段的边界条件进行了分析计算，得到了顶板的失稳模型。当上覆荷载没有超过极限承载力时，立方型采空区顶板随着跨度的增加往往经历 4 个阶段，此时的顶板破坏表现为顶板的逐渐冒落。在第一阶段，上覆荷载突然超过极限承载力时，顶板会发生突然的边界切断破坏；在第三阶段，上覆荷载突然超过极限承载力时，顶板则会出现从中间的突发张拉破坏。

　　(4) 基于弹塑性理论建立了狭长型采空区顶板的力学模型，并计算了不同阶段对应的极限长度。基于损伤蠕变理论，建立了不同阶段顶板边界的损伤断裂时间预测模型。狭长型采空区顶板随着跨度的增加经历了 4 个阶段，分别为两端固支弹性阶段、两端固支塑性阶段、两端简支阶段及顶板成为塑性流动机构，失稳断裂时间与顶板的跨度呈三次函数的关系。以果洛龙洼金矿为工程背景进行验算，4 个阶段对应的长度分别为 21.84m、27.45m、28.19m 及 30.88m。当顶板成为塑性流动机构后，就变得不稳定，损伤断裂滞后时间约 6.82 天，应及时进行充填处理。

7 渗流-应力场耦合下
采空区稳定性研究

自 20 世纪 60 年代开始，人们逐渐注意到岩体裂隙水对岩体强度的影响。在此之前，人们对含水率较高的岩体的力学特性研究很少，也不存在对岩体水力学的专门研究，对待岩体中的渗流问题大多是照搬土体渗流学的方法和经验来对待。1959 年的法国 Malpasest 拱坝失事以及 1963 年的意大利 Vajnot 拱坝岩体大滑坡事件，才让一部分学者意识到岩体中水的运动规律以及其对岩体强度带来的物理力学效应。

7.1 经典节理渗流模型简介

7.1.1 单一裂隙渗流模型

布辛西涅斯基通过研究黏性流体的运动微分方程，并在其基础上导出了液体在平行板缝隙中运动的理论公式：

$$q = \frac{gb^3}{12\mu}J$$

式中，q 为流体的单宽流量；μ 为流体的运动黏滞系数；b 为裂隙缝宽；g 为重力加速度；J 为水力梯度。

上式即为著名的立方定律。它也是裂隙水渗流的研究基础。

Jomhe 对裂隙水力学进行了深入研究，在光滑平板的基础上进行了粗糙平板缝隙水力学实验，当 $Re<500$ 时，不同裂隙宽度的实验结果与理论符合较好；反之，则其不成线性关系。

立方定理是按光滑平板缝隙为层流状态推导出来的。根据实验结果，只有在 $Re<500$ 时才比较符合理论结果，即水流为层流才适用。对于缝隙宽度大的裂隙，水流会在水力梯度较大时进入紊流状态，此时立方定理不再适用。为此，不同的学者提出了改进的计算公式：

（1）罗米杰公式：

当 $Re = \dfrac{\nu_f e}{2\mu} < 600$ 时 　　　 $q = 4.7\left(\dfrac{g^4}{\mu}e^5 J_f^4\right)^{\frac{1}{7}}$

(2) Louis 公式：

当 $Re = \dfrac{2\nu_f e}{\mu} < 2300$ 时

$$q = \left[\frac{g}{0.079}\left(\frac{2}{\mu}\right)^{\frac{1}{4}}e^3 J_f\right]^{0.57}$$

上两式中，均有 $\nu_f = \dfrac{ge^2}{12\mu}J_f$。式中，$\nu_f$ 为水的运动黏滞系数；e 为裂隙张开度。

以上紊流计算公式，都是由依据水力半径和管流公式转化而来，经过数学推演以及实验修正后，提出了下面的半经验公式：

$$q = 4.06\sqrt{geJ_f}\lg\left(\frac{2.55e\sqrt{geJ_f}}{\mu}\right)$$

该公式已经通过充填裂隙模型证明了其合理性。

7.1.2　粗糙节理水力学模型

实际情况下，裂隙面粗糙不平，有许多凹凸部分，致使水流运动方向为曲线而不是严格意义上的直线，与模型中的水流相比，其流线长度会加长。所以，在裂隙宽度一样时，相同的水力梯度下，粗糙裂隙通过的流量比光滑裂隙小，阻力系数却增大。因此，在立方定理中加入一个粗糙度的修正系数是必要的。

$$q = \frac{gb^3}{12\mu C}J$$

从实验结果得出 C 值与 $\dfrac{\Delta}{a}$ 有关，其关系如下：

$$C = 1 + \left(\frac{\Delta}{a}\right)^{1.5}$$

Louis 通过自己的实验数据，得出 C 值的算法为：

$$C = 1 + 8.8\left(\frac{\Delta}{2a}\right)^{1.5}$$

1975 年，LieHob 给出了粗糙度修正系数的新公式：

$$C = 1 + \frac{5(\lambda_2 - 1)}{a}$$

式中，λ_2 为裂隙面曲面积与其投影面积的比值。

Lomize 的修正公式如下：

$$C = 1 + 17\left(\frac{\Delta}{2a}\right)^{1.5}$$

上式的应用范围是 $\left(\dfrac{\Delta}{2a}\right) > 0.033$，且阻力系数 $\lambda = \dfrac{96}{Re}\left[1 + 17\left(\dfrac{\Delta}{2a}\right)^{1.5}\right]$。

Moreno 导出了不等宽单节理流量公式:

$$q = \frac{ge_z^3}{6\mu(1+\alpha)}(J_{fz} - J_{fk})$$

式中, J_{fz} 、 J_{fk} 分别为节理较窄、较宽处的水力梯度; α 为节理较窄部分开度与较宽部分的比值。

7.1.3 单裂隙渗流与应力耦合

Louis (1974) 提出岩石渗透系数 K 与垂直应力 σ_v 的著名半经验公式:

$$K = K_0 e^{-\alpha\sigma_v}$$

式中, K_0 为无法向应力时节理岩体的渗透系数; α 为试验常数; σ_v 为该深度上部岩体自重应力。

上式因简单而被工程界广泛采用。但很多情况下, 结论与实际情况并不相符。

Nelson 在实验的基础上提出了砂岩节理渗透系数的经验公式为:

$$K_f = A + B\overline{\sigma^{-n}}$$

式中, A 、 B 、 n 为常数。

刘继山假设粗糙节理在法向闭合过程中服从渗流立方定律, 而节理的开度随法向应力而变化, 根据节理闭合变形规律, 可以得到节理开度与法向应力的关系, 代入渗流立方定律, 即得节理渗流随法向应力的变化公式:

$$K_f = \frac{g\delta_{max}^2}{12\mu}e^{-\frac{2\sigma}{K_n}} , q = \frac{g\delta_{max}^3}{12\mu}J_f e^{-\frac{3\sigma}{K_n}}$$

Kilsall 采用上述相似原理, 但节理闭合变形规律采用了 Goodman 的法向刚度模型, 在法向应力与节理开度关系的基础上导出了法向应力与渗透系数的关系:

$$e = \frac{e_0}{\left[A\left(\frac{\sigma}{\xi}\right)^\alpha + 1\right]} , K_f = K_{f0}\frac{1}{\left[A\left(\frac{\sigma}{\xi}\right)^\alpha + 1\right]^3}$$

式中, K_{f0} 为应力为 σ_0 时的节理渗透系数; ξ 为节理的初始应力; α 为实验常数。

陈祖安提出的岩体渗透系数与压力的关系为:

$$K_f = K_0\left(1 - \frac{\sigma}{a+b\sigma}\right)^4$$

式中, a 、 b 为耦合参数。

赵阳升等及郑少河用实际岩石裂隙进行了三轴应力条件下的渗流实验, 验证了经验公式:

$$K_f = K_{f0}\exp\left\{-\frac{2[\sigma_2 + \mu_R(\sigma_1 + \sigma_3) - \beta p]}{K_n}\right\}$$

式中，σ_2 为裂隙法向应力；K_n 为裂隙法向刚度；p 为裂隙水压力；β 为系数；μ_R 为岩石的泊松比。

李世平通过瞬态方法进行岩石应力–应变–渗透系数全过程实验，确定了数学方程：

$$K_f = K = K_0 + a\xi_v + b\xi_v^2 + c\xi_v^3 + d\xi_v^4$$

式中，ξ_v 为平均值；a、b、c、d 为待定系数。

上式是通过三轴岩石力学实验加之数据拟合确定的多项式方程，并不适用于拉应力状态。

7.1.4 裂隙网络渗流模型

研究裂隙岩体的渗流模型大致分为等效连续介质模型和裂隙网络介质模型。吴艳琴对这两种渗流模型做了详细介绍。

7.1.4.1 等效连续介质渗流模型

岩体是由岩块和结构面组成的。大部分情况下，岩块内部由极小而密集的裂隙填充，而结构面是由裂隙、节理、断层、岩层的层面、不规则面和片理面等组成。当结构面分布较均匀时，渗流的特性主要取决于裂隙。因此，从大的方向看，可以把有裂隙的岩体看做等效连续介质。岩体中的应力也可以看做等效应力，同样可以用应力张量描述岩体的应力。

连续介质模型的推导过程如下：

由质量守恒定律可知：

$$\frac{\partial}{\partial t}(n\rho_w) = -\frac{\partial(V\rho_w)}{\partial x_j}$$

式中，t 为时间；n 为控制体表面积微元的外法线方向上的矢量。

假定地下水的密度为常数，并由达西定律知：

$$V_i = -K_{ij}\frac{\partial H}{\partial x_j} = -K_{ij}\frac{\partial}{\partial x_j}\left(\frac{p}{\gamma} + Z\right)$$

式中，p 为压力。将其代入上式得：

$$\gamma\frac{\partial n}{\partial t} = \frac{\partial}{\partial x_i}K_{ij}\frac{\partial}{\partial x_j}\left(\frac{p}{\gamma} + Z\right)$$

式中，n 为裂隙率。

由于每条裂隙的孔隙体积为 $\frac{1}{4}\pi^2 rb$，一个体元中裂隙总条数为 $2m^{(v)}E$ $(n, r, b)\mathrm{d}\Omega\mathrm{d}r\mathrm{d}b$，则体元中总空隙体积为：

$$\mathrm{d}V^{(c)} = \frac{\pi}{4}m^{(v)}r^2 b \cdot 2E(n, r, b)\mathrm{d}\Omega\mathrm{d}r\mathrm{d}b$$

对于整个岩体来说，总的空隙体积为：

$$V^{(c)} = \int_0^{b_m} \int_0^{r_m} \int_{\frac{\pi}{2}} \frac{\pi}{4} m^{(v)} r^2 b \cdot 2E(n,\ r,\ b) \mathrm{d}\Omega \mathrm{d}r \mathrm{d}b$$

裂隙率 n 的关系式为：

$$n = \frac{F_0}{c} - F_{ij} \sigma'_{ij} \sqrt{h}$$

岩体的裂隙渗流方程为：

$$\gamma \frac{\partial}{\partial t} \left[(\sigma_{ij} - P\delta_{ij}) F_{ij} \sqrt{h} \right] = \frac{\partial}{\partial x_i} \left[K_{ij} \frac{\partial}{\partial x_j} (p + \gamma Z) \right]$$

该模型把裂隙渗流看做等价的连续介质（适用于节理裂隙较为发育的岩体），未考虑岩体的渗透性，渗透的非均质各向异性表现在渗透系数张量之中。另一方面，裂隙岩体应力分布用应力张量表示，充分考虑了岩体裂隙变形的各向异性特点。岩体的变形由岩块的变形和裂隙的变形叠加组成，裂隙的应力用等效应力来表示。

7.1.4.2 裂隙网络介质渗流模型

该模型的缺点是忽略了岩块的空隙，而只是把岩体看做按几何分布的裂隙介质。

综合岩体应力与裂隙渗流系数的关系和渗透水压力与裂隙位移的关系式，可以导出裂隙网络岩体渗流场与应力场的耦合模型为：

$$[G]\{H_f\} + \{Q\} - [A]W + [D]\left\{\frac{\mathrm{d}H_f}{\mathrm{d}t}\right\} = 0,\ [K_n]\{U\} = \{F\}$$

$$\{\sigma\} = \{U\}[D][B],\ [K_n^j]\{U^j + U_p\} = \{F^j\},\ \{\sigma^j\} = \{U^j + U_p\}[D^j][B^j]$$

$$K_f(\sigma_j - P_f) = K_0 (\sigma_j - P_f)^{-D_f},\ P_f = \gamma(H_f - Z),\ U_{PZ} \approx 3.28\gamma H_{fr}(1 - v^2)/E$$

$$U_{PX} \approx 3.28\gamma J_f \cos\delta \cdot (1 - v^2)/[E(2 - v)]$$

$$U_{PY} \approx 3.28\gamma J_f \sin\delta \cdot (1 - v^2)/[E(2 - v)]$$

以上的裂隙岩体渗流场与应力耦合的模型在实际应用中，用有限元的数值解法进行求解，其收敛准则为：

$$\max_{j \in R} |P_j^{(n)} - P_j^{(n-1)}| \leq \varepsilon_p,\ \max_{j \in R} |\sigma_j^{(n)} - \sigma_j^{(n-1)}| \leq \varepsilon_\sigma$$

式中，n 为迭代系数；ε_p 和 ε_σ 分别为渗透水压力和最大主应力的计算精度；R 为计算域。

综上所述，裂隙网络渗流场和应力场模型更能描述力学行为的相互作用。这种模型适用于地下水流主要沿裂隙网格运移而忽略岩块中渗流的地区工程评价研究。该模型的应用关键是要正确地给出裂隙网格的几何形状和空间分布，裂隙中流体作用见图 7-1。

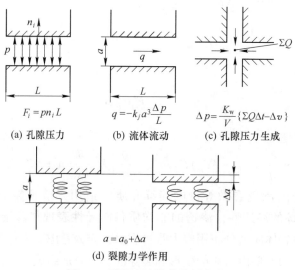

(a) 孔隙压力　　　(b) 流体流动　　　(c) 孔隙压力生成

(d) 裂隙力学作用

图 7-1　裂隙中流体的作用方式

7.2　数值模拟与结果分析

7.2.1　节理剪切本构模型的选择

针对岩体中的不连续面，对于大部分模型分析，摩尔-库仑本构模型是最为适宜的，能很好地模拟岩（土）体的运动规律。UDEC 程序中的摩尔-库仑本构模型，节理应力包括法向应力和切向应力，节理应力和位移均假设为线性，法向应力为：

$$\Delta \sigma_n = k_n \Delta u_n$$

内摩擦角和黏聚力具体可描述为：

$$\Delta u_s^e \mid \tau_s \mid \leqslant c + \sigma_n \tan\varphi \leqslant \tau_{max} , \tau_s = \text{sign}(\Delta u_s)\tau_{max} \mid \tau_s \mid \geqslant \tau_{max}$$

7.2.2　模型的建立与参数选择

根据程潮铁矿的实际开采情况，模型选在西区实际开采位置-430～-500m 中段的区域（图 7-2）。模型中建立四个矿房（图 7-3），矿房宽度为 20m，高度 70m，采用隔一采一的开采方式，回采之后充填，充填完毕后接着开采下一个矿房，模型标高-300～-600m，模型宽度为 300m，如图 7-3 所示。

本次数值模拟的参数（表 7-1，表 7-2）依据本文上述预置节理的岩石力学实验结果以及现场数据的综合考量选取，模型中初始水头压力依据现场测量，并查阅当地地质水文资料，综合比对后选取；模型底部（-600m）左侧水压为 4.88MPa，右侧底部(-600m)为 3MPa；水平方向水力梯度为 0.627，竖直方向水力梯度为 0.01。

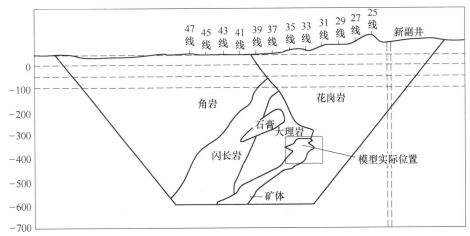

图 7-2 模型实际位置示意图

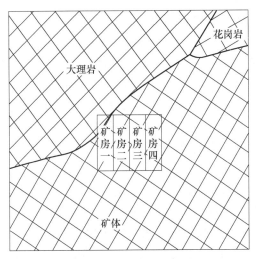

图 7-3 矿房位置示意图

表 7-1 数值模拟岩石力学参数

岩性名称	容重 /kN·m⁻³	弹性模量 /MPa	泊松比	内摩擦角 /(°)	内聚力 /MPa	抗拉强度 /MPa
角 岩	22.3	2992	0.23	31.8	1.84	0.18
铁 矿	44.3	5352	0.31	38.1	2.48	0.25
硬石膏	28.3	2136	0.26	23.9	1.24	0.12
大理岩	26.7	2569	0.28	30.2	1.70	0.17
花岗岩	24.7	2036	0.27	29.6	1.61	0.16
闪长岩	26.3	1850	0.27	61	0.8	0.16

表 7-2　数值模拟节理参数

岩性名称	节理组编号	节 理 产 状	节理间距
花岗岩	1	走向北 40°~60°东，倾向南东，倾角 68°~80°	8
	2	走向北 40°~65°西，倾向北东，倾角 40°~90°	
铁 矿	1	走向北 13°~23°东，倾向南东，倾角 34°~68°	10~17.5
	2	走向北 54°东，倾向南东，倾角 76°	
角 岩	1	走向北 30°~70°东，倾向北西，倾角 46°~83°	8~30
	2	走向北 50°西，倾向北东，倾角 65°	
闪长岩	1	走向北 30°~60°东，倾向南东，倾角 40°~90°	8
	2	走向北 20°~70°西，倾向北东，倾角 50°~85°	

7.2.3　数值模拟分析

7.2.3.1　边界条件及初始平衡

在数值模拟中，边界条件是表征计算模型边界的一组变量，包括应力边界和位移边界。UDEC 模型的缺省边界为自由边界，在多数计算中需要对边界施加约束。根据程潮铁矿具体情况，模型的边界条件设定为：在模型两侧施加滑动约束，即 x 方向上的位移（速度）为 0，y 方向上没有约束；在模型底部施加固定约束，即在模型底部指定各块体在 x、y 方向上的位移（速度）均为 0。

计算渗流场时，在模型两侧施加初始水头，将模型底部设为不透水边界。

计算模型的初始应力环境由各向应力与自重体力荷载共同形成。赋予应力环境后，通过运行模型，计算体的力平衡方程的荷载向量可求得计算体内的初始应力。根据程潮铁矿具体情况，初始应力按构造应力设置。

UDEC 模型在进行开挖模拟前，需要给定边界条件和初始应力条件，此时的模型处于不平衡状态，通过一定步骤的计算使模型获得初始平衡是十分必要的。

如图 7-4 所示，经过约 10000 步的计算后，模型中的不平衡力相较于初始状态下的不平衡力已经变得极小，比值小于 0.01%，由此可以认为该模型已经处于初始平衡状态，可以在此基础上进行下一步的运算。

7.2.3.2　开挖充填矿房一

开挖矿房一后，从图 7-5 中可以看出，水压力较大的区域多集中在模型底部，由于块体的相互作用，以及应力集中等因素，最大水压力达到 9.744MPa，平均水压力为 1.949MPa。同时在计算过程中，模型中的最大水流量 0.8115L/s，平均水流量为 0.1623L/s，水流主要沿着大理岩与矿体的裂隙带分布，并由这条主要裂隙涌入两侧节理强度较小的次要裂隙。同样的，由于水流流量大的位置会导致裂隙的强度减小，故剪切位移的分布与流量分布大致相同，剪切位移较大处

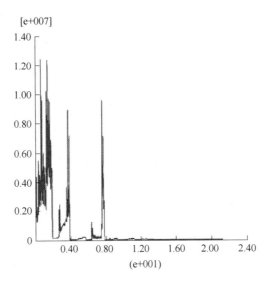

图 7-4 最大不平衡力演化曲线

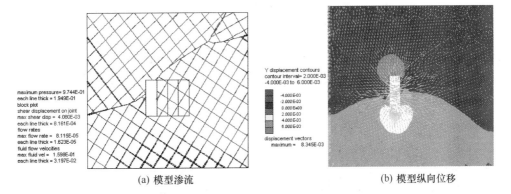

(a) 模型渗流 (b) 模型纵向位移

图 7-5 开挖矿房一后模型渗流及纵向位移

多位于该主要裂隙周边，最大值达到 0.408cm，裂隙周围平均剪切位移 0.081cm。

开挖后，顶板最大位移达到 0.4cm，两帮的位移为 0.2~0.4cm 不等，而由于模型下部水压对采空区底板的挤压作用，底板的位移达到了 0.6mm，向上的突起位移超过了顶板的沉降位移，可见采空区位移对地下水的影响还是比较敏感的。

充填矿房一后，渗流场内的各项指标均未发生较大改变，而充填体对应力场的改变却显而易见，两帮的水平位移由于充填体的支撑作用缩小到了 0~0.4cm 的范围，且处于 0.2~0.4cm 范围内的部分显著缩小。顶板位移没有出现太大的改变，但由于充填体的重力作用，底板突起部分位移得到了很好的抑制，缩小了 0.2cm 左右（图 7-6）。

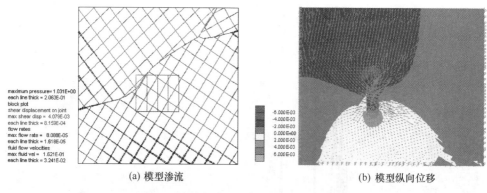

(a) 模型渗流　　　　　　　　　　　　　(b) 模型纵向位移

图 7-6　充填矿房一后模型渗流及纵向位移

7.2.3.3　开挖充填矿房三

矿房三的开挖使得矿房二向右获得了自由空间，因此矿房二内由于水压产生的剪切位移得到了释放，达到了 0.548cm，方向为沿着矿房二内矿石内部节理方向移动。开挖后两帮水平位移范围达到 0~1cm，且由图 7-7 位移矢量箭头方向可以看出，由于存在渗流场削减节理间强度的影响，两帮位移方向多由矿体内部节理方向向两帮自由面滑移，且在矿房二中尤为明显。

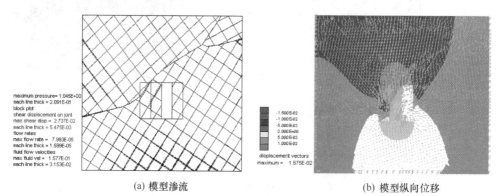

(a) 模型渗流　　　　　　　　　　　　　(b) 模型纵向位移

图 7-7　开挖矿房三后模型渗流及纵向位移

顶板位移相比于开采矿房一时有所扩大，达到 0.5~1.5cm。底板左下角由于渗流场水压的作用以及自身的应力集中，最大位移达到 1cm 以上。

充填后两帮及底板的位移都得到了有效的抑制，但顶板由于充填体自重所产生的整体下沉作用使得位移再度扩大，整体达到 1.5cm 左右（图 7-8）。

7.2.3.4　开挖充填矿房二

除了底板以外，矿房二的开挖并未受到渗流场太大的影响，因为左右两个充填体已经基本将两侧渗流场隔断。开挖后，矿房顶板位移上升至 2.0cm，由于充

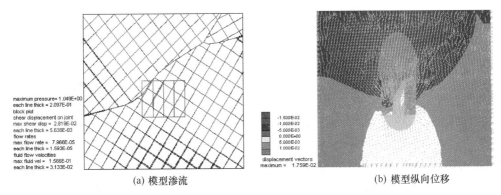

(a) 模型渗流　　　　　　　　　(b) 模型纵向位移

图 7-8　充填矿房三后模型渗流及纵向位移

填体的强度相比于矿体不是很大, 因此两帮位移也达到了 1.5cm 左右, 底板的上突位移也在 1.0cm 以上。可见在隔一采一式开挖的时候, 最需要注意的是两侧充填完毕后中间矿房回采的阶段, 一定要等到两侧充填体养护达到强度标准后再进行开采, 以免发生不必要的危险 (图 7-9)。

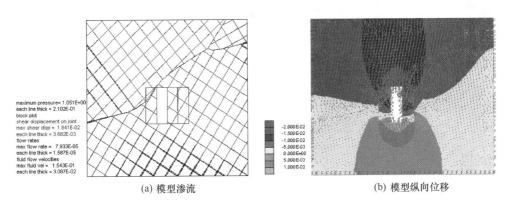

(a) 模型渗流　　　　　　　　　(b) 模型纵向位移

图 7-9　开挖矿房二后模型渗流及纵向位移

充填矿房二后, 顶板位移达到 2.0~2.5cm, 底板上突位移回落到 1.0cm 以内, 可见回采完毕即使充填虽不能很好地抑制顶板位移的发展, 但对两帮位移的抑制以及底板突水的防范具有很好的效果 (图 7-10)。

7.2.3.5　数据分析

选定 8 个观测点, 将观测点数据列出进行比较分析。

观测点 1: 位于矿房一左侧裂隙处; 观测点 2: 位于矿房一底板; 观测点 3: 位于矿房一上方裂隙处; 观测点 4: 位于矿房二底板; 观测点 5: 位于矿房二顶板; 观测点 6: 位于矿房三底板; 观测点 7: 位于矿房三顶板; 观测点 8: 位于矿房三右侧。具体示意图如图 7-11 所示。

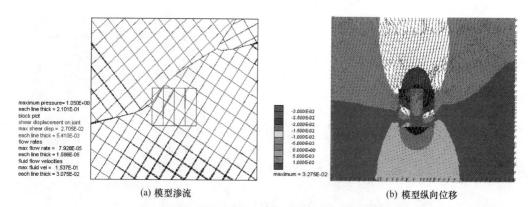

(a) 模型渗流　　　　　　　　　　　　　(b) 模型纵向位移

图 7-10　充填矿房二后模型渗流及纵向位移

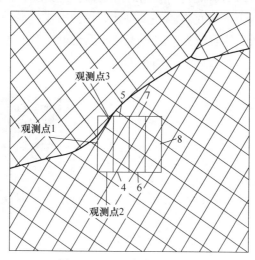

图 7-11　观测点位置示意图

（1）观测点 1。

观测点一位于矿房一的左侧，水平方向位移值在开采矿房一后达到峰值，约 0.72cm，在充填矿房一后逐渐回落，之后稳定在 0.69cm 左右（图 7-12）。

该测点竖直方向的位移在开挖矿房一后，由于底部水压力的作用，一开始整体向上偏移 0.2cm 左右，后因充填体对底部水压的抑制作用回落，回落比例达到 100%（图 7-13）。

开挖矿房一之前，该测点水压 5.8kPa 左右，后因矿房一的开采，侧帮出现自由面，水压力得到快速释放，回落至 1kPa 左右，而后矿房三进行开采时，矿房一内的充填体对左侧渗流场起到了阻隔作用，使得该测点水压稍有回升，至 2.0kPa 左右，后因矿房二的开采继续回落（图 7-14）。

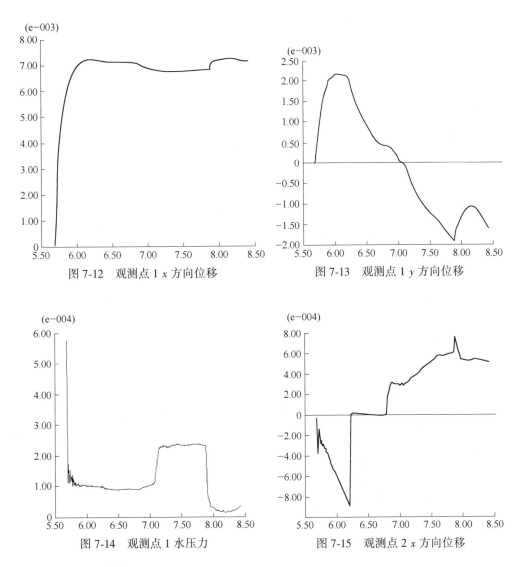

图 7-12　观测点 1 x 方向位移

图 7-13　观测点 1 y 方向位移

图 7-14　观测点 1 水压力

图 7-15　观测点 2 x 方向位移

（2）观测点 2。

观测点 2 位于矿房一的底板，其竖直方向位移随着矿房一的开采，在下部水压力的推动下达到峰值，为 0.7cm 左右。后在充填体的抑制下迅速回落，达到−0.1cm（图 7-15 和图 7-16）。后矿房二、三的开采与充填对其影响类似，但由于距离其越来越远，所以影响也越来越小。

该观测点即矿房一底部水压随着时间的推移，渐渐达到稳定值 2.4MPa（图7-17）。

（3）观测点 3。

观测点 3 位于矿房一的顶板，各步骤开挖与充填均使得其位移不断增大，没有能够很好地抑制顶板位移的发展，最大顶板位移达到了2cm左右，但在充填之后位移的发展速率有所减缓（图7-18和图7-19）。

由于距离模型底部较远，顶板受水压的影响很小，可以忽略不计。

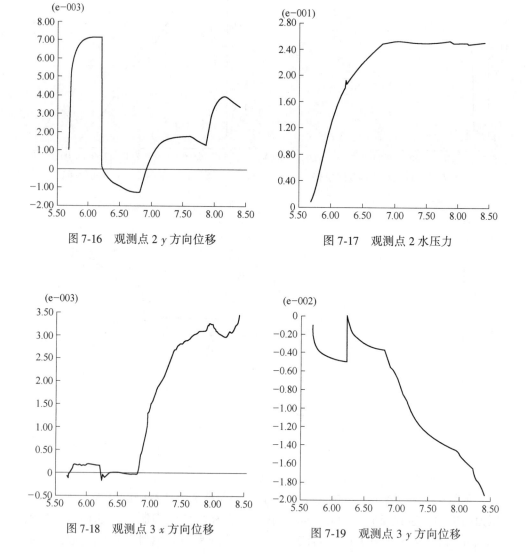

图7-16　观测点2 y方向位移　　　　　图7-17　观测点2水压力

图7-18　观测点3 x方向位移　　　　　图7-19　观测点3 y方向位移

（4）观测点4。

观测点4位于矿房二的底板，从图7-20和图7-21中可以看出开采矿房三对该测点竖直方向位移的影响要大于开采矿房一时的影响。这主要是由于矿房一内的充填体相比矿体而言，密度小，强度低，因此在挖去矿房三后水压对矿房二及充填体所造成的影响要比第一次对两个矿房所造成的大。观测点4的水压也在开采及充填过程中逐步达到稳定值（图7-22）。

（5）观测点5。

观测点5与观测点3的情况较为类似，均是顶板的位移不断发展，但可以发现，开采时位移增大的斜率明显升高，充填后位移增大的斜率有所降低。顶板所受到的水压力也较小，可以忽略不计（图7-23和图7-24）。

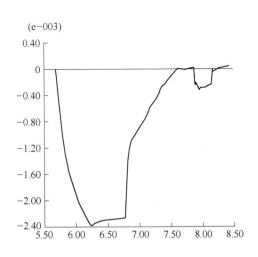

图7-20 观测点4 x 方向位移

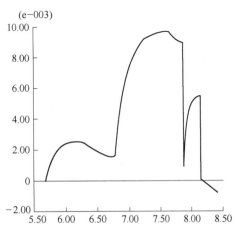

图7-21 观测点4 y 方向位移

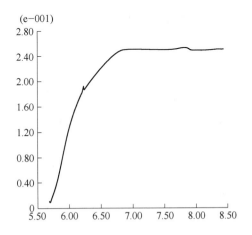

图7-22 观测点4水压力

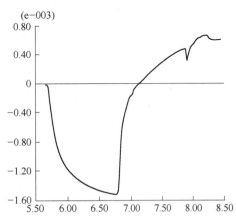

图7-23 观测点5 x 方向位移

（6）观测点 6（图 7-25～图 7-27）。

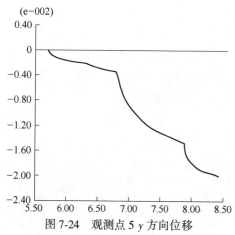

图 7-24　观测点 5 y 方向位移

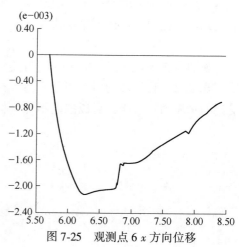

图 7-25　观测点 6 x 方向位移

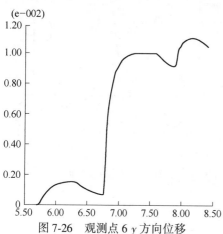

图 7-26　观测点 6 y 方向位移

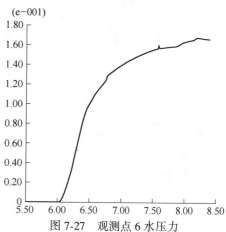

图 7-27　观测点 6 水压力

（7）观测点 7（图 7-28～图 7-30）。

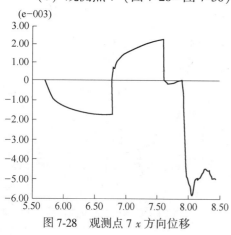

图 7-28　观测点 7 x 方向位移

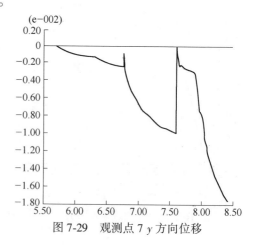

图 7-29　观测点 7 y 方向位移

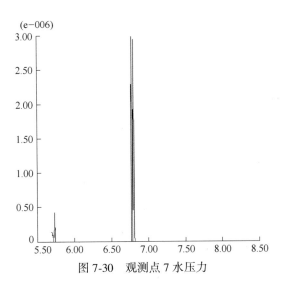

图 7-30　观测点 7 水压力

（8）观测点 8。

观测点 8 位于模型右侧，其水平方向位移在开采矿房一后出现一次增大，但由于距离较远，敏感程度较低，开挖矿房三时，出现大幅增长，这是由于其距离较近，敏感程度较高，后开挖矿房二时，仅有微量增幅，说明矿房三内的充填体成功抑制住了右侧水平位移的增加（图 7-31~图 7-33）。

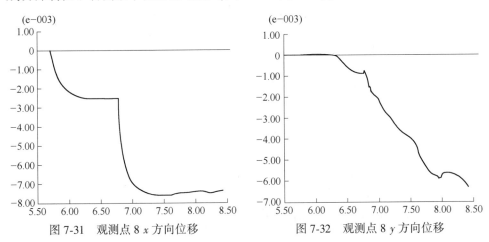

图 7-31　观测点 8 x 方向位移　　　　图 7-32　观测点 8 y 方向位移

重要观测数据变化见图 7-34。观测点 3 pp 水压力的变化趋势为增大到定值后保持不变，在该矿房充填后达到最大值 2.6MPa，说明此时渗流状态已达到稳定。观测点 1 的 x 方向位移在开挖矿房获得自由空间后急剧增大至 7.43mm，又在充填矿房后有一定量的回缩，说明充填对采空区帮壁的稳定性有益。观测点 2 的 y 方向位移在开采矿房后急剧增大，说明下部裂隙中的水压对底板稳定性有一定程度的影响，容易造成底板突水；充填后位移回落，说明充填对其抑制作用显著。观测点 3 即顶板位移呈逐渐扩大趋势，最大 2.3cm，但开采过程的增大速率普遍高于充填过程，说明充填对顶板位移增大速率有抑制作用（图 7-34）。

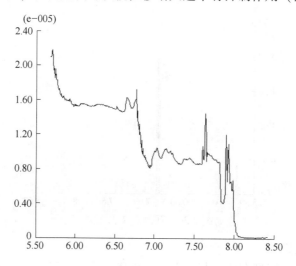

图 7-33　观测点 8 水压力

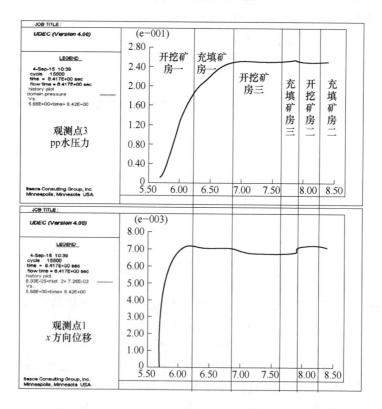

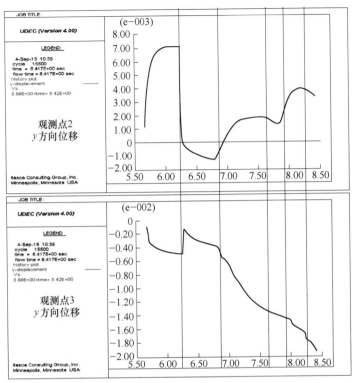

图 7-34 重要观测数据随开采过程变化图

7.3 本章小结

本章基于前面预置裂隙岩石力学实验的数据,通过 UDEC 数值模拟软件模拟了实际工况下,节理裂隙存在且受到地下水的影响时,这些因素对采空区稳定性的影响,所得出的结论如下:

(1) 观测点的 x 方向位移在开挖矿房获得自由空间后急剧增大,又在充填矿房后出现一定量的回缩,说明充填体对帮壁形成了反作用,对采空区帮壁的稳定性有益。

(2) 底部观测点的 y 方向位移在开采矿房后急剧增大,说明下部裂隙中的水压对底板稳定性有一定程度的影响,容易造成底板突水,充填后位移回落,说明充填对地下水压力的抑制作用显著。

(3) 顶板观测点的位移呈逐渐扩大趋势,但开采过程的增大速率普遍大于充填过程,说明充填对顶板位移增大速率有抑制作用。

8 深部嗣后充填法采场采空区围岩卸荷失稳机制

8.1 引言

不同于其他工程，地下岩体原始状态并不是绝对的平衡状态，而是一种相对平衡，岩体处在三向受力状态，并集聚了大量的能量。采空区的形成过程，实际上是某方向地应力的解除和转移。岩体由原来的三向受力变为二向受力甚至单向受力，当应力的改变超过岩体承载能力，即发生失稳。因此，地下采空区岩体的破坏是一种卸荷破坏。

随着开采深度的增加，岩体在高地应力的作用下，内部集聚了大量的弹性能量。采空区形成过程中，势必引发大规模的能量释放，造成采空区围岩的卸荷破坏，甚至出现岩爆破坏。因此，不同于浅部开采，研究深部采空区失稳机理，除了要考虑围岩内部应力变化、位移大小及塑性破坏区等传统指标外，还应考虑卸荷过程中能量的释放规律。

本章在室内岩石卸荷力学实验研究的基础上，对卸荷开采数值模拟方法进行研究，结合程潮铁矿深部嗣后充填开采，以能量释放、应力应变变化及破坏区等视角对深部嗣后充填法采场采空区的围岩稳定状态进行研究。

8.2 开采卸荷数值模拟仿真原理

8.2.1 采空区形成过程围岩应力状态

地下开采实际上是一种卸荷的过程。由室内力学实验可知，岩石在三向加载作用下往往具有较高的承载力，而卸荷则使岩石的强度和力学参数迅速劣化。一般来说，进行地下开采的过程中，既有加载也有卸载，如图 8-1 所示为开采时围岩受力情况。

目前的数值模拟软件，如 FLAC、ANSYS

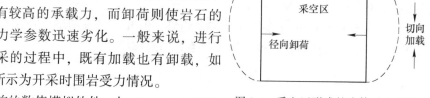

图 8-1 采空区形成的岩体受力情况

等, 可以实现开采过程的卸荷模拟, 但是程序的计算过程、边界条件则仍为加载模拟, 岩体的应力应变存在如下关系:

$$\Delta\varepsilon' = \Delta\sigma'/E \qquad (8-1)$$

式中, $\Delta\varepsilon'$、$\Delta\sigma'$ 分别为卸荷引起的位移和应力的变化量; E 则仍为加载条件下的弹性模量。与工程实际情况有较大差异。

地下开采模拟应充分考虑卸荷作用下力学参数的劣化规律及岩体的力学行为, 使应力应变满足如下关系:

$$\Delta\varepsilon'_x = \Delta\sigma'_x/E'_x \qquad (8-2)$$

式中各项参数为卸荷条件下岩体对应的力学参数。

8.2.2 采空区岩体卸荷荷载算法及步骤

采空区的形成过程实际上是不断产生不平衡力的过程, 因此, 卸荷荷载是一种不平衡力, 通过计算岩体内部的不平衡力可计算出卸荷作用产生的荷载力。采用有限元进行计算, 实际上求解得到的是各个节点处的力, 因此只需计算出各个节点处的卸荷荷载, 以三角形单位为例进行算法说明。图 8-2 为平面内三角形单元受力示意图。由结构力学可知, 三角形三个节点力为:

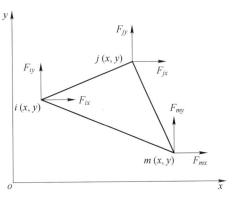

图 8-2 三角形单元平面受力示意图

$$(F)_e = [F_{ix}, F_{iy}, F_{jx}, F_{jy}, F_{mx}, F_{my}]^T = [K]_e (\delta)_e \qquad (8-3)$$

式中, $(F)_e$ 为三个节点的节点力, $[K]_e$ 为单元刚度矩阵, 由结构力学原理可知, 单元刚度矩阵为:

$$[K]_e = t \cdot \Delta_e \cdot [B]^T \cdot [D] \cdot [B] = t \cdot \Delta_e \cdot [B]^T \cdot [S] = t \cdot \Delta_e \cdot [B]^T$$

$$(8-4)$$

式中, Δ_e 为三角形单元面积, 由下式表示:

$$\Delta_e = \frac{1}{2}\begin{bmatrix} 1 & x_i & y_i \\ 1 & x_j & y_j \\ 1 & x_m & y_m \end{bmatrix} \qquad (8-5)$$

$[D]$ 为单元弹性矩阵, $[B]$ 为几何矩阵, 即:

$$[\boldsymbol{D}] = \frac{E}{1-\mu^2} \begin{bmatrix} 1 & \mu & 0 \\ \mu & 1 & 0 \\ 0 & 0 & \dfrac{1-\mu}{2} \end{bmatrix}, [\boldsymbol{B}] = \frac{1}{2\Delta_e} \begin{vmatrix} b_i & 0 & b_j & 0 & b_m & 0 \\ 0 & c_i & 0 & c_j & 0 & b_m \\ c_i & b_i & c_j & b_j & c_m & b_m \end{vmatrix}$$

式中，E 和 μ 分别为岩石的弹性模量和泊松比，$b_i = y_j - y_m$，$b_j = y_m - y_i$，$b_m = y_i - y_j$，$c_i = x_m - y_j$，$c_j = x_i - x_m$，$c_m = x_j - x_i$。

设作用在重心位置处的单元应力为 $(\sigma)_e$，则有：

$$(\sigma)_e = (\sigma_x, \ \sigma_y, \ \tau_z)^T \tag{8-6}$$

代入后可得节点力为：

$$[F_{ix}, \ F_{iy}, \ F_{jx}, \ F_{jy}, \ F_{mx}, \ F_{my}]^T = t \cdot \begin{bmatrix} b_i & & b_j & & b_m & \\ 0 & c_i & 0 & c_j & 0 & c_m \\ c_i & b_i & c_j & b_j & c_m & b_m \end{bmatrix} \cdot \begin{pmatrix} \sigma_x \\ \sigma_y \\ \tau_z \end{pmatrix}$$

$$\tag{8-7}$$

通过有限元程序将计算得到的所有节点力进行相加，即可得到各个节点的力，当开采后使部分节点的力失去平衡，此时的节点力就为卸荷荷载，即：

$$F_{sx} = \sum_e F_{sx}^e, \ F_{sy} = \sum_e F_{sy}^e \tag{8-8}$$

上述计算过程可通过程序在 FLAC3D 中实现，对于单次开采形成的采空区一般经过一次卸荷过程，通过两步骤叠加实现，首先按照计算初始地应力状态下岩体各节点的应力 σ_0 及位移 δ_0，形成采空区时在卸荷应力 σ' 作用下的各个节点的应力 $\Delta\sigma$ 和 $\Delta\delta$，然后进行叠加，即可得到卸荷作用下的应力场和位移场：

$$\sigma_1 = \sigma_0 - \Delta\sigma, \ \delta_1 = \delta_0 + \Delta\delta \tag{8-9}$$

对于分段凿岩阶段空场嗣后充填法开采，往往要经过多次卸荷，最终的卸荷应力场为最后一次的卸荷应力场、位移场与前一次计算得到的应力场、位移场的叠加，开采过程中，任意一次的卸荷应力和位移为：

$$\sigma_i = \sigma_{i-1} - \Delta\sigma_i, \ \delta_i = \delta_{i-1} + \Delta\delta_i \tag{8-10}$$

由于卸荷过程中岩体的力学参数是非线性变化，因此应根据每次的卸荷应力场和位移场状态选取合适的力学参数。根据室内卸荷力学试验中围岩的卸荷破坏特征，选择目前较常用的非线性强度准则 Drucker-Prager 准则。该准则满足以下关系：

$$f = \alpha I_1 + \sqrt{J_2} - K \tag{8-11}$$

式中，$\alpha = \dfrac{2\sin\varphi}{\sqrt{3}(3 - \sin\varphi)}$；$K = \dfrac{6c\cos\varphi}{\sqrt{3}(3 - \sin\varphi)}$；$I_1$ 和 J_2 分别为应力张量第一不变量和应力偏量第二不变量。

$$I_1 = \sigma_1 + \sigma_2 + \sigma_3 , J_2 = \frac{1}{6} \left[(\sigma_1 - \sigma_2)^2 + (\sigma_2 - \sigma_3)^2 + (\sigma_3 - \sigma_1)^2 \right]$$

$$(8\text{-}12)$$

综上所述，进行采空区卸荷模拟步骤如图 8-3 所示。

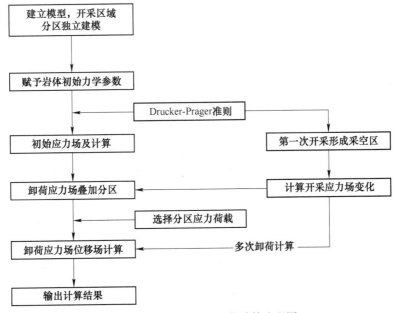

图 8-3　FLAC3D 实现卸荷计算流程图

8.3　采空区形成过程中围岩能量释放规律

由第 3 章的力学试验分析可知，围岩在破坏时，应力的大小并不是固定的，而是有一个变化范围，因此应力并不能从本质上反映岩体破坏机理。谢和平院士通过大量的岩石力学研究发现，岩石的变形破坏实际上是内部能量驱动的结果，尤其进入深部开采后，往往在应力未达到围岩承载能力前，就发生了破坏。因此，研究采空区形成及失稳过程中能量的释放规律及特征，对得到采空区失稳机理有重要意义。

目前地下金属矿山基本采用爆破的方式进行开采，造成了采空区会瞬间形成，使开采面突然失去支撑，表现为采空区围岩能量的释放。采空区围岩的能量释放以机械波的形式向外传播，影响着围岩应力场及应变场。

采空区往往经过多次开采形成，设每次开采下体积为 dV 的矿体，围岩释放的能量为 dW_r，则能量释放率（ERR）为：

$$\mathrm{ERR} = \frac{dW_r}{dV}$$

$$(8\text{-}13)$$

当采用 FLAC3D 计算围岩能量释放率的时候，则需要采用代数叠加的形式。设某一次开采后，表面形成 n 个岩石单元，则本次开采总的释放能量为：

$$\Delta E = \frac{1}{2} \sum_{i=1}^{n} (F_{ix} \Delta u_{ix} + F_{iy} \Delta u_{iy} + F_{iz} \Delta u_{iz}) \tag{8-14}$$

式中，$F_{ix \sim z}$ 为第 i 个单元节点的应力；$\Delta u_{ix \sim z}$ 为第 i 个单元节点的位移变化。则能量释放率为：

$$ERR = \frac{\Delta E}{\Delta V} \tag{8-15}$$

经过 m 次回采形成采空区后，平均的能量释放率为：

$$\overline{ERR} = \frac{\sum\limits_{i=1}^{n} ERR_i}{m} \tag{8-16}$$

上述的围岩能量释放率体现了不同开采步骤采场围岩的能量释放规律，反映了不同开采顺序对采空区围岩稳定状态的影响。

大量研究及工程试验表明，地下开采过程中出现的围岩失稳破坏是由于内部储存的弹性能的突然释放，且往往从局部开始，总的平均释放率可以体现围岩整体的能量变化，但不能反映围岩失稳破坏的突发性。因此，本节将借鉴苏国韶等提出的局部能量释放率指标，进行采空区围岩失稳灾变的分析。

所谓局部能量释放指标，实际上是表征围岩破坏前后应变能的变化情况，岩体单元破坏前后的弹性能量密度的差值，即为局部能量释放率，即：

$$LERR_i = ESED_{imax} - ESED_{imin} \tag{8-17}$$

式中，$LERR_i$ 为破坏岩石单元 i 的局部能量释放率；$ESED_{imax}$ 为岩石单元 i 破坏前的能量密度最大值；$ESED_{imin}$ 为岩石单元 i 破坏后能量密度最小值。

发生破坏的单元所释放的总的能量为弹性释放能，有：

$$ERE = \sum_{i=1}^{n} (LERR_i \cdot V_i) \tag{8-18}$$

式中，V_i 为破坏岩石单元 i 的体积。

单元破坏前后的弹性应变能密度值为：

$$ESED_{imax} = [\sigma_1^2 + \sigma_2^2 + \sigma_3^2 - 2\mu(\sigma_1\sigma_2 + \sigma_1\sigma_3 + \sigma_2\sigma_3)]/2E \tag{8-19}$$

$$ESED_{imax} = [\sigma_1'^2 + \sigma_2'^2 + \sigma_3'^2 - 2\mu(\sigma_1'\sigma_2' + \sigma_1'\sigma_3' + \sigma_2'\sigma_3')]/2E \tag{8-20}$$

式中，σ_1、σ_2、σ_3 分别为岩石单元破坏前对应的主应力；σ_1'、σ_2'、σ_3' 分别为破坏后对应的主应力；μ 为泊松比；E 为弹性模量。

局部能量释放指标可以较好地反映围岩在不同的应力状态下能量释放的复杂情况，可以考虑能量释放、转移及耗散等动态过程。

8.4 基于尖点突变理论的采空区失稳局部能量突变判别准则

8.4.1 采空区系统失稳的能量失稳准则基础

传统的地下工程岩石力学稳定性分析往往以围岩内部应力状态为判别标准，建立失稳强度准则，当内部应力超过岩石强度极限，即认为发生了破坏。实际上，由第 3 章的岩石力学实验可知，在超过极限强度之后，岩石不一定发生失稳，同时，即使未达到强度极限，岩石也可能发生破坏。实际上，大范围地下工程中，岩石构造、采动及卸荷等作用对岩石的影响是不确定的。若将地下采空区视为一个系统，围岩内部的作用具有随机性和偶发性。因此，基于确定性理论的强度判别准则在判断深部地下工程岩石失稳问题上具有局限性。

一般来说，地下采空区系统失稳主要分为两种类型，即岩体破裂失稳和结构失稳，岩体破裂失稳往往是引起结构失稳的直接原因。岩石力学实验表明，岩石破裂实质上是内部能量驱动的结果，因此，能量准则是判别岩体失稳的有效方法。

采空区在形成过程中，会出现应力的集中与释放，扰动范围内岩石将发生应变弱化，若此时是稳定的，则系统会自动重新平衡，若平衡是不稳定的，则将会发生失稳破坏。为简化分析，将采空区周围岩体分为弱化区及弹性区，则有：

$$\delta \Pi = \int_{V_e} \delta\{d\varepsilon\}^T [D_e]\{d\varepsilon\} dv + \int_{V_s} \delta\{d\varepsilon\}^T [D_s]\{d\varepsilon\} dv -$$
$$\int_{V_e+V_s} \delta\{du\}^T\{dp\} dv - \int_F \delta\{du\}^T\{dg\} dF \tag{8-21}$$

式中，V_e 和 V_s 分别为采空区周围弹性区及弱化区体积；D_e 和 D_c 分别为弹性区和弱化区中，围岩的力学参数；dp 及 dg 分别为表面力及体力增量；du 及 $d\varepsilon$ 分别为岩石位移计应变增量。

当系统满足以下关系时，采空区系统发生失稳：

$$\delta \Pi = \int_{V_e} \delta\{d\varepsilon\}^T [D_e]\{d\varepsilon\} dv + \int_{V_s} \delta\{d\varepsilon\}^T [D_s]\{d\varepsilon\} dv \leqslant 0 \tag{8-22}$$

8.4.2 岩石单元局部能量突变准则

由尖点突变理论可知，对于由 1 个状态变量及 2 个控制变量构成的三维空间，其尖点突变模型标准方程为：

$$V(x) = x^4 + ux^2 + vx \tag{8-23}$$

式中，x 为状态变量；u 和 v 为控制变量。

上式也为系统稳定变量的势函数，当势函数满足以下条件时，系统处于平衡临界状态，即：

$$V'(x) = 4x^3 + 2ux + v = 0 \tag{8-24}$$

此时状态的奇点集方程满足：

$$V''(x) = 12x^2 + 2u = 0 \tag{8-25}$$

可求得系统稳定的判别式：

$$\Delta = 8u^3 + 27v^2 \tag{8-26}$$

$\Delta = 0$ 为系统稳定的临界状态；$\Delta < 0$，系统发生失稳；$\Delta > 0$，系统稳定。

由上节分析可知，进行数值模拟分析过程中，任意发生屈服的单元 i，第 n 步开采后，释放的局部弹性应变能为：

$$ERE_i(n) = LERE_i(n) \times V_i \tag{8-27}$$

将所有发生屈服的单元的局部弹性释放能进行叠加即可得到开采过程中，系统局部能量释放的势函数，即：

$$ERE = \sum_{i=1}^{N} ERE_i(n) = \sum_{i=1}^{N} (LERE_i(n) \times V_i) \tag{8-28}$$

式中，N 为采空区围岩中进入屈服的单元个数。

由于不同的开采步骤围岩中进入屈服状态的单元个数不同，因此对应的局部释放弹性应变能也不同，每步开采所对应的能量，构成了局部释放弹性能序列，即：

$$\{ERE\} = \{ERE(1), ERE(2), \cdots, ERE(n)\} \tag{8-29}$$

对其进行多项式拟合，即可得到能量与开采时间 n 之间的函数关系。设能量满足 $ERE = f(n)$，进行泰勒级数展开，可得：

$$ERE = f(n) = f(0) + \frac{\partial f}{\partial n}\bigg|_{n=0} n + \frac{\partial^2 f}{\partial n^2}\bigg|_{n=0} n^2 + \cdots + \frac{\partial^k f}{\partial n^k}\bigg|_{n=0} n^k + \cdots \tag{8-30}$$

取对能量函数影响较大的前 4 次方，则有：

$$ERE = \sum_{i=0}^{4} \frac{\partial^i f}{\partial n^i} \times n^i \tag{8-31}$$

设 $\frac{\partial^i f}{\partial n^i} = a_i$，则有 $ERE = a_0 + a_1 n + a_2 n^2 + a_3 n^3 + a_4 n^4$。令 $n = x - \frac{a_3}{4a_4} = x - L$，则有：

$$ERE = b_0 + b_1 x + b_2 x^2 + b_4 x^4 \tag{8-32}$$

式中，$\begin{bmatrix} b_0 \\ b_1 \\ b_2 \\ b_4 \end{bmatrix} = \begin{bmatrix} 1 & L & L^2 & 3L^4 \\ 0 & 1 & 2L & 8L^3 \\ 0 & 0 & 1 & 6L^2 \\ 0 & 0 & 0 & 8L^3 \end{bmatrix} \begin{bmatrix} a_0 \\ a_1 \\ a_2 \\ a_4 \end{bmatrix}$。

对上式进行变换，可得：

$$\frac{\mathrm{ERE}}{b_4} = \frac{b_0}{b_4} + \frac{b_1}{b_4}x + \frac{b_2}{b_4}x^2 + x^4 \qquad (8\text{-}33)$$

忽略常数项，进而求得：

$$\mathrm{ERE}' = x^4 + \left(\frac{a_2}{a_4} - \frac{3a_3^2}{8a_4^2}\right)x^2 + \left(\frac{a_1}{a_4} - \frac{a_2 a_3}{2a_4^2} + \frac{a_3^3}{8a_4^3}\right)x = x^4 + ux^2 + vx \quad (8\text{-}34)$$

根据尖点突变理论，局部能量突变失稳判定准则为：

$$\Delta = 8u^3 + 27v^2 = 8\left(\frac{a_2}{a_4} - \frac{3a_3^2}{8a_4^2}\right)^3 + 27\left(\frac{a_1}{a_4} - \frac{a_2 a_3}{2a_4^2} + \frac{a_3^3}{8a_4^3}\right)^2 \qquad (8\text{-}35)$$

$\Delta > 0$ 时，系统处于稳定状态；$\Delta < 0$ 时，系统失稳。

上述过程中，a_i 为待求系数，可通过对局部能量释放进行拟合得到。

8.5 工程背景概述

8.5.1 工程地质条件

（1）断层构造。

断层构造是本矿区构造的主要表现形式，无论是山字型构造体系的断层，或是新华夏构造体系的断层均为发育。

（2）节理构造。

矿区曾经经历过多次构造运动，主应力方向也多次发生变更。次级与更次级应力方向错综交织，故所生成的节理也极为复杂，概括起来，矿区内的节理具有节理发育方向多、节理密度大、节理性质以剪节理为主和节理发育程度受岩性控制明显等特征。

（3）−428~−500m 矿体特征及上下盘围岩。

程潮矿区各大、中、小型铁矿体的矿石质量特征基本相同，常见矿石结构有自形-半自形晶粒状结构、他形不规则粒状结构和包含结构等，矿石构造主要有浸染状构造、斑块状构造、块状构造及角砾状构造等。

矿体顶底板围岩种类繁多，软硬不一，节理裂隙发育情况各不相同。不同地段的同一矿体的顶底板岩石性质也不相同，至于不同矿体，其差异就更大。西区主要铁矿体的顶底板围岩列于表8-1之中。

表 8-1　西区主要铁矿体和硬石膏矿的顶底板围岩类型

矿种	矿体号	所在位置	顶板围岩	底板围岩
铁矿	Ⅲ	15~47 线	闪长岩、矽卡岩	花岗岩
	Ⅳ	35~43 线	花岗岩	矽卡岩

矿种	矿体号	所在位置	顶板围岩	底板围岩
铁矿	V	35~47 线	矽卡岩	矽卡岩
	VI	0~57 线	矽卡岩	矽卡岩
	VII	27~55 线	矽卡岩	矽卡岩
	30 号	43~55 线	大理岩	9 号硬石膏矿体
	31 号	49~55 线	矽卡岩	矽卡岩
	6Cs	31~59 线	大理岩	大理岩

矿区内矿体较多，-430m 标高以下以Ⅲ、Ⅳ、Ⅴ、Ⅵ、Ⅶ矿体为主，其中Ⅵ、Ⅶ号矿体规模大；Ⅳ、Ⅴ号为小矿体，经生产探矿后，将Ⅳ、Ⅴ号矿体合并为 V 号矿体；Ⅲ号矿体仅涉及其底部矿段。-428~-568m 矿体包括Ⅲ、Ⅴ、Ⅵ矿体。

8.5.2　围岩物理力学特征

程潮铁矿西区围岩的物理力学性质较好，主要表现为岩块的抗压强度、内摩擦角和内聚力等较高。蠕变试验研究表明，程潮铁矿的围岩属于硬岩。各种类型围岩及矿体的物理力学参数如表 8-2 所示。

表 8-2　程潮铁矿西区岩体的力学参数和变形参数

岩　种	单轴抗压强度 /MPa	单轴抗拉强度 /MPa	黏聚力 /MPa	内摩擦角 /(°)	弹性模量 /GPa	泊松比
铁矿石	49.85	5.55	8.32	33.6	14.96	0.31
硬石膏	23.98	2.26	3.68	36.4	7.08	0.26
花岗斑岩	27.40	2.74	4.33	35.4	5.01	0.32
花岗岩	39.77	3.81	6.15	36.2	9.44	0.27
矽卡岩	28.17	2.35	4.07	38.4	11.22	0.23
蚀变矽卡岩	17.61	2.55	3.35	29.3	5.01	0.27
大理岩	23.04	7.29	6.48	31.3	11.22	0.28
闪长岩	39.78	11.11	10.51	34.3	35.48	0.35

8.5.3　深部地应力实测及分析

北京科技大学科研团队于 2000 年在程潮铁矿进行了深部绝对地应力的测量工作，现将主要结论进行论述。

（1）垂直应力分量 σ_z 可近似看作次主应力 σ_2。

（2）矿区最大主应力 σ_1 方向 α_1 基本平行于矿体走向。

最大主应力 σ_1 在程潮铁矿东西矿区的-270m、-360m、-430m 中段间，且随深度增加而减小。-270m 中段，约为 $2.75\sigma_z$，-360m 中段，约为 $1.94\sigma_z$，较上中段减少 $0.81\sigma_z$，在-430m 中段，约为 $1.27\sigma_z$，较上中段减少 $0.66\sigma_z$。

（3）最小主应力 σ_3，其作用方向 α_3 基本上垂直矿体走向。-270m 中段，σ_3 约为 $0.46\sigma_z$。-360m 中段，约为 $0.336\sigma_z$，较上中段减小 $0.124\sigma_z$。-430m 中段，约为 $0.443\sigma_z$，较上中段减小 $0.107\sigma_z$。各主应力随深度变化如图 8-4 所示。

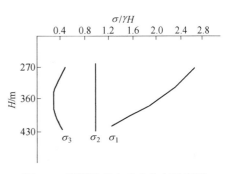

图 8-4 程潮铁矿主应力分布示意图

鉴于每个采区开采影响范围都会同时包容矿体与上下盘岩体，故对采区地压等来说原岩应力应为区域初始应力场。

8.5.4 模拟开采方案

目前程潮铁矿工程已布置到-500m 以下水平，主要开采中段为-430m 中段。为控制地表移动，逐渐由崩落法向充填法过渡。矿山计划-500m 以下全面采用分段凿岩阶段空场嗣后充填法进行回采。为积累经验，选取了-447.5～-430m 水平5-1 采区作为试验矿段。试验采场只进行一个分段的开采，即分段空场嗣后充填，采矿方法剖面如图 8-5 所示。

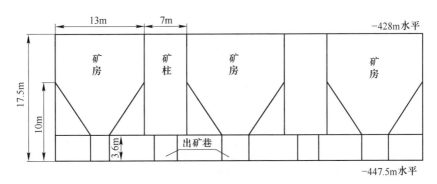

图 8-5 试验采场开采方法剖面示意图

采用隔一采一的方式进行，矿房宽度取 13m，矿柱宽度 7m，矿房长度为 40m，底部出矿巷为 3.6m×3.6m。开采时，由里向外后退式开采，一次回采 4m 左右。

试验采场主要积累充填采矿的实施管理办法，下阶段回采将采用阶段空场嗣后充填法，共包含 4 个分段，即阶段高度为 70m。

　　根据以上的工程背景，本次数值计算为单一分段空场嗣后充填法，主要研究采空区形成过程中围岩的应力分布及稳定状态，不考虑充填过程。根据开采过程的特点，采空区的形成及发展过程如图 8-6 所示。

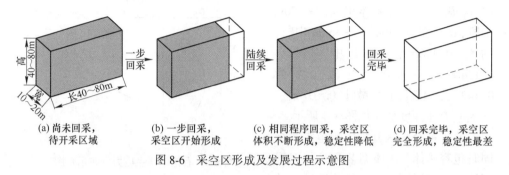

(a) 尚未回采，　　　　(b) 一步回采，　　　　(c) 相同程序回采，采空区　　(d) 回采完毕，采空区
待开采区域　　　　采空区开始形成　　　　体积不断形成，稳定性降低　　完全形成，稳定性最差

图 8-6　采空区形成及发展过程示意图

8.6　嗣后充填法采场采空区卸荷数值模型构建及实现

8.6.1　数值分析模型构建

　　根据程潮铁矿开采过程，建立如图 8-7 所示的数值计算模型，为更加详细分析，对每个部分都进行了分别建模，共模拟三个矿房的回采过程。模型长度为107m，宽度为 100m，高度为 90m。

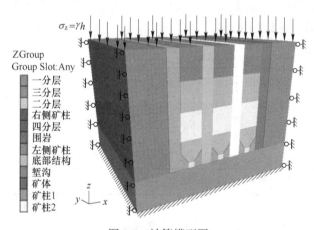

图 8-7　计算模型图

8.6.2　边界条件

　　由于本次模拟对象处于深部，为保证数值计算的针对性和准确性，模拟高度为 90m，将上覆岩石折算为外部荷载施加在模型顶部，如图 8-7 所示。经计算，上覆荷载为 15MPa。

根据地应力现场测量结果，施加初始主应力，在 z 方向上为梯度变化。水平方向上固定水平移动，而底部边界则采用全固定的方式。

8.6.3 物理力学参数

模拟区域主要包含两种岩性，分别为铁矿石及硬石膏，为典型的脆性岩石，两者的物理力学参数如表 8-2 所示。经过换算得到 D-P 本构模型所要求的参数，并随着计算过程中的岩石状态而调整力学参数。

8.6.4 开采卸荷扰动区确定原则

综合考虑多种因素，为简化分析难度，以应变作为划分卸荷扰动区的临界标准。一般将弹塑性连续介质的变形分为体积和剪切两种变形类型，分别由应力的球变量及偏变量引起，如式（8-36）所示。

$$\varepsilon_{ij} = \begin{bmatrix} \varepsilon_x & \dfrac{1}{2}\gamma_{xy} & \dfrac{1}{2}\gamma_{xz} \\ \dfrac{1}{2}\gamma_{yx} & \varepsilon_y & \dfrac{1}{2}\gamma_{yz} \\ \dfrac{1}{2}\gamma_{zx} & \dfrac{1}{2}\gamma_{zy} & \varepsilon_z \end{bmatrix} = \begin{bmatrix} \varepsilon_m & 0 & 0 \\ 0 & \varepsilon_y & 0 \\ 0 & 0 & \varepsilon_z \end{bmatrix} + \begin{bmatrix} \varepsilon_x - \varepsilon_m & \dfrac{1}{2}\gamma_{xy} & \dfrac{1}{2}\gamma_{xz} \\ \dfrac{1}{2}\gamma_{yx} & \varepsilon_y - \varepsilon_m & \dfrac{1}{2}\gamma_{yz} \\ \dfrac{1}{2}\gamma_{zx} & \dfrac{1}{2}\gamma_{zy} & \varepsilon_z - \varepsilon_m \end{bmatrix}$$

$$(8-36)$$

对于不同类型的剪切应变，与第二不变量存在以下关系：

八面体剪切应变：$\qquad \tau_8 = \dfrac{2\sqrt{2}}{3}\sqrt{J_2'}$

广义剪应变：$\qquad \overline{\tau} = \dfrac{2}{\sqrt{3}}\sqrt{J_2'}$

纯剪应变：$\qquad \tau_s = 2\sqrt{J_2'}$

式中，$J_2' = \dfrac{1}{6}\left[(\varepsilon_x - \varepsilon_y)^2 + (\varepsilon_y - \varepsilon_z)^2 + (\varepsilon_x - \varepsilon_z)^2\right] + \dfrac{3}{2}(\tau_{xy}^2 + \tau_{xz}^2 + \tau_{yz}^2)$。

借鉴朱泽奇的研究结论，综合考虑各种剪应变类型特点，以 $\tau' = \sqrt{J_2'}$ 作为卸荷区划分的标准临界应变值。图 8-8 为开采结束剪应变分布等值线云图，为表示清楚，只截取了部分模型区域。

由图 8-8 可知，进行开采后，围岩剪切应变出现了明显的分区现象。由图中数值可知，剪应变为 0.0001 是开采扰动区的临界值，而 0.0002 则可作为卸荷影响区的临界值。根据结果将开采后的卸荷影响区临界应变分为两部分：临界应变 ≥0.0002 和临界应变 ≥0.0004，分别赋予不同的力学参数，通过编制程序，实现计算过程中的实时更新。

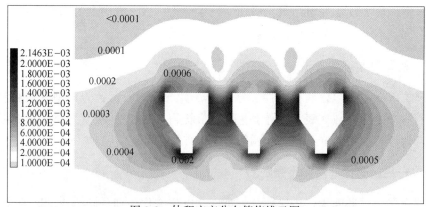

图 8-8　体积应变分布等值线云图

8.6.5　卸荷数值计算过程的实现

采用 FLAC3D 软件内置的 FISH 语言进行程序的编制，计算过程中进行实时调用。根据岩石卸荷的特点，卸荷数值计算分解为以下步，即：

（1）常规程序的开采过程求解。

（2）读取每步开采后节点不平衡力。

（3）根据应力状态，确定卸荷区。

（4）将读取的节点不平衡力，反向施加在对应节点，完成卸荷过程。

8.6.6　能量释放指标的数值解算及可视化实现

对于深部开采，能量释放是一个重要的分析指标，由 8.3 节所述的原理，采用 FISH 语言编制能量释放及局部能量释放率指标计算程序，计算过程中进行实时调用，并对关键点进行监测，得到能量指标的变化过程。

为更好的展现开采过程中能量的分布状态，基于 FLAC3D 软件内置的 Zone Extra 功能，采用 FISH 语言编制可视化程序，可以得到每步开采后围岩内部能量的分布云图。实现步骤如下：

（1）读取并保存开采前围岩内部各单元应力值，包括最大主应力、第二主应力及最小主应力。

（2）读取并保存开采后围岩内部各单元应力值，包括最大主应力、第二主应力及最小主应力。

（3）调用程序，进行能量指标解算。

（4）调用程序，输出能量分布云图。

8.6.7　深部采空区围岩稳定状态分析指标

开采进入深部后，在高应力的作用下，采空区的失稳也变得复杂多变，主要包括以下方面：

(1) 顶板及矿柱中部由于失去支撑，应力释放，围岩发生拉裂破坏。

(2) 采空区两侧围岩由于应力集中发生压裂破坏。

(3) 采空区边角发生剪切破坏。

(4) 局部围岩沿结构面发生滑移、剪切等形式的破坏。

(5) 深部围岩在高应力的作用下，出现塑性流动状态，从而导致剪胀破坏。

(6) 深部开采卸荷作用，导致能量急剧释放，使硬岩发生突然破裂。

上述破坏形式的前四种，无论是深部还是浅部开采，都有可能出现，而后两种破坏形式，则只有进入深部开采后才会出现。因此，对深部采空区失稳机制进行评判时，除应考虑浅部开采的应力、应变及塑性区等常规因素外，还应考虑围岩塑性流动及能量变化等因素，系统考虑各因素，对深部采空区失稳机制进行综合评判。

根据深部采空区围岩失稳的特点，选取了以下指标作为分析重点：

(1) 弹性释放能，用来分析采空区形成过程中，围岩整体破坏程度。

(2) 局部能量释放率，用来分析关键部位围岩脆性破坏程度程度。

(3) 塑性破坏区体积、深度及范围。

(4) 整体位移及关键点位移。

(5) 整体应力分布情况和关键部位的应力集中及应力释放情况。

对于深部采空区的稳定性研究，应综合考虑以上 5 个因素，综合分析深部采空区围岩的整体及局部的稳定特征，得到采空区失稳机理，并对采空区的失稳模式进行综合评判。

8.7 分段空场嗣后充填法围岩卸荷失稳机制

本文研究的重点为采空区形成过程中围岩的应力分布及稳定状况，因此不考虑充填的过程，模拟开采顺序为从左至右依次进行，每个矿房开采时，4m 为一个计算时步。根据 6.4 节建立的失稳机制评判标准，对数值计算结果进行分析，进而得到采空区围岩卸荷失稳机制。单一分段空场嗣后充填，对应目前程潮铁矿的试验采场开采。

8.7.1 采空区围岩应力场演化规律分析

8.7.1.1 监测点布置

矿房长度为40m，宽度13m，属于立方形采空区，但采用中深孔开采，可一次开采整个矿房高度，因此，从空间变化来看，围岩应力分布主要受长度方向变化的影响。图 8-9 为应力监测点布置图，每个矿房 5 个剖面，共计 136 个。

8.7.1.2 最大主应力变化规律

首先对监测点应力变化进行分析，每个剖面选取了 4 个不同的高度进行分析，分别为出矿巷道底角、堑沟斜坡底部和顶部及矿柱的顶角位置。以矿房 1 的

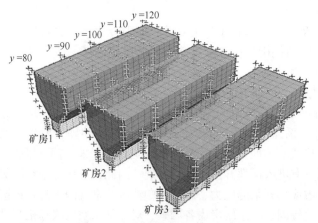

图 8-9 应力监测点布置示意图

4 个剖面为例，对采空区形成过程中监测点最大主应力的变化进行论述。

图 8-10(a)~(d)所示分别为矿房 1 各个剖面不同位置处监测点最大应力变化规律，横坐标数字代表开采阶段，0 为开采前阶段，31 为开采结束阶段。$y = 80m$ 处剖面位于矿房 1 起始位置。

由图 8-10(a)可知，左右两侧监测点应力曲线基本成对出现，当只进行矿房 1 开采时，剖面各监测点最大主应力出现较大增长；当开采至距离 8m 位置处，增加幅度变慢，直至矿房 1 开采完毕达到最大值，出现在两侧堑沟斜面下端。矿房 2 开始开采后，左右两侧都出现卸压，并开始出现分化，由于矿柱 1 位于矿房 1 和 2 之间，因此右侧监测点应力下降幅度大，而左侧则较小；当开采至距离剖面 8m 处，应力下降逐渐平缓，并最终稳定。矿房 3 开采影响较小。该剖面最大主应力数值为 39.405MPa，应力集中系数为 1.53。

图 8-10(b)~(d)为位于矿房内剖面监测点应力变化规律。底部出矿巷道开采之后，在出矿巷道底角及堑沟斜面下端都出现了应力升高，而堑沟斜面上端及矿柱顶角则没有出现较大变化。之后随着回采工作面的推进缓慢上升，当距离小于 4m 时，应力急剧上升。当回采工作面开采至剖面位置处时，堑沟斜面上下两端则出现急剧卸压，并迅速平稳，并出现缓慢应力恢复。应力底部出矿巷道底角及矿柱顶角转移，当回采工作面距离剖面超过 8m 后，应力增长变得缓慢，直至最大值；之后左右两侧监测点应力出现分离，位于矿房 1 左侧矿柱的监测点应力变化不大，平稳下降。而位于右侧的监测点则受到了矿房 2 开采的影响，矿柱 1 顶角及底部结构底角都出现了卸压，而堑沟斜面上端应力则出现了增长。最大应力出现在 $y = 100$ 剖面的出矿巷道底角，为 58.7MPa，应力集中系数为 2.26；卸压后应力最小值为 5.123MPa，位于 $y = 90$ 剖面处堑沟斜面底部，卸压系数达到了 5.03。

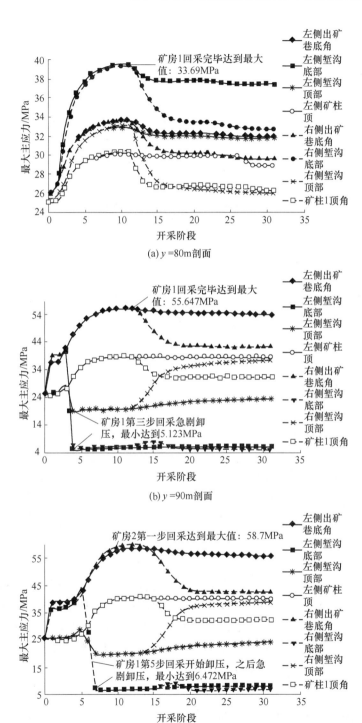

(a) y =80m剖面

(b) y =90m剖面

(c) y =100m剖面

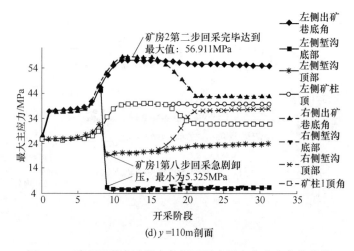

图 8-10 采空区形成过程中各剖面测点最大主应力变化曲线

对于矿房 2 和 3 中的监测点，呈现相似的变化规律，这里不再赘述。图 8-11 为三个矿房开采完毕，围岩内部应力分布的三维透视图及剖面图。

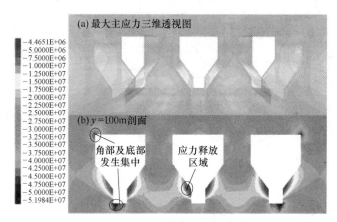

图 8-11 全部开采后顶板及两侧最大主应力

从图中可看出，堑沟出现了大面积的应力释放，在整个开采区域的两侧出现了较严重的应力集中，中间则表现为应力的急剧释放。开采完毕，最终最大值出现在矿房 1 左侧出矿巷到底角处，大小为 58.7MPa，应力集中系数为 2.26；最小值出现在矿房 2 右侧堑沟斜面下端，为 4.894MPa，应力释放系数达 5.265。

8.7.1.3 最小主应力分布规律

图 8-12 为开采完毕后，采空区围岩内部最小应力分布的三维透视图和 $y=$ 90m 处剖面图。由图可知，当全部采空区形成后，在采空区周围形成了大面积的拉应力区，尤其是堑沟部位，位于采空区区域内的矿柱及堑沟应力状况要好于两

侧。针对出现的拉应力区，选取矿柱中间、出矿巷道中间、堑沟中间及顶板中间部位监测点，进行进一步的应力数据分析。图 8-13(a)~(c)为位于采空区内部的三个剖面监测点应力变化曲线。

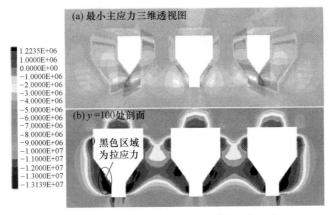

图 8-12　全部开采后顶板及两侧最小主应力

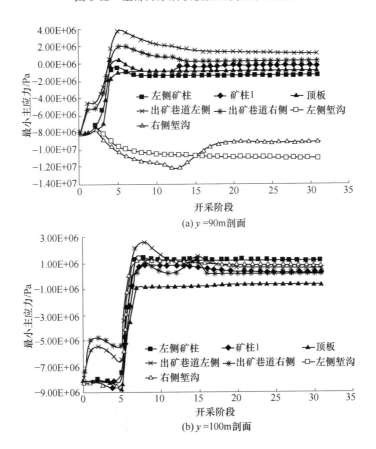

(a) y =90m 剖面

(b) y =100m 剖面

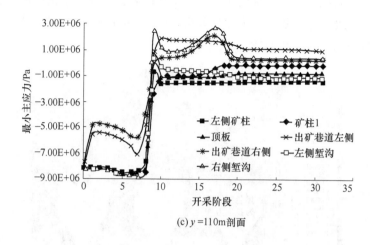

(c) $y=110m$ 剖面

图 8-13　全部开采后顶板及两侧最大主应力

由图可知，当底部出矿巷道开采之后，位于出矿巷到两侧的监测点应力首先出现降低，表现为卸压。实际上，最小主应力越小，对围岩稳定性越不利。当出现正值时，说明出现了拉应力，对围岩十分不利。进入正式开采后，当回采工作面距离剖面大于 4m 时，最小应力值缓慢增加；而当距离小于 4m 后，则开始急剧增加直到出现拉应力。最大拉应力出现在左右两侧底部出矿巷道边壁中央，最大值出现在 $y=90m$ 剖面，达到了 4.05MPa，其次是位于堑沟斜面中间的监测点。由云图可知，堑沟与底部出矿巷到拉应力区出现了重叠，形成了较大区域的拉应力区域。

随着回采工作面的继续推进，最小主应力出现下降，并逐渐趋于稳定。当进行相邻的矿房 2 开采时，位于左侧的监测点变化较小，而位于右侧出矿巷道边壁监测点则再次出现较大增幅，最大值出现在 $y=110m$ 剖面处，最大值为 3.02MPa，之后迅速减小至矿房 1 开采结束后的应力值。在整个变化过程中，回采工作面对剖面的显著影响范围为 +4～−4m，超过该范围，应力变化幅度不大。由于水平应力为主，因此顶板中央的拉应力大小及区域都较小。

三个矿房开采结束后，最终最大拉应力为 1.91MPa，位于矿房 1 左侧底部出矿巷到左侧边壁中央；矿房 3 右侧底部出矿巷为 1.31MPa。

图 8-14 为三个采空区形成后综合剖面图。从图中可以看出，应力具有明显的分区特征，底部出矿巷道中部到堑沟区域为拉应力区，出现了大量拉应力；堑沟斜面及距离顶板 8m 处矿柱为拉压区，拉应力和压应力交错分布，应力复杂；顶板则为近拉应力区，由下至上应力逐渐释放；顶板与矿柱交界处则为压应力区，出现较强的应力集中现象。

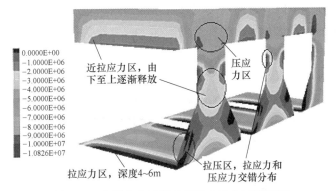

图 8-14 全部采空区形成后最小应力三维剖面

8.7.2 采空区围岩位移场演化规律分析

根据开采特点，确定了大量的位移监测点，如图 8-15 所示。在 y 方向上每隔 2m 布置一组位移监测点，监测采空区全断面的位移变化规律。根据应力分析结果可知，底部结构出矿巷边壁、堑沟斜面、矿柱及顶板中央部位出现卸压现象，将产生较大的位移变形。因此，仍以该 4 个部位作为主要的分析对象。

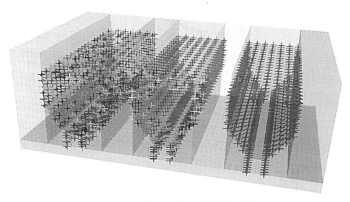

图 8-15 位移监测点布置示意图

图 8-16（a）~（c）所示为矿房 1 中，处于 $y=90$m、100m 和 110m 剖面处，三个部位的位移变化曲线。

由图可知，三个剖面的主要监测点位移呈现了相似的变化规律，底部出矿结构形成后，出矿巷到两侧位移首先出现较大增长。随着回采工作面的推进，堑沟斜面、矿柱及顶板位移在不断增长。当回采工作面距离剖面 4~6m 时，位移开始快速增长，越过剖面之后，增长速率逐渐降低；当距离超过 12m 后，位移缓慢增长，直至矿房 1 开采完毕。此时最大位移出现在 $y=100$m 剖面处右侧堑沟斜面，为 1.038cm，顶板位移为 5.49mm。当进行矿房 2 开采后，位于右侧的监测点都出现了较大幅度的下降，之后持续下降，左侧监测点则继续上升。当三个矿房全部开采完毕之后，最大位移出现在堑沟斜面上，大小为 1.042cm，而右侧监测点则变为 4.76mm，顶板最终位移为 7.76mm。

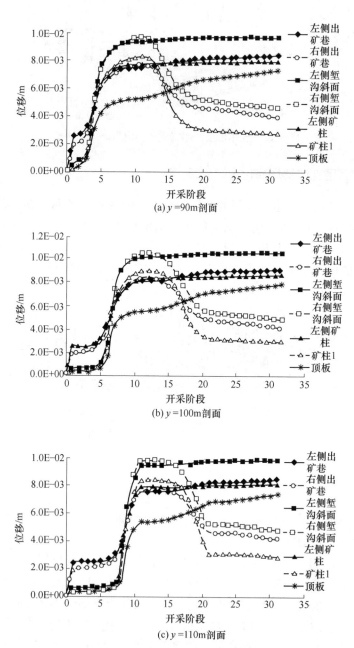

图 8-16　矿房 1 不同剖面监测点位移变化规律

图 8-17 为获取了位移场三维透视图和 $y=100$m 处的剖面云图，图 8-18 为位移场的综合剖面云图。从三维透视图中可以看出，三个采空区构成了一个相互关联的区域，1cm 以上的位移均出现在区域两侧的堑沟斜面上，区域中间的矿柱位移则较小。三个采空区的顶板位移相差不大，方向指向区域中心。

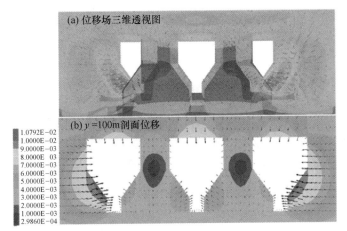

图 8-17　采空区形成后位移云图

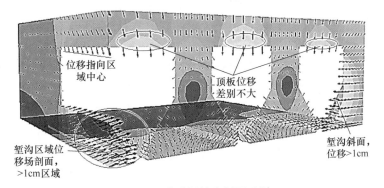

图 8-18　位移场综合剖面云图

从图中得到了各部分 x 向、y 向及高度方向上的位移分布区域，并进行对比分析。由图可知，采空区形成之后，区域两侧要大于顶板区域的位移，与最小主应力反映的规律相同。因此，对于侧压系数大于 1 的区域，边壁及矿柱更易出现破坏。实际上，根据地应力实测资料可知，在相当深度范围内，地应力都将以水平应力为主，因此，地下开采尤其是高阶段开采，应关注高边壁及矿柱的稳定性。

8.7.3　采空区围岩塑性区扩展规律分析

塑性区的分布及大小反映了采空区形成过程中，不同部位围岩的稳定状态的变化。图 8-19 所示为底部出矿巷道形成后，围岩中塑性区分布规律。由图可知，底部出矿巷道的开采，主要影响了堑沟和上部待开采矿房底层围岩，塑性区主要集中在边角位置，此时堑沟塑性区体积为 579.04m³，待开采矿体塑性区体积为 674.87m³，总的塑性区体积为 1253.91m³。

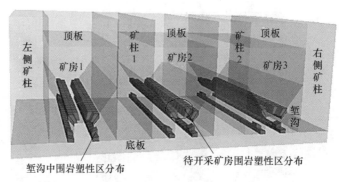

图 8-19 底部出矿巷道形成后围岩塑性区分布

图 8-20(a)~(d)所示为矿房 1 不同开采阶段，围岩塑性区的变化及分布。当进行第一步 4m 长度回采后，暴露出的堑沟斜面和两侧矿柱均出现了塑性区域，厚度为一个单元厚度，即 1m，塑性区体积为均为 30m³。开采空间的前端面、回采工作面及底部出矿巷道前端面出现了塑性区的增加，回采工作面塑性区高度为两个单元高度，即 3m，开采空间及底部出矿巷道前端面在边角处出现少量塑性区。顶板没有出现塑性区。本阶段开采完毕后，堑沟和开采矿体塑性区体积分别为 519.04m³，及 626.36m³，都出现了下降，总的塑性区体积为 1207.31m³，略有下降。

第一步开采由于开采空间较小，没有对围岩造成较大影响，因此新出现的塑性区体积小于开采出的矿体中所包含的塑性区体积，因此出现了下降。当进行第二步开采后（见图 8-20b），各部分的塑性区体积开始出现较大幅度的增长，尤其是堑沟，除了斜面表面的塑性区，内部围岩也开始出现大量塑性区，同时顶板和底板开始出现塑性区。该阶段结束后总的塑性区体积为 1511.31m³，增加了 304m³。开采矿体塑性区体积为 651.63m³，出现增长。

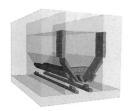 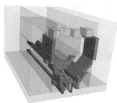 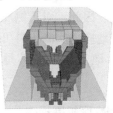 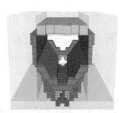

(a) 第一步回采 (b) 第二步回采 (c) 第五步回采 (d) 开采完毕

图 8-20 矿房 1 不同开采阶段围岩塑性区分布

随着开采的进一步进行（见图 8-20c 和 d），围岩塑性区不断增加，至矿房 1 开采结束，总塑性区体积为 5663.75m³，而开采矿体塑性区体积则减小为 564.56m³，主要集中在采空区的前后端面，沿着堑沟斜面分布。其他矿房开采过程中的塑性区变化规律相似，不再赘述。图 8-21 为三个采空区全部形成后塑性区分布图，截止开采结束，塑性区总体积为 13538.95m³。

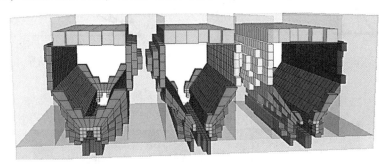

图 8-21 采空区形成后围岩塑性区分布

由图可知，全部采空区形成之后，顶板暴露面基本处于塑性状态，深度为 2.5m。处于采空区区域内的矿柱 1 和矿柱 2 的塑性区体积分别为 1504m³ 及 1346.33m³，远大于左右两侧的矿柱中的塑性区体积，尤其是矿房 1 和矿房 2 中的塑性区，在每个采空区的中间处，矿柱塑性区深度都达到了 3m，总深度达到 6m。在所有区域中，堑沟的塑性区体积最多，为 4835.52m³；其次为顶板，体积为 3845.83m³。

图 8-22(a) 为不同部分塑性区体积随开采阶段的变化曲线图。由图可知，在每个矿房的第一步开采，总的塑性区体积都会出现轻微降低，随后持续增加。开采矿体中的塑性区则随着开采阶段持续降低，最终只出现在前后端面。矿柱中的塑性区只有在与之相邻的矿房开采时才会出现。

图 8-23 为开采结束后塑性区综合剖面对比图。由图可知，开采完毕后，矿柱 1 和矿柱 2 开始出现 X 型共轭剪切破坏，两侧矿柱则主要在边角应力集中处出现了较多的塑性区。堑沟塑性区随矿房长度呈现中间多两头小的规律。

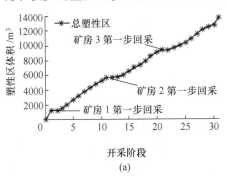

(a)

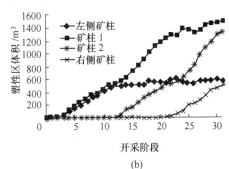

(b)

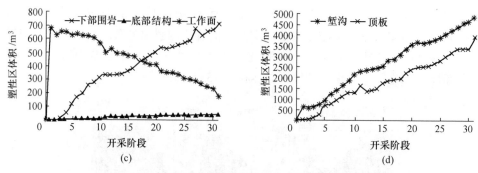

图 8-22 不同部位塑性区体积随开采阶段的变化规律

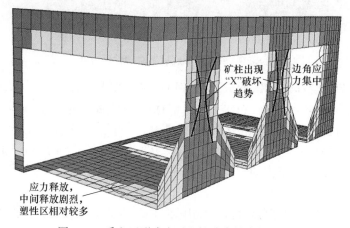

图 8-23 采空区形成之后塑性分布综合剖面图

8.7.4 采空区围岩能量演化规律分析

8.7.4.1 局部能量释放率分布

首先采用 8.6.6 小节中介绍的方法对不同开采步骤围岩局部能量释放率进行分析。图 8-24 为不同开采阶段围岩局部能量释放率（LERE）分布云图，图中数值单位为 J/m^3。为节省篇幅，只给出阶段步骤，图中网格包含区域为塑性区。

由图可知，当底部结构出矿巷到形成之后，顶底板及边角处围岩局部能量释放率较大，而最大值出现在顶板处，为 $2.13×10^4$ J/m^3。当矿房 1 开采完毕后，出矿巷道周边局部能量释放率得到了较大缓解，而采空区左右两侧顶角局部能量释放率出现了较大增长，为 $4.55×10^4$ J/m^3，最大值转移到了底部出矿巷到边角处，增大为 $6.7×10^4$ J/m^3。矿房 2 开采完毕后，局部能量释放率出现了降低，主要是因为矿房 2 的开采，使围岩中集聚的能量得到了较大程度的释放，两个采空区之间的矿柱围岩局部能量释放率出现了较大增长，分布形状呈"X"形，基本

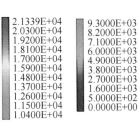
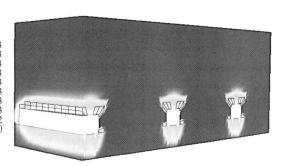

(a) 底部出矿巷道形成后

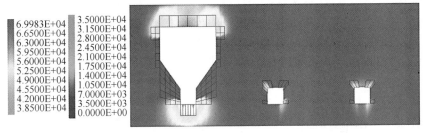

(b) 矿房1开采完毕

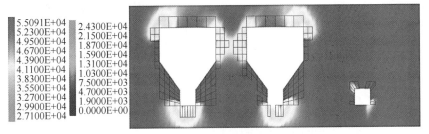

(c) 矿房2开采完毕

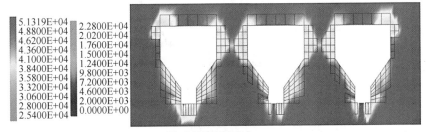

(d) 全部采空区形成

图 8-24 不同开采阶段围岩局部能量释放率（LERE）分布云图

与塑性区的分布规律相同。

    三个采空区全部形成后，围岩能量进一步释放，使局部能量释放率得到了进一步降低，为 5.13×10^4 J/m^3。堑沟区域局部能量释放率出现了较大的增长。实际上，从塑性区分布来看，堑沟区域要远远多于矿柱部分，而局部能量释放率则要小于矿柱部分，说明矿柱的围岩稳定性更差，塑性程度更深。

8.7.4.2　局部弹性释放能分析

图 8-25 所示为采空区形成过程中，总体及主要部位围岩局部弹性释放能随开采步数的变化曲线。

由图可知，区系统总体围岩及其他主要部位围岩的局部弹性释放能随着开采步骤的增加呈现先缓慢后快速的增长规律。当开采矿房 1 时，能量释放较缓慢，增长也较均匀；从矿房 2 开采之后，能量释放出现急剧增加，主要是因为随着开采的进行，采空区跨度及矿柱暴露高度逐渐增加，边界效应开始变得显著，应力集中程度越来越高。矿房 1 的开采使围岩内部集聚了大量的弹性应变，造成后续开采中，局部弹性释放能的显著增加。另外，开采方向与最大主应力垂直，也造成了围岩内部的弹性应变能更容易释放出来。

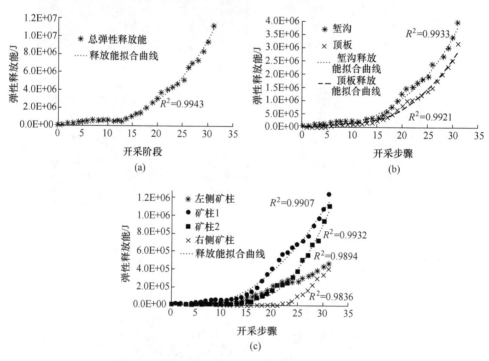

图 8-25　围岩局部弹性释放能随开采步骤变化规律

对主要部位的局部能量释放值序列进行 4 次多项式拟合，则有：

总体：$ERE = -5.04x^4 + 741.31x^3 - 9346.6x^2 + 69373x + 32945$

堑沟区域：$ERE = -1.96x^4 + 242.74x^3 - 2292x^2 + 17506x + 24572$

顶板区域：$ERE = 3.28x^4 - 49.51x^3 + 1533.8x^2 - 2417.7x + 13403$

矿柱 1：$ERE = -1.92x^4 + 130.05x^3 - 1061.6x^2 + 2639.5x + 5964$

矿柱 2: $ERE = 2.96x^4 - 92.93x^3 + 1437.8x^2 - 8698.8x + 9607.3$

8.7.5 基于局部弹性释放能突变的稳定性判别

根据 8.4 节的原理，分别计算各项系数 a_i 及控制变量 u 和 v，进而计算得到判别值，计算结果如表 8-3 所示。

表 8-3 采空区不同部位尖点突变判别值

部 位	a_1	a_2	a_3	a_4	u	v	Δ
总 体	69373	-18693.2	4447.86	-120.96	-352.509	-3947.15	7E+07
堑 沟	17506	-4584	1456.44	-47.04	-262.037	-2573.66	3.5E+07
顶 板	-2417.7	3067.6	-297.06	78.72	33.6284	36.09647	339414
矿柱 1	2639.5	-2123.2	780.3	-46.08	-61.4536	-274.118	172137
矿柱 2	-8698.8	2875.6	-557.58	71.04	17.37713	-24.0345	57574.9

由表可知，三个采空区形成之后，最终的尖点突变判别值都大于 0，因此最终采空区系统处于相对稳定状态。

分别来看，矿柱 2 判别值最小，说明矿柱 2 稳定性相对最差，其次为矿柱 1 和顶板。堑沟虽然塑性区较多，但稳定性却相对最好，这与局部能量释放率显示的规律相同。图 8-26 所示为主要部位单位体积局部能量释放率。对比柱状图，从图中可以看出，矿柱 2 的单位体积的局部释放量最大，说明内部围岩塑性程度最深，造成了稳定性最大。

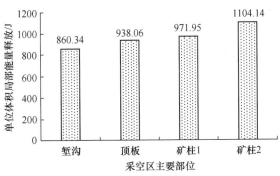

图 8-26 开采结束后 $y=100m$ 处剖面能量分布图

为进一步分析围岩能量分布情况，选取了开采结束后，$y=100m$ 剖面能量分布云图，如图 8-27 所示。

由图可知，开采结束后，采空区围岩内能量分布呈现了明显的分区现象。在整个开采区域上方及堑沟区域出现了大面积的能量释放现象，并向采空区顶板、底板及矿柱转移，最终在矿柱 1、矿柱 2 和底板处出现能量集中区，而在顶板区域则出现了能量集中与释放的混合区。

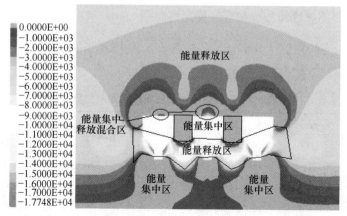

图 8-27   开采结束后 $y = 100\text{m}$ 处剖面能量分布云图

由上述能量分析可知，采空区形成过程中，围岩局部能量释放率与围岩塑性区分布有较高的吻合度，说明采用该指标可有效表征采空区形成过程中围岩稳定状态的变化。由上述分析可知，能量释放多的部位不一定是最危险的，而是要综合考虑在回采过程中能量的变化过程。局部能量释放指标包含了开采过程中能量的集聚、耗散及释放过程，并考虑了开采的卸荷作用，因此，尤其适合深部开采过程中，围岩的稳定机制的研究。

8.8   本章小结

本章在室内岩石卸荷力学实验研究的基础上，以程潮铁矿为工程背景，采用 FLAC3D 数值模拟软件，建立了深部嗣后充填法采空区卸荷失稳分析模型；结合传统分析指标（应力、位移及塑性区）和能量指标（局部能量释放率及能量释放量）对采空区围岩的应力场、位移场、塑性区分布、局部能量释放分布及能量释放量进行了分析研究；并基于尖点突变理论建立了围岩能量失稳准则，得到了深部采空区能量失稳准则。研究结论如下：

（1）深部采空区在形成过程中，是一个复杂的应力过程，既有加载也有卸载，一般表现为切向加载、径向卸载。由室内力学试验可知，卸荷造成了岩石强度的降低，因此进行卸荷模拟时，应充分考虑到强度的变化，选择目前较常用的非线性强度准则 Drucker-Prager 准则，作为数值模拟的准则。

（2）对围岩能量释放规律进行了详细阐述，引入了局部能量释放率。该指标可以较好地反映围岩在不同的应力状态下，能量释放的复杂情况，可以考虑能量释放、转移及耗散等动态过程。基于尖点突变理论得到了采空区失稳局部能量突变准则：当判别式值小于 0 时，采空区失稳；反之，采空区稳定。

（3）根据程潮铁矿实际情况，建立了开采数值模型，以剪应变为标准划分卸荷区边界，0.0001是开采扰动区的临界值，0.0002则为卸荷影响区的临界值。根据结果将开采后的卸荷影响区临界应变分为两部分，分别赋予不同的力学参数，通过编制程序，实现卸荷数值计算模型的构建。

（4）根据深部采空区围岩失稳的特点，选取了弹性释放能、局部能量释放率、塑性破坏区分布、位移场及应力场作为分析指标，可全面反映深部采空区围岩的稳定状况。

（5）应力分析表明，开采过程中，在采空区的边角位置容易出现应力集中，在边壁中央及顶板则易出现应力释放。回采工作面距离监测点小于4m时，最大主应力及最小主应力都出现了较剧烈的变化；而大于4m之后，则开始变得平缓。开采结束后，在堑沟区域出现了较多的拉应力区。

（6）位移场分析表明，采空区形成之后，区域两侧的位移要大于顶板区域，与最小主应力反映的规律相同。实际上，根据地应力实测资料可知，在相当深度范围内，地应力都将以水平应力为主，因此，地下开采，尤其是高阶段开采，应关注高边壁及矿柱的稳定性。

（7）塑性区分布分析表明，塑性区总体积为13538.95m³。矿柱1和矿柱2开始出现X型共轭剪切破坏，两侧矿柱则主要在边角应力集中处出现了较多的塑性区。堑沟塑性区随矿房长度呈现中间多两头小的规律。

（8）局部能量释放率分析可知，矿柱的围岩稳定性更差。而从塑性区分布来看，堑沟区域要远远多于矿柱部分，说明矿柱围岩塑性程度更深。采空区系统总体围岩及其他主要部位围岩的局部弹性释放能随着开采步骤的增加呈现先缓慢后快速的增长规律。当开采矿房1时，能量释放较缓慢，增长也较均匀。从矿房2开采之后，能量释放出现急剧增加。主要是因为随着开采的进行，采空区跨度及矿柱暴露高度逐渐增加，边界效应开始变得显著，应力集中程度越来越高，矿房1的开采使围岩内部集聚了大量的弹性应变，造成了后续开采中，局部弹性释放能的显著增加。另外，开采方向与最大主应力垂直，也造成了围岩内部的弹性应变能更容易释放出来。

（9）基于尖点突变理论的能量失稳判据可知，矿柱2稳定性相对最差，其次为矿柱1和顶板。堑沟虽然塑性区较多，但稳定性却相对最好，这与局部能量释放率显示的规律相同。

（10）塑性区体积最多的部位不一定是最危险的，而是要综合考虑在回采过程中能量的变化过程。局部能量释放指标包含了开采过程中能量的集聚、耗散及释放过程，并考虑了开采的卸荷作用，因此尤其适合深部开采过程中围岩稳定机制的研究。

9 基于能量链式效应机理的采空区稳定性控制技术

9.1 引言

前述章节研究表明，采空区形成时，伴随着能量流动与转换，当能量集聚程度超过围岩的承载能力，就会发生能量的释放，进而引起采空区的失稳。因此，采空区的失稳灾变实际上是能量局部释放引起局部失稳最终整体破坏的过程，是一种能量变化过程，并且与采空区赋存环境中的物质进行着能量的交换，具有明显的链式特征。

本章在前述章节的基础之上，提出能量链的概念，对深部采空区失稳灾变过程中能量的集聚与耗散进行研究，得到失稳灾变的能量链式效应机理，在此基础上进行采空区稳定性的控制研究。

9.2 采空区失稳灾变链式特性

矿山开采是一个包含各种复杂子系统的巨系统，各个子系统之间相互作用，相互影响，构成一个相互联系的链式系统。采空区的形成过程是一个动态的、开放的过程，并且不断与周围的环境进行着能量的交换，直到最终失稳灾变。采空区的失稳灾变并不是独立发生的，而是多个系统变化相互耦合、能量相互交换的结果。

9.2.1 采空区系统基本特点

从结构角度讲，单体采空区是由顶板和矿柱组成，并赋存在复杂环境中的特殊"构筑物"。采空区长期受到赋存环境的影响，概括来说采空区赋存环境是应力场、渗流场及温度场等物理场的叠加，每一个场的参数发生变化都会引起采空区状态的响应，进而反馈到赋存环境中。这个过程伴随着物质和能量的交换，直到采空区结构的失稳，两者构成了动态的、开放的复杂灾害系统。采空区系统如图 9-1 所示。

由图可知，采空区系统具有自然灾害系统的典型结构特征。未进行开采前，整个系统处于相对稳定状态，环境与各系统之间的物质、能量及信息的交流处于

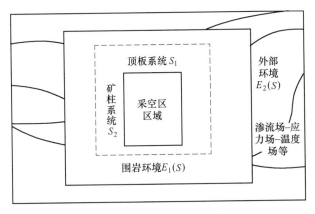

图 9-1 采空区系统示意图

相对平衡。采空区区域状态发生改变后，首先是围岩环境 $E_1(S)$ 受到扰动，状态发生改变，一方面反馈回采空区的顶板及矿柱，一方面传递到外部环境 $E_2(S)$，引起更大范围的状态响应与反馈，直到再次达到相对平衡。从微细观角度来说，采空区系统及围岩环境是充满不同尺度岩块、节理裂隙及孔隙通道的复合岩体系统，节理裂隙的状态决定了整个系统的稳定状态。各个系统和环境之间的物质和能量则是以系统内的岩石颗粒、水及气体为载体进行传递与交换。

由上述分析可知，采空区系统的变化及最终的失稳灾变具有明显的链式特性。

9.2.2 采空区失稳灾变链式特征

由前述分析可知，采空区的失稳灾变是系统本身不断寻求相对平衡的过程，当采空区系统受到扰动后，并不会立刻发生破坏，而是内部进行状态的响应与调整，直到再次达到新的平衡。当扰动再次出现时，系统会重复相同的过程，直到应力集中程度超过系统承载能力。因此，总体来看，采空区的失稳灾变是一个周期循环的过程，即具有周期性特点。

从采空区结构可知，采空区的失稳灾变主要体现在矿柱和顶板的破坏。在深部矿山环境中，矿柱的破坏主要表现为非脆性破坏。图 9-2 为完整（不考虑内部结构）矿柱的非脆性破坏过程示意图。

由图可知，深部完整矿柱的破坏是从表面开始逐渐向内部发展，当矿柱核心部位发生破坏，则整个矿柱失效。存在节理等构造时，则表现出不同的破坏形式，当节理面与矿柱呈 45°及以上角度相交时，往往发生沿节理面的剪切破坏；当节理面沿矿柱发育时，一般发生矿柱的劈裂或横向挠曲破坏。对于顶板，根据结构面的分布和厚度，破坏形式主要表现为张拉破坏、剪切破坏及冒落破坏。

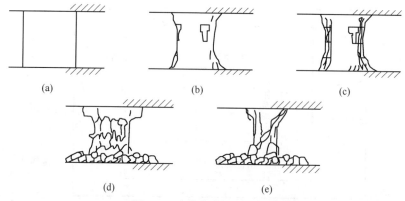

图 9-2 矿柱非脆性破坏演化模式

矿柱系统和顶板系统的破坏具有不同的触发条件和变化链条，两者相互独立又相互串联，造成了采空区的失稳。

由采空区系统分析可知，采空区的失稳灾变并不是由单一因素造成的，而是多种因素综合作用下的过程。这些影响因素层次明显、逐级汇合，数量随着分支的汇合而减少，但应力聚集程度急剧增加，最终导致采空区的失稳破坏。

综上所述，采空区破坏是一个复杂的非线性过程，现有的任何单一的灾害链都不能完整地描述采空区的失稳灾变过程。综合各种分析，绘制了采空区失稳灾变的链式类型，如图 9-3 所示。

9.2.3 采空区失稳灾变链演化过程与规律

采空区失稳灾变链式特点表明，采空区的失稳是由一系列的连锁反应引起，直观表现在矿柱和顶板的破坏。两者的破坏在空间和时间上相互作用、相互影响。根据顶板及矿柱的受力特点，采空区灾害划分为三个阶段：

（1）早期相对稳定阶段。采空区形成之初，由于应力状态的变化，顶板失去支撑，出现应力释放并产生下沉变形，在顶板上方出现应力平衡拱，使应力转移到两侧的矿柱，形成应力的集中。由于此时顶板和矿柱围岩状况较好，两者保持较长时间的相对稳定。该阶段内，应力及能量不断孕育、集聚。

（2）中期蠕变阶段。在深部高应力作用下，矿柱和顶板会发生缓慢蠕变，顶板逐渐的下沉，该阶段的蠕变分为三个时期，分别为减速蠕变、等速蠕变及加速蠕变。顶板在下沉过程中，表层裂隙扩展并出现局部冒落，使应力平衡拱不断上移，应力持续向两侧矿柱转移，矿柱的表层开始出现破坏，内部裂纹扩展，但仍具有承载力。这个阶段中，应力及能量进一步集聚。

（3）晚期诱发失稳阶段。矿柱和顶板的蠕变进入失稳状态，当内部裂纹扩展至贯通后，开始出现破坏；当破坏直核部承载区后，矿柱失稳，不再承担顶板

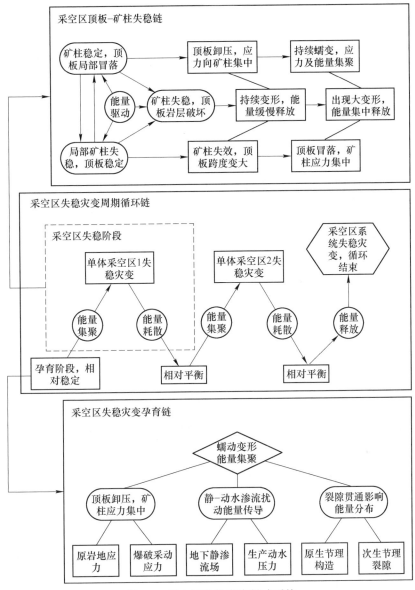

图 9-3 采空区失稳灾变链式系统

荷载。顶板失去支撑后，出现失稳，发生冒落。此过程一般持续时间较短，当新的应力拱形成后，荷载就会转移到周围的矿柱上，从而进入相邻采空区失稳的过程。若采空区失稳后，若内部节理裂隙的扩展未与地表贯通，空区能够重新保持稳定。上述过程对应的单一采空区顶板和矿柱应力的随时间演化规律如图 9-4 所示。

由上述分析可知，对于大面积采空区群，不断重复单一采空区的失稳灾变过程，变形具有明显的非线性特征并始终伴随着能量的集聚与耗散，变形与能量随时间演化规律如图 9-5 所示。

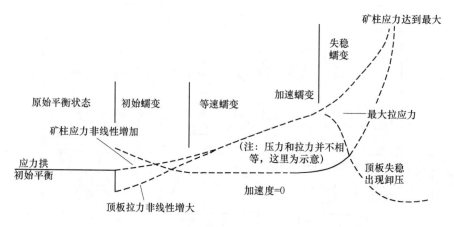

图 9-4 采空区失稳的时间演化规律图

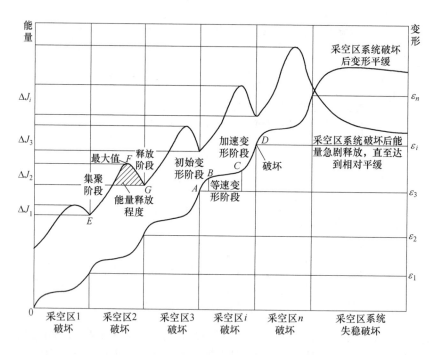

图 9-5 变形与能量随时间演化规律示意图

由图可知，采空区再失稳灾变的过程中，能量呈现"一涨一落"波浪式的增加，每个阶段的能量随着应力的增加和变形的增大而出现集聚。当采空区破坏后，变形急剧增大，能量开始释放，直至平衡。每个阶段呈现相似的变化规律，但随着单个采空区的不断破坏，能量集聚的速率和最终的值呈逐级递增，能量释放也越来越剧烈。变形也呈现了相似的发展规律，这里不再赘述。

综上所述，采空区系统在破坏过程中，每个阶段系统内的应力、位移及能量流动规律见表 9-1。

表 9-1 采空区失稳灾变链各阶段状态

不同阶段动态差异	阶 段 划 分		
	早期相对稳定阶段	中期蠕变阶段	晚期诱发失稳阶段
应力集中和能量集聚	孕育阶段，应力与能量不断集聚	应力进一步积累，能量耗散转换，出现蠕变形	能量和应力积聚到一定程度，数值达到临界
形变位移	变形很小或没有	开始微小缓慢，后面逐渐变快	变形迅速增大，包括拉应变和剪应变
内部节理裂隙	矿柱内部裂隙被压实闭合	内部裂缝出现并向内部扩展	矿柱裂缝贯通，核部承载部位破裂，顶板失稳
采空区稳定状态	相对稳定状态	趋向稳定临界	失稳
持续时间	持续时间最长	持续较长时间	短暂或瞬时
应力状态	没有积累较大应力	部分积累单元的应力超过最大承载应力	应力进一步积累，当达到临界值时，突变发生

9.3 采空区失稳灾变能量链式效应机理

采空区失稳灾变链式特征表明，采空区失稳过程中，始终伴随着能量的输入、集聚、耗散与释放。采空区的失稳宏观上主要表现为围岩的破坏。室内岩石力学试验表明，岩石破坏过程中始终伴随着能量的复杂演化，能量是岩石破坏的本质原因。因此，能量是采空区失稳灾变链运行的根本驱动力，采空区系统能量的输入、集聚、耗散及释放等过程，构成了能量链式效应。

9.3.1 采空区周围岩体能量分析

采空区结构由岩体构成，因此围岩是系统中能量链流动的主要载体，也是影响采空区稳定性的基本因素，围岩内的能量转换是造成采空区失稳的根本原因。根据采空区系统赋存的环境，围岩能量链中主要包含三种类型，即应力场能量 J_σ、渗流场能量 J_w 及温度场能量 J_T。三者相互影响，其中 J_w 及 J_T 通过影响 J_σ 来影响采空区系统的稳定状态。

根据采空区失稳过程中，围岩的变形过程，一般包含以下能量：爆破震动能

量 J_B，势能 J_P，热能 J_H，表面能 J_Ω 及辐射能 J_m 等。在采空区系统状态发生变化的过程中，这几种能量相互影响、转换，构成了围岩中的能量链。它们之间存在复杂的非线性函数关系，即：

$$J = f(J_B, J_P, J_H, J_\Omega, J_m) \tag{9-1}$$

9.3.2 围岩能量链式效应耗散结构理论分析

根据采空区系统内的主要能量种类，失稳灾变过程中能量链式演化如图 9-6 所示。

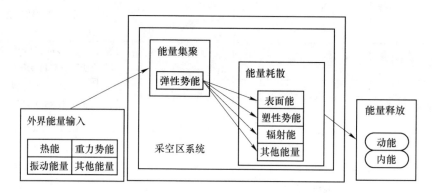

图 9-6 采空区失稳灾变能量链式演化示意图

由图可知，采空区系统的能量链分为四个阶段，而采空区系统内能量的集聚与耗散主要以围岩为载体，并且与围岩的形变息息相关。根据岩石变形机制的不同，主要分为应变硬化和应变软化。应变硬化主要发生在弹性变形阶段，是岩石抵抗外力的性能，造成了能量的集聚；而应变软化则发生在弹性变形阶段之后，岩石会持续地发生蠕变变形，使集聚的能量向其他形式转变，发生能量的耗散，直到最终释放。

由采空区失稳灾变链式特征分析可知，采空区系统具有以下特点：

（1）采空区系统并不是一个孤立系统，而是不断与赋存环境进行着能量交换，是开放的系统。

（2）采空区系统内部充满了节理裂隙，在未受到扰动时，处于一种动态的无序状态。进行开采后，随着外部能量的不断输入和转换，内部裂隙不断扩展、贯通并萌生新的裂隙。当能量集聚超过围岩的承载能力后，裂隙将自发地沿着最大主应力的方向扩展，直至贯通，发生失稳灾变。这是一种自组织的、有序性运动。

（3）采空区的失稳灾变总是发生在远离相对平衡状态，通过不断与外界进行能量交换，当达到一定阈值后，系统发生突变。

（4）由于能量的演化流动是复杂的非线性的过程，因此失稳灾变的过程中，系统内各组成部分的响应及反馈都是非线性的。

由上述分析可知, 采空区系统失稳过程表现为耗散结构的特征。根据耗散结构理论, 采空区系统状态的有序化是内部能量耗散及非线性响应机制驱动的结果, 这个过程需要不断地有外界能量输入, 使系统内某一状态量不断涨落演化。当达到临界值后, 就会发生系统状态的突变, 从无序逐渐向有序发展, 直到达到新的相对稳定状态。采空区系统能量链耗散结构流程如图 9-7 所示。

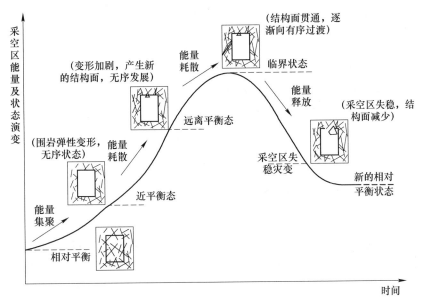

图 9-7　能量链式效应耗散结构流程示意图

由图可知, 当未进行开采时, 采空区系统与周围环境处于平衡状态。由于采空区系统属于开放的系统, 始终与周围环境进行着能量的交流, 因此属于相对平衡状态, 是原理绝对平衡状态的一种相对稳定态, 内部各子系统处于无序状态。

当开采进行后, 子系统状态发生改变, 围岩开始发生变形, 由于应变硬化机制, 使外部能量输入主要积聚在围岩中, 形成弹性势能。此时系统偏离相对平衡不远, 属于近平衡态。

随着外部能量的持续输入, 采空区系统状态逐渐变为远离平衡态, 围岩变形加剧, 并产生新的结构面, 弹性势能向其他能量转换, 出现应变软化现象, 发生能量的耗散。此时, 子系统状态进一步发生改变, 对于围岩则表现为节理裂隙的萌生、扩展及贯通。由于岩石的蠕变特性, 即使外界没有后续能量输入, 也会出现变形的增加, 节理裂隙的扩展及贯通并不是无序状态, 而是沿着应力及能量最大方向有序地进行, 具有自组织性。

随着能量耗散的持续进行, 系统逐渐接近临界状态, 对于围岩, 则表现为应力达到围岩极限承载能力或节理裂隙的完全贯通。此时系统处于高度敏感状态,即使微小的变化都会引起能量的大量释放，最终造成采空区的失稳灾变。

当采空区系统发生失稳之后，由于能量的集中释放，各子系统逐渐由临界状态回落，对于围岩，则表现为应力释放后的逐渐稳定或节理裂隙贯通破裂后的重新稳定。系统内各参量逐渐从有序发展转变为无序状态，采空区系统进入新的相对平衡阶段。

由上述分析可知，采空区在失稳灾变过程中，能量链的演化表现了典型的涨落式发展，使采空区系统从相对稳定状态向非稳定状态发展，并随着能量的释放进入新的稳定状态。对于围岩，这种涨落式的发展则表现为内部节理裂隙的演化发展，在能量的驱动下达到临界状态，最终导致采空区失稳。

由采空区失稳灾变能量链式效应的耗散结构描述可知，围岩应力状态的变化只是系统内能量集聚、耗散及释放的外在表现之一，因此，应力不是采空区失稳灾变的根本因素，采空区的失稳取决于系统内部能量的集聚及耗散造成的涨落是否，造成了子系统的状态从无序向有序进行。

9.3.3 采空区能量链式演化规律

采空区失稳灾变是能量链式驱动的结果，能量链流动演化具有复杂而明显的规律，应从多角度进行综合分析。从演化过程看，其具有明显的方向性，即受到时间之矢的支配，能量的流动具有可逆与不可逆的对立统一性；从能量链式演化成因看，它不断与采空区系统环境进行着反馈和响应，受到外部环境的影响，并受系统内部因素的影响，具有线性与非线性、自组织与他组织的协同性；从演化载体和形式来看，则表现为多种复杂形式的过程，主要包括载体状态演化、能量数量演化及时空演化。图9-8为能量链式效应演化规律框图。

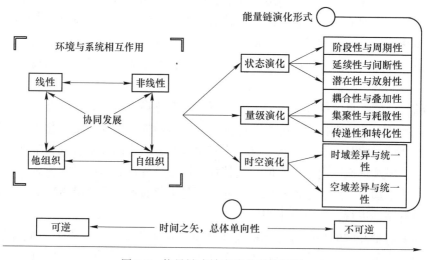

图 9-8 能量链式效应演化规律框图

9.3.3.1 能量链的载体状态演化

状态演化反映了系统内部状态及载体的演化规律，具有阶段性和周期性、延续性和间断性、潜在性和放射性。通过分析可知，采空区失稳灾变过程中，能量链式演化具有明显的阶段性，包含了能量的输入、集聚、耗散及释放。同时，这四个阶段在采用去失稳之前是不断重复出现的，即具有周期性。延续性反映了能量链式效应客观存在性，在整个过程中始终与周围环境进行着能量的交流、响应和反馈等，使采空区系统始终发生着变化，对于围岩则表现为内部节理裂隙始终在不断的萌生、扩展直至贯通。当能量的耗散不足以形成新的能量面时，围岩结构面的扩展会表现出短暂的"停顿"；但当能量集聚与耗散达到临界值后，系统会产生瞬时响应。潜存性和放射性则反映了能量状态的转化形态，能量输入后首先会以一定的形式"储存"在采空区系统内，对于围岩，则以弹性势能的形式进行集聚，当超过围岩的弹性承载能力，则会向其他形式能量转换。转换并不是单一模式，而是同时向多个方向，具有放射性。

9.3.3.2 能量链的能量数量演化

量级演化反映了能量在数量上的变化特性。耦合性和叠加性反映了能量的集聚规律，耦合性主要反映了各种能量之间的相互作用规律，是非线性的；而叠加性则是相同种类能量之间的相加，一般为线性。集聚性和离散型反映了能量量级的流动特性，集聚性反映了系统内初始状态改变前的能量的逐渐增加，如围岩丧失弹性承载力之前外部能量逐渐积聚为弹性势能；离散性则反映了初始状态改变后，能量转换的扩散作用，如围岩丧失弹性承载力后，弹性势能耗散为表面能、塑性能及表面辐射能等。传递性和转化性是系统内部能量流动最基本的特性，但是能量之间的传递和转化并不完全彻底，而是存在一个小于1的比例系数，且总是从利用率高的能量向利用率低的能量传递和转化。

9.3.3.3 能量链的时空演化

时空演化规律反映了能量变化的差异性和统一性。由于采空区系统时时刻刻与外界进行着能量的交流，因此系统内任意时刻、任意空间位置的状态都是互不相同的，对应的能量演化状态也不相同，在时域和空域上具有差异性。同时，虽然任意时刻的能量数值不同，但是演化的规律在时空上具有高度的统一性。

9.4 能量链式演化数学模型

由前述分析可知，采空区失稳灾变能量链式过程中，不同形式的能量之间发生了复杂的传递及转换过程。这里基于系统理论对采空区系统内多形式能量链式演化进行准确表述并建立数学模型。

9.4.1 能量链式关系结构分析

根据采空区失稳灾变过程中，能量演化特点，能量链式结构可分为外界产生能量 $U_E(t)$，系统内初始能量状态 U_{in}，系统内响应状态为 $U_z(t)$，采空区失稳之后向外界释放的能量为 $U_H(t)$，如图 9-9 所示。

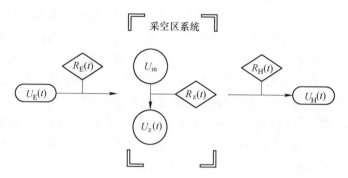

图 9-9 采空区系统能量链式结构图

$R_E(t)$ —能量输入效率因子；$R_z(t)$ —系统内部能量转化因子；$R_H(t)$ —能量输出效率因子

当外界输入能量后，系统内初始能量发生变化，因此，$U_z(t)$ 为外界能量 $U_E(t)$ 和初始状态 U_{in} 的函数，即：

$$U_z(t) = f_z(U_E(t)R_E(t), \ U_{in}R_z(t), \ t) \tag{9-2}$$

采空区失稳后，能量释放与内部能量状态及释放效率因子有关，即：

$$U_H(t) = f_H(U_{in}R_z(t), \ U_z(t)R_H(t), \ t) \tag{9-3}$$

每个子系统初始能量状态的向量表达式为：

$$U_{in} = [u_{in1}, \ u_{in2}, \ u_{in3}, \ \cdots, \ u_{inn}] \tag{9-4}$$

能量输入后，对应的响应状态向量表达式为：

$$U_z(t) = [u_{z1}(t), \ u_{z2}(t), \ u_{z3}(t), \ \cdots, \ u_{zn}(t)] \tag{9-5}$$

则任意两个对应的能量状态之间必然存在以下关系：

$$f(u_{ini}, \ R_{zi}(t), \ u_{zi}(t)) = 0 \tag{9-6}$$

两者结构关系如图 9-10 所示。

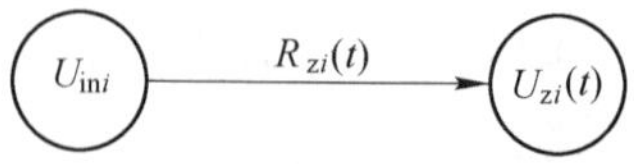

设两者之间的作用路径为 $S(i, j)$，则采空区系统失稳的路径为：

$$D = \max\{S(i, j)\} \tag{9-7}$$

图 9-10 任意子系统初始能量状态与响应状态结构图

上式反映了系统内部能量变化的整体结构范围，也说明能量的转化和耗散需要一定的时间才能完成，设任意两者的能量转化速率为 $v_{ij}(t)$，则有：

$$\int_0^t v_{ij}(t)\,\mathrm{d}t = D \tag{9-8}$$

式中，t 为采空区失稳灾变的滞后时间。

9.4.2 能量链式效应演化的数学模型

采空区系统为开放性系统，某时刻系统内的能量与外部环境能量交流遵循能量守恒定律，设采空区失稳前，某时刻系统内部能量状态为 $U(t)$，则由前述分析可知，内部能量分为外界产生能量、系统内部转换能量，并且与能量输入因子及能量转化因子有关，则有：

$$U(t) = (U_E(t),\ U_{in})\,(R_E(t),\ R_z(t))^T = U_E(t)R_E(t) + U_{in}R_z(t) \quad (9\text{-}9)$$

内部由于能量转化而耗散的能量为：

$$U_D(t) = U(t)(1 - R_z(t)) \quad (9\text{-}10)$$

即能量耗散因子为 $R_D(t) = 1 - R_z(t)$。

采空区失稳时，向外界释放能量，输出能量为：

$$U_H(t) = U(t)R_H(t) \quad (9\text{-}11)$$

由上式可知，系统失稳的时候向外释放的能量总是小于系统积累能量。当 $R_E(t) = R_z(t) = 0$ 时，采空区系统处于相对平衡状态。当 $U_E(t)R_E(t) > U_D(t)$ 时，系统能量处于能量不断增加，处于上升阶段。随着系统的不断演进，当 $U_E(t)R_E(t) = U_D(t)$ 时，达到临界状态。

9.4.3 采空区失稳灾变能量链式启动判据

对于大多数采空区系统，能量可分为三类，即应力场能量 U_S，渗流场能量 U_W，温度场 U_T 因此可利用三个状态量进行表述，作为系统的 3 个预测值。

由文献研究结果即可求得：

$$\frac{dU_S}{dt} = a_1U_S + a_2U_W + a_3U_T + a_4U_S^2 + a_5U_W^2 + a_6U_T^2 + a_7U_SU_W + a_8U_SU_T + a_9U_TU_W$$

$$\frac{dU_W}{dt} = b_1U_S + b_2U_W + b_3U_T + b_4U_S^2 + b_5U_W^2 + b_6U_T^2 + b_7U_SU_W + b_8U_SU_T + b_9U_TU_W$$

$$\frac{dU_T}{dt} = c_1U_S + c_2U_W + c_3U_T + c_4U_S^2 + c_5U_W^2 + c_6U_T^2 + c_7U_SU_W + c_8U_SU_T + c_9U_TU_W$$

由 Runge-Kutta 法，进行数值积分求解，可得 Jacobi 矩阵 I 为：

$$I = \begin{pmatrix} \dfrac{\partial U_S'}{\partial U_S} & \dfrac{\partial U_S'}{\partial U_W} & \dfrac{\partial U_S'}{\partial U_T} \\[3mm] \dfrac{\partial U_W'}{\partial U_S} & \dfrac{\partial U_W'}{\partial U_W} & \dfrac{\partial U_W'}{\partial U_T} \\[3mm] \dfrac{\partial U_T'}{\partial U_S} & \dfrac{\partial U_T'}{\partial U_W} & \dfrac{\partial U_T'}{\partial U_T} \end{pmatrix} \quad (9\text{-}12)$$

式中，$U'_S = \dfrac{dU_S}{dt}$，$U'_W = \dfrac{dU_W}{dt}$，$U'_T = \dfrac{dU_T}{dt}$。则上述矩阵的特征多项式为：

$$\eta^3 + A\eta^2 + B\eta + C = 0 \tag{9-13}$$

由式（9-28）和式（9-29）求得：

$$A = -\frac{\partial U'_S}{\partial U_S} - \frac{\partial U'_W}{\partial U_W} - \frac{\partial U'_T}{\partial U_T}$$

$$B = \frac{\partial U'_S}{\partial U_S}\frac{\partial U'_W}{\partial U_W} + \frac{\partial U'_S}{\partial U_S}\frac{\partial U'_T}{\partial U_T} + \frac{\partial U'_T}{\partial U_T}\frac{\partial U'_W}{\partial U_W} - \frac{\partial U'_S}{\partial U_W}\frac{\partial U'_W}{\partial U_S} - \frac{\partial U'_S}{\partial U_T}\frac{\partial U'_T}{\partial U_S} - \frac{\partial U'_T}{\partial U_W}\frac{\partial U'_W}{\partial U_T}$$

$$C = \frac{\partial U'_S}{\partial U_S}\frac{\partial U'_W}{\partial U_T}\frac{\partial U'_T}{\partial U_W} + \frac{\partial U'_S}{\partial U_W}\frac{\partial U'_W}{\partial U_S}\frac{\partial U'_T}{\partial U_T} + \frac{\partial U'_S}{\partial U_T}\frac{\partial U'_W}{\partial U_W}\frac{\partial U'_T}{\partial U_S} - \frac{\partial U'_S}{\partial U_S}\frac{\partial U'_W}{\partial U_W}\frac{\partial U'_T}{\partial U_T} - \frac{\partial U'_S}{\partial U_W}\frac{\partial U'_W}{\partial U_T}\frac{\partial U'_T}{\partial U_S} - \frac{\partial U'_S}{\partial U_T}\frac{\partial U'_W}{\partial U_S}\frac{\partial U'_T}{\partial U_W}$$

由动力学系统稳定理论可知，当满足如下条件时，采空区系统可保持稳定：

$$(A > 0) \cup (C > 0) \cup (AB > C) \tag{9-14}$$

当不能满足上述条件时，采空区系统开始进入不稳定状态，并进入能量的释放阶段。

9.5　基于能量链式效应的采空区稳定性控制

由上述章节分析可知，采空区并不孤立存在，而是与其赋存环境构成了开放系统，采空区的失稳灾变具有明显的链式特性，而在此过程中，能量是采空区失稳的本质驱动力，同样具有链式演化特征。针对能量演化不同阶段的特征，在此提出能量链断链控制理论与方法。

9.5.1　采空区失稳灾变能量链断链控制机制

能量链断链控制，是根据能量演化的阶段与特征，将采空区的失稳灾变控制在初期或将能量释放的时间推迟，以采取其他控制措施。断链控制从采空区失稳灾变的根本驱动力出发，是最为有效的控制方式。

9.5.1.1　实施能量链断链控制的前提

第一，要确定能量链演化发展的阶段及分布区域。根据系统内能量的变化，能量链一般包括能量输入、能量集聚、能量耗散及能量释放四个阶段，每个演化阶段中，能量都具有特定的特征。每个阶段并不是独立发生，而是多个阶段同时发生。实际上，采空区在整个寿命周期内，不断有能量的输入，只是在不同的阶段起到主导作用，可通过现场监测、测试等手段确定能量的演化阶段。对于采空区系统，围岩子系统为主要的能量演化载体，能量变化主要通过围岩的应力应变及节理裂隙的扩展情况表现，因此可通过监测围岩应力和结构面情况，对所处阶段进行判断。

第二，确定每个阶段能量演化的原因及演化规律。任意两个采空区系统都是不同的，因此相同阶段的能量演化也是不同的，比如输入能量的种类，采空区形成前期，能量主要来源于爆破震动引起的动能、化学能及热能等；而采空区形成后，能量的输入则主要来源于原岩应力场及渗流等。相同阶段的不同时期的能量演化也各不相同，如能量耗散阶段初期，集聚的能量主要转换为塑性能；随着内部节理裂隙的不断扩展，越来越多的能量转化为表面能，并出现辐射能。确定能量转换的特点及规律是确定断链措施的关键。

第三，根据采空区系统所处阶段及能量演化特点，制定对应的断链措施。

9.5.1.2 能量链断链控制的基本框架

综合采空区失稳灾变能量链式效应的规律，总结了断链控制的基本流程框架，如图 9-11 所示。

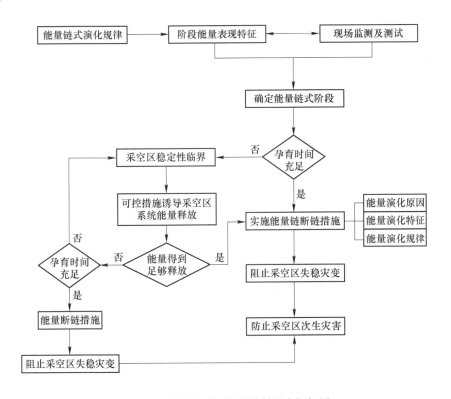

图 9-11 能量链断链控制机制基本框架图

由图可知，进行能量链断链控制，首先要判断能量链式演化的阶段。主要的方法包括现场监测、勘探等手段，对采空区围岩的应力应变及节理裂隙等信息进行采集，判断所处的阶段。

确定了能量链所处的阶段后，进行断链时，要根据实际情况采取对策。当采空区系统内部能量的集聚与耗散尚未超过采空区最大承载能力时，即孕育时间充足时，综合考虑该阶段能量的演化原因、特征及规律采区对应的断链措施。断链措施应与周围环境相适应，且技术上可行，如采取充填、支护、封闭等措施。

若此时能量集聚已达到采空区系统稳定临界状态，应及时采取措施，使能量进行释放，如进行诱导崩落等。能量释放后，要再次进行判断，若已得到充分释放，仍要采取必要的断链措施，阻止采空区系统内能量再次集聚导致采空区失稳。若没有得到充分释放，则再次进行断链循环。

最后，通过阻止采空区失稳灾变，将能量及破坏力进行疏导释放，以阻止引起次生灾害，达到能量链断链的控制目的。

9.5.2 采空区失稳灾变能量链断链措施

合理的断链措施是实现采空区稳定控制的关键步骤，因此，必须对每个阶段的能量演化特征进行深入研究，制定针对性的措施。这里根据不同的能量阶段特征，详细论述。

9.5.2.1 能量输入阶段

采空区的形成必然伴随着能量的输入。能量输入也是采空区失稳灾变的原动力。对于金属矿山，一般采用爆破的方式进行开采，因此主要的输入能量类型为爆破震动产生的动能、化学能和热能，该能量是不可避免的，只能通过相关措施进行减弱。另外，对于其他途径输入的能量，可采区措施进行断链治理。

对于采空区系统，断链措施主要针对两个参数，即外界产生能量 $U_E(t)$ 及能量输入因子 $R_E(t)$，将 $U_E(t)$ 及 $R_E(t)$ 保持在最小水平。

爆破能量主要包括三部分，分别为冲击波、应力波及气体膨胀造成的压能。当采用钻孔进行爆破时，爆破能量主要通过冲击波及高压气体与孔壁撞击，折射进入岩体内部，进入能量的多少与爆破参数、围岩性质及炸药性质等因素相关。其中装药结构是重要的因素之一。

目前装药结构主要包括耦合装药及不耦合装药，当采用耦合装药时，爆破产生的冲击波及高压气体直接与孔壁接触；而不耦合装药时，产生的能量则要先在不耦合介质中进行传递，经过一定衰减后，再传入围岩。

在实际开采过程中，在保证足够能量输入使得围岩破碎的前提下，应尽量将多余能量控制在系统之外。大量研究表明，在条件允许的情况下，应采用不耦合装药，形成预裂爆破或光面爆破，减少能量输入对围岩造成的破坏。

9.5.2.2 能量集聚阶段

外界能量输入后会首先转换为动能，引起围岩的变形，进而转化为弹性势能进行集聚。因此，该阶段应主要控制围岩初始的弹性应变。能量的输入往往伴随着应力的变化，应力越大，发生的形变也就越大，因此，可通过控制开采后应力的大小达到控制能量集聚的目的。

控制开采后应力的增大，应预先将待采矿房的应力进行消减，可采用卸压开采的措施。目前卸压开采主要包括区域性卸压和局部性卸压两种方式。采用卸压措施，可有效降低开采应力，进而降低围岩集聚的弹性势能，尤其是对于深部开采矿山。

目前常用的卸压方法主要包括采场两侧开掘卸压槽、采场顶底板布置卸压槽及采场上盘布置卸压孔，这些措施可有效降低采场应力，使开采过程中围岩应变大大减小，从而减少内部的能量集聚。另外，还可以采用岩层注水的方式，减小围岩的弹性模量。

9.5.2.3 能量耗散阶段

当采空区围岩进入能量耗散阶段之后，集聚的能量开始逐步向其他形式能量转变，主要包括围岩塑性能、表面能及辐射能。其中塑性能和表面能是影响采空区系统稳定性的主要形式。塑性能一般与围岩变形息息相关，可通过控制围岩形变进行控制。表面能则与内部节理裂隙的萌生、扩展和贯通密切相关，是采空区失稳破坏的关键因素。因此，本阶段主要控制采空区内部的表面能的大小。

进入本阶段后，采空区往往已经初步形成，具备了一定的空间大小，临空面的出现往往加剧内部节理裂隙的扩展。因此，控制表面能的关键就是及时对采空区空间进行处理，可采取的措施包括及时进行采空区充填、及时支护、优化矿山开拓系统等措施，控制围岩节理裂隙的进一步扩展。

9.5.2.4 能量释放阶段

随着能量的耗散，逐渐达到并超过采空区系统的最大承载能力，就会发生能量的集中释放。能量释放是采空区系统失稳灾变的最后一个阶段，也是其他次生灾害的源头。因此，本阶段应主要控制能量释放的程度及路径，最大限度地减少采空区系统失稳灾变的危害。

可采取的措施主要包括及时充填采空区及诱导崩落顶板等。采空区充填后，利用充填体及时吸收采空区系统释放的能量，延缓释放速度。诱导崩落顶板可提前将采空区系统内积蓄的能量提前释放，防止突然释放，造成重大灾害。

综上所述，基于能量链式效应的断链控制措施，贯穿了采空区系统的整个寿命周期，其中能量输入阶段断链和能量集聚阶段断链在采空区形成之前，属于主动型断链措施；能量耗散阶段断链和能量释放阶段断链发生在采空区形成中和形成之后，属于被动型断链措施。

9.6　深部采空区稳定性控制工程实例

9.6.1　大尹格庄金矿概述

大尹格庄金矿位于招远市南西约 18km，矿区东侧有青（岛）—龙（口）公路通过，北侧为海（阳）—莱（州）公路，向南可抵莱西火车站、青岛港，往北可达威（海）—乌（海）高速公路、龙口港，市乡（村）公路畅通，交通十分便利。

矿区距渤海湾较近，为暖温带多风气候区，年平均气温 11.6℃；1 月份最低气温-18.4℃；7 月份最高气温 37.9℃；雨季集中在 6~8 月，月最大降水量 405.2mm，年降水量平均 639.3mm，最大冻土深度 64cm。

矿床地处低山丘陵区，绝对高度在 127.60~197.66m 间变化，第四纪地层覆盖较广。薄家河为区内主要河流，流经矿床东部，属间歇性河流，沿河床第四系地下潜水水量丰富。

本矿区地面平均标高为+155m，目前已开采至-676m 水平，进入了深部开采阶段。

9.6.2　矿区工程地质与开采技术条件

根据矿石的组合样分析结果统计可知，矿石中硫的平均品位为 1.42%，其工业类型属低硫型金矿石。

该矿床属隐伏矿体，埋藏较深，距地表最近处垂深 130m，平均垂深 200m 以下，所有矿体均分布在 0m 标高以下。利用勘探期间在①、②号矿体的-40~-175m 标高的钻孔和坑道中采集物相样 12 件，经统计，总的氧化率为 3%。根据矿体的埋深及矿石的物相资料，金矿石全部为原生矿石。

矿床内主要矿体赋存的主要岩性为黄铁绢英岩化碎裂岩，局部产于黄铁绢英岩化花岗质碎裂岩和黄铁绢英岩化花岗岩中。矿体上盘以主裂面为界，主裂面之上主要由碳酸盐化的英云闪长岩组成，局部见二长花岗岩，其结构、构造、蚀变矿化与矿体有着明显差异，其蚀变以碳酸盐化和绿泥石化为主，硅化较弱，金矿化也很弱，分析结果均小于 0.10×10^{-6}。而主裂面之下的围岩其岩性、结构、构造、蚀变与矿体无差异，仅金属硫化物及金含量较矿体低，与矿体无明显界线，主要靠样品分析结果来区分。矿体的下盘主要由黄铁绢英岩化花岗岩组成，与上述围岩呈渐变过渡关系。

其他小矿体的围岩主要为黄铁绢英岩化花岗岩，个别产于黄铁绢英岩化碎裂岩中。产在黄铁绢英岩化花岗岩中的矿体与围岩最大的区别是，矿石中见有呈细脉状和脉状产出的黄铁矿、黄铜矿等金属硫化物，且金品位往往较高。产在黄铁绢英岩化碎裂岩中的小矿体与主矿体的地质特征一致。

本矿床的矿体主要赋存在黄铁绢英岩、黄铁绢英岩化碎裂岩和黄铁绢英岩化花岗闪长岩等蚀变岩内，裂隙不发育，岩石一般较完整。①号矿体顶底板岩石主要为绢英岩和黄铁绢英岩，局部有厚约 1m 左右的断层泥或糜棱岩，其上为碳酸盐化变粒岩质碎裂岩，本层松弱，遇水易坍塌；②号矿体顶板围岩为绢英岩、绢英岩化花岗闪长岩，岩石较坚硬，裂隙不发育；矿体底板以绢英岩为主，部分为绢英岩化花岗闪长岩，裂隙不发育。

注：①号矿体矿石密度 2.84t/m³，②号矿体矿石密度 2.76t/m³，平均为 2.79t/m³。

矿床开采技术条件详见表 9-2。

表 9-2 矿床开采技术条件一览表

岩石名称	硬度	比重	松散系数	安息角 /(°)	标准岩石级别			备注
					地质部	苏氏	普氏	
黄铁绢英岩化花岗质碎裂岩	14.9339	76.3	1.6	39	Ⅶ-Ⅷ	Ⅵ-Ⅶ	Ⅲa-Ⅳ	矿体
黄铁绢英岩化碎裂岩	15.7504	80.2	1.6	39	Ⅶ-Ⅷ	Ⅵ-Ⅶ	Ⅲa-Ⅳ	矿体
绢英岩化花岗岩	15.3226	77.6	1.6	39	Ⅶ-Ⅷ	Ⅵ-Ⅶ	Ⅲa-Ⅳ	围岩

目前大尹格庄金矿的矿体处在招平断裂带的下盘，断裂带附近节理裂隙发育明显，开采过程中极易发生裂隙的扩展。

9.6.3 开采现状概述与调查

由于地面胶结系统未及时形成，各采场仍沿用最初的上向水平点柱式分级尾砂充填采矿方法。矿房垂直矿体走向布置，盘区长 60m，划分 5 个矿块，每个矿块宽度 12m，厚度为矿体水平距离；矿房间预留 3~6m 间柱不等，阶段高 60m，分段高度为 10m；每分段 4 个分层，分层高度 2.5m，每个分层内根据实际情况，预留方形点柱。回采自下而上进行，自下盘切割巷开始，沿矿体倾向方向推进，直至矿体上盘边界；回采完成后立即采用废石或分级尾砂充填。但此类采矿方法对采场围岩稳定性要求较高，采用点柱式护顶，不仅资源回收率低，且容易形成采场整体性失衡。随着开采深度的加深，采场地压加大，加之上盘断层带的影响扩大，现今各采场的安全形式日益严峻，作业人员与设备安全受到极大危害。为了确保大尹格庄金矿采场安全，极大地回收矿山资源，有必要对采场的稳定性进行调查及分析。

调查的地点有-380m 四、六分段，-496m 中段五分段 6201、6202、6203 等采场以及-556 一分段各采场等（图 9-12）。从各个采场调查的结果来看，经过多年的无序开采，井下采空区形态复杂，预留的矿柱形状多种多样，安全尺寸大小不一。虽然井下并未出现大面积的地压活动，但在局部时常出现顶板岩层冒落、矿柱开裂或片帮等现象。远离上盘断层带的采场受其影响较小，采场整体稳定性较好，大多采场只采用锚索进行支护。靠近上盘断层附近的采场，顶板较破碎，即使采取了锚索支护，常发生楔形矿体滑落。同时，由于不同水平的矿岩地质条件和受力状态不同，因而矿柱的破坏形状也不相同。部分矿柱受结构面的方向控制，呈现不同的破坏模式，大致可分为节理组平行矿柱壁面、节理组与矿柱斜交、节理面平行于顶板，如图 9-13 和图 9-14 所示。

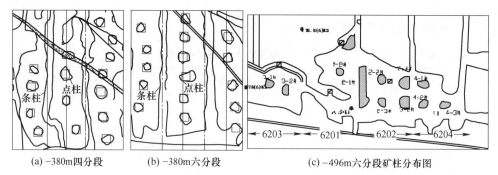

(a) -380m 四分段　　　　(b) -380m 六分段　　　　(c) -496m 六分段矿柱分布图

图 9-12　采场矿柱分布图

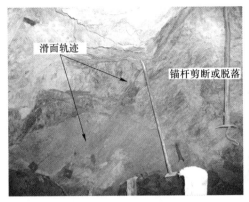

图 9-13　采场顶板破坏

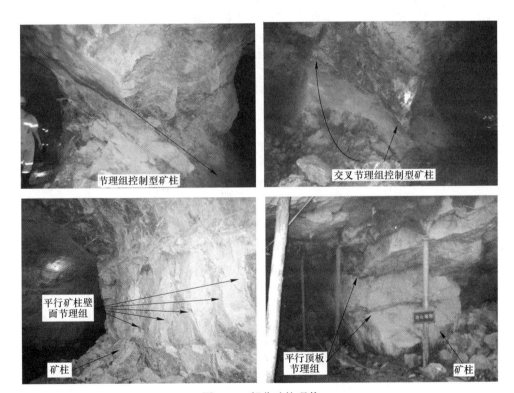

图 9-14　部分矿柱现状

9.6.4　采空区稳定性控制技术

进入深部开采后，目前大尹格庄金矿安全开采主要面临两个问题：

（1）围岩节理裂隙发育，岩体质量较差。

（2）随着开采深度的增加，压力逐渐增加。

从能量链式效应机理来看，采空区在形成过程中，能量输入后，主要耗散为表面能及塑性能。针对矿山的实际情况，采取了两种措施，控制能量的耗散速率与路径。

9.6.4.1 加强上盘围岩支护

由于上盘存在的招平断裂带，造成了岩石节理裂隙极易扩展，因此通过对上盘加强支护，可有效地限制节理裂隙的扩展和岩体的变形，控制了能量耗散的速率和路径。

根据开采的压力转移理论，应从上盘向下盘顺序开采。根据上盘的断裂带分布形式，采用了如图 9-15 所示的支护措施。

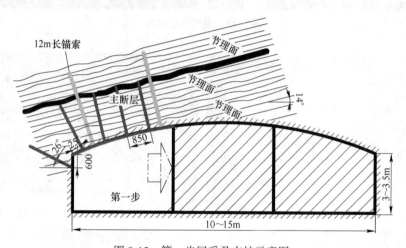

图 9-15   第一步回采及支护示意图

首先是第一步回采。待第一步开采完后，对破碎顶板进行支护，一采一支或二采一支，加强支护的时效性，提高限制效果。锚杆长度为 1.8m 或 2.3m；间距850mm，排距 1.0m；锚索长 12m，间距 2.5m，排距 2.5m，靠近上盘局部破碎处，需挂网或加喷混凝土。

具体的支护参数为：锚杆采用直径 20mm 全螺纹钢盘树脂锚杆，长 2.3m，采用端部固结式，两侧可采用 1.8m 短锚杆，间距 850mm，排距 950mm，前后错开布置；网片采用长 2m，宽 1.5m，网格 100×100mm，网片钢盘直径 6mm；两网片间搭接 100mm。

第二步回采支护如图 9-16 所示。在第一步完成之后，视顶板情况决定是否挂网，仍需进行锚杆+锚索支护。

最后，是第三步的回采及支护，如图 9-17 所示。

9.6.4.2 卸压开采

进入深部开采之后，地压显现明显，造成了岩石变形增加。对于硬岩，变形

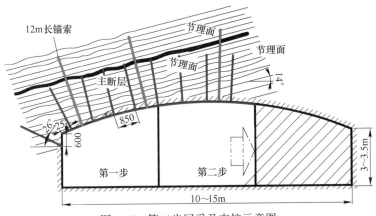

图 9-16 第二步回采及支护示意图

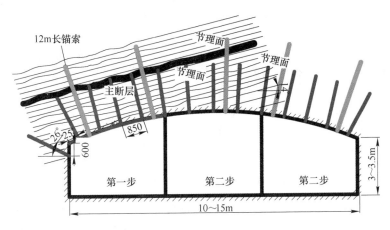

图 9-17 第三步回采及支护示意图

增加意味着岩石内部集聚的弹性势能的增加，造成后续开采时，能量耗散量增加，对采空区的稳定性产生不利的影响。因此，有必要对采场进行卸压处理。

深部卸压开采又称应力控制法，根据目前情况，提出以下卸压措施：

（1）目前-616m 水平以上开拓系统及采场已成型，不可进行调整，但对于-676m 水平及以下，建议重新对开拓工程进行优化，尽量降低采场压力。该措施作为远景规划。

（2）目前各采场开采进度严重不均，易造成应力的高度集中，如开采进度较快的采场，应力不断向两侧集中，从而造成两侧开采进度较慢的工作面应力较大，影响开采安全。因此，在后续开采安排中，应尽量保持各采场的均匀开采，使应力均匀分布，尤其是到了-676m 以下。相邻采场工作面进度相差不要超过 1个分层。该措施可作为目前开采顺序的优化措施。

（3）分布开采预控顶分段嗣后充填卸压开采。

目前矿区矿体上盘存在一个破碎带，造成靠近上盘岩石质量较差，破碎，使应力不断向下盘方向转移，从而造成了矿体的难采。因此，可采用分步开采的手段控制采场的压力。具体方法是先开采接近上盘部分矿体，然后进行胶结充填，之后向下盘开采后面的矿体，如图 9-18 所示。

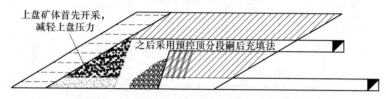

图 9-18　分部开采，预控顶分段嗣后充填法开采

该方法采用隔一采一的方式。根据地压转移机制，当两侧矿体开采之后，中间矿体压力得到缓解，产生了卸压效果，如图 9-19 所示。

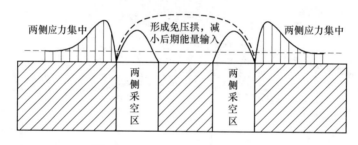

图 9-19　隔一采一形成的卸压效果

这种采矿方法成败的关键，在于预控顶板的支护强度、充填体强度、上下盘围岩及矿柱的加固等。如这几方面不能确保，则该方法达不到预期效果。

采用脉外斜坡道采准方式，分段沿脉巷与斜坡道联通，下盘分段沿脉巷的位置由矿岩稳固性和开采扰动范围决定；分段沿巷与斜坡道联通，后从下盘沿脉巷掘进分段凿岩巷。下步骤进行预控顶工作，按三个步骤实施。

采准、切割工程主要包矿房斜坡道及联络道、分段巷道、溜矿井、人行充填井、拉槽及切割井、顶板预加固、矿柱及上下盘预加固等。

因矿体顶板稳固性一般，因此必须对其进行支护。在矿块预控顶水平沿矿块长度方向按 3.3m 平均分为三个条带，先用光面爆破法掘进两边的条带，视顶板稳固情况进行适当支护；然后用光面爆破法掘进中间的条带，随掘进进程及时进行支护；等整个顶板拉开后，视稳固情况进行锚杆、金属网、长锚索、喷浆等支护。

锚杆长 1.8m，网度 1.0m×1.0m；金属网网度 0.25m×0.25m，采用 ϕ6.5 钢筋，结点焊接；喷射混凝土厚度 50~100mm；长锚索网度 2.0m×2.0m，长度 10m。

采空区形成之后，采用胶结充填的方法进行处理，及时有效地控制了岩体能量的耗散，保证了采空区的稳定。

针对深部特殊环境下特殊矿体提出的该方法，从采空区形成时能量输入阶段，即开始进行了有效的稳定性控制，有效地控制了能量的输入，降低了采场压力，保证了采空区的长期稳定。

9.7　本章小结

根据采空区内在特点，引入系统理论，建立了采空区系统模型。基于链式结构理论体系，对采空区失稳灾变的内在演化规律及特性进行了深入研究，并建立了采空区失稳灾变链式框架图，划分了失稳灾变链式演化阶段，并基于非线性动力学理论建立了系统失稳的能量判据。基于能量链式效应，提出了采空区稳定性能量链断链控制方法，得到以下结论：

（1）采空区并不是孤立的，而是与其赋存环境构成了一个开放式系统，采空区的失稳灾变是多种因素综合作用的结果。

（2）采空区系统的失稳灾变具有支干流域-周期循环-冒落劈裂复合链式特征。采空区系统失稳灾变链式演化经历了早中晚三个阶段，并伴随着能量的"一涨一落"式的发展及内部节理裂隙的闭合、扩展、贯通及破裂的演化过程。

（3）能量是采空区失稳灾变链运行的根本驱动力，采空区系统能量的输入、集聚、耗散及释放等过程构成了能量链式效应。采空区能量链式效应是典型的耗散结构，空区系统状态的有序化是内部能量耗散及非线性响应机制驱动的结果，直至达到新的相对稳定状态。

（4）能量链式效应演化主要包括性态演化、量级演化及时空演化等。能量非线性动力学研究表明，外界能量输入时，首先转变为动能，再由动能转换为其他能量。

（5）根据能量链式效应特征，提出了针对性的断链措施。能量输入和能量集聚阶段的断链，为主动型断链；能量耗散和能量释放阶段的断链，则为被动型断链。

（6）基于本章研究成果，在大尹格庄金矿深部开采进行了工程应用，根据不同的情况，采取了支护和卸压开采两种控制措施。上述工程实例的应用充分说明，由于深部环境的特殊性，对采空区稳定性的控制应在采空区形成中就要进行，减小能量的输入量，才能有效地保证后期采空区的综合治理和稳定性控制。若在采空区形成之后才进行控制，则往往造成处理成本的大幅提升。

10　金属矿山采空区稳定性分析工程实例

10.1　空场法房柱式采空区稳定性分析

10.1.1　工程背景

10.1.1.1　矿山开采概况

石人沟铁矿位于河北省遵化市西北 10km，东南距唐山市 90km。准轨铁路专用线直达钢铁公司，有公路与京沈高速公路唐山西外环出口相通，距离 60km，交通便利。

石人沟铁矿于 1975 年 7 月建成投产，是一个采选联合企业；一期工程为露天开采，设计规模 150 万吨/年，矿山最终产品为单一铁精矿。矿山经过近三十年的生产，目前露天开采已结束，形成南北长 2.8km、东西宽 230m 的露天采坑。矿区露天采场由南向北分为三个采区，以勘探线作为采区边界线，28~18 线为南区，18~8 线为中区，8 线以北为北区。2003 年露天开采结束后转入地下开采，地下采场以 16 线为界分为南北两个采区。一期开采主要集中在 -60m 中段水平，采矿方法以浅孔留矿法为主，分段空场法为辅，年产量约 130 万吨/年。经过近 10 年的开采，在 -60m 水平形成了大量采空区，数量达 130 多个，体积超过了 200 万立方米，单个采空区最大超过 4 万立方米。这些采空区大小不一、形态各异，且有的放置时间已超过 2 年，另外还存在大量的非法民采空区，在 -60m 水平形成了一个巨大的采空区群，严重影响了矿山的安全生产。

矿块布置方式为：厚矿体采用垂直矿体走向布置矿块，矿块宽 28m，矿块长为矿体厚度，中段高度 44m，顶柱高度 6m，底柱高度 8m，间柱宽度 8m。沿矿体走向布置的矿块长 50m，矿块宽为矿体厚度，中段高度 44m，顶柱高度 6m，底柱高度 8m，间柱宽度 8m。薄矿脉浅孔留矿采矿法矿块长 50m，沿矿体走向布置，矿块宽度同矿体厚度，中段高度 44m，顶柱高度 6m，底柱高度 6m，间柱宽度 8m。采矿方法的矿块构成要素如表 10-1 所示。

表 10-1　矿块构成要素

序号	构成要素	单位	垂直走向布置浅孔留矿采矿法	沿走向布置浅孔留矿采矿法	薄矿脉浅孔留矿采矿法
1	矿块长度	m	矿体厚	50	50
2	矿块宽度	m	28	矿体厚	矿体厚
3	中段高度	m	44	44	44
4	顶柱高度	m	6	6	6
5	底柱高度	m	8	8	6
6	间柱宽度	m	8	8	8

10.1.1.2　开采技术条件

A　矿体条件

本矿区主要有五层矿，即 M0、M1、M2、M3 和 M4 矿体，呈南北向分布在花椒园北负 2 线至龙潭南 30 线间，全长约 3600m。矿体内夹层为黑云角闪斜长片麻岩，含铁斜长片麻岩，磁铁石英岩及中基性岩脉。

B　围岩条件

矿区内出露地层主要为下太古界迁西群马兰峪组片麻岩系，主要为中细粒紫苏黑云角闪斜长片麻岩、角闪斜长片麻岩、黑云角闪斜长片麻岩等。其中整个矿体的底板为黑云角闪斜长片麻岩，花岗片麻岩、黑云母角闪斜长片麻岩夹零星磁铁石英岩透镜体，该层为 M1 矿体底板。

磁铁石英岩、角闪斜长片麻岩，为含矿层，几条矿体均产于此层中，磁铁石英岩呈似层状、透镜状产出。黑云母角闪斜长片麻岩、角闪斜长片麻岩，该层为矿层的顶板。主要围岩的物理力学性质如表 10-2 所示。

表 10-2　岩石物理力学性能一览表

岩石名称	块体密度 /g·cm⁻³	抗压强度 /MPa	抗拉强度 /MPa	抗剪参数		变形参数	
				内聚力 C/MPa	内摩擦角 φ/(°)	弹性模量 /10⁴MPa	泊松比
M1 矿体	3.58	99.44	11.95	21.83	48.36	8.03	0.21
M2 矿体	3.46	130.77	10.52	23.67	53.33	7.59	0.20
黑云母角闪斜长片麻岩	2.74	141.58	14.37	27.54	55.08	6.98	0.26

C　矿区构造

矿区为一单斜构造。片麻理走向一般近南北向，向西倾，倾角 50°~70°。北部石人山附近，由于受 F10 断层的牵引，走向偏向北西，向南西倾，倾角较陡。矿体产状与片麻理一致。

D 矿区水文地质

矿区范围内，水系不甚发育，仅在东西两侧各有一条季节性小河，其流量季节性很强。如张庄子西河，最大洪峰流量可达 14500m³/h，枯水期流量仅 346m³/h。降雨多集中在七、八、九 三个月，历年平均降雨量 787.25mm，历年一日最大降雨量 343.1mm。

10.1.2 石人沟铁矿采空区 CMS 三维激光扫描及分析

10.1.2.1 矿山采空区分布情况概述

根据矿山矿房划分情况，目前-60m 水平中段有八个块段：（1）F18 断层以南；（2）F18~F19 断层间；（3）南采区北端；（4）南分支；（5）北分支；（6）斜井采区；（7）措施井；（8）-16m 水平。截止采空区调查时，各块段矿房情况依次详细描述如下：

A F18 断层以南

本矿段共有矿房 19 个，目前 1 号，2 号，3 号矿房采空区出现塌方，进路堵死，无法进行测量，4 号矿房完成开采，形成的采空区可以进行测量，5 号，6 号，14 号~19 号矿房目前还没有做采准工程；7 号~9 号矿房进行了简单的开采，形成了高度为 10m 的采空区，后期是否进行开采暂时未作决定，故暂不进行测量。10 号，12 号，13 号矿房采空区已完成测量。

B F18~F19 断层间

本矿段共有 10 个矿房，1 号和 2 号与 3 号矿房贯通，可以进行测量，4 号矿房和 3 号矿房也已经连通可以进行测量。5 号和 6 号矿房已经完成开采可以进行测量；7 号、9 号和 10 号矿房目前没有布置工程。8 号矿房正在进行回采。

C 南采区北端

本矿段设计有 24 个矿房，目前已经有 6 个矿房采空区完成了测量，分别为 1 号、3 号、8 号、10 号、17 号和 19 号矿房采空区。实际的 20 号~22 号三个矿房不存在，2 号、4 号、5 号、7 号、9 号、11 号、13 号和 18 号矿房采空区可以进行测量，6 号、16 号、14 号及 24 号矿房目前尚未进行开采；23 号矿房正在回采，15 号矿房采空区内有大量的矿石需要运出。

D 南分支

南分支共计 6 个矿房，其中只有 1 号矿房内有大量渣石，所需工程量大，2 号矿房可以进行探测，其余矿房已经发生大面积坍塌，进路堵死，若进行探测必须将碎石运出，工程量巨大，且存在很大的安全隐患。目前南分支矿段有三个透点，内部有大量的水，为保证安全，矿山已经对该矿段进行了封堵。

E 北分支

本矿段布置了 20 个矿房。已经对 5 个空区进行了探测，分别为 2 号、3 号、

6 号、8 号和 9 号矿房采空区。1 号矿房采空区顶板垮塌严重，人员已不能进入；4 号、5 号、7 号、10 号、15 号、16 号和 20 号矿房采空区可以进行测量；11 号矿房采空区内部有岩石塌落，应进行清理，12 号、17 号、18 号和 19 号矿房进路堵死，需要进行清理人员和设备才可以进入；13 号矿房暂未进行开采，14 号矿房正在回采。

F　斜井采区

本矿段共有 42 个矿房。目前已经对 8 个矿房进行了回采，包括 1 号、2 号、3 号、4 号、7 号、24 号、39 号和 40 号矿房。8~10 号、12~14 号以及 42 号矿房正在进行残采工作，可以进入测量。15~21 号、27 号、32 号、37 号和 38 号矿房暂未进行开采。41 号矿房正在进行采切工程。11 号、23 号、25 号、26 号、34 号矿房正在进行回采。14 号和 28 号矿房正在进行出矿。5 号、6 号矿房采空区进路被碎石堵死，需要清理才能进入。22 号矿房作为阶段矿房法的中深孔爆破的试验矿块。29 号、30 号和 33 号矿房已经停掉。

G　措施井

本矿段图纸中 14 号矿房，而实际没有 9 号和 10 号矿房，实际上只存在 12 个矿房，该块段 12 号和 13 号矿房采空区连通成一个，除了 1 号矿房之外，对其余采空区都进行了测量，1 号采空区可测。

由上述统计可知：

（1）已经进行探测并进行处理的采空区共计 35 个，这部分矿房已经进行处理并建立了三维模型。

（2）正在出矿的矿房是指回采已经结束，正处于大规模出矿阶段。这类矿房虽在一定意义上有采空区，但由于出矿量不明，不知道空区到达了什么水平，难以找到入口，而且测量此类空区必须从天井进入。天井有人行梯子，却没有梯子平台，由于受爆破振动影响，上面经常掉落石块，对人员设备安全有很大的威胁。随着出矿工作的进行，此类空区情况不断变化，是一个动态的状况。因此，此类 4 个矿房目前不具备探测条件和价值，建议待出矿完全结束、最终空区形成后，再进行测量。

（3）未形成空区是指目前矿房正在进行采切、回采或者暂未进行工程布置，这部分矿房没有形成大规模的采空区，目前没有必要进行探测。

（4）正在残采，是指矿房回采已经结束且出矿完毕，对矿房内的矿柱进行残采，这部分矿房的采空区形态会随着残采的进行而变化，因此建议此类的 8 个矿房在残采完毕后再进行探测。

（5）表中未进行设置是指由于地质变化对原设计矿房的位置并没有进行布置。

10.1.2.2　探测设备简介

CMS 是加拿大 Optech 研制的特殊三维激光扫描仪，其功能是采集空间数据信息（三维坐标 X、Y、Z），对于人员无法进入的溶洞、矿山采空区等，可用此设备扫测空区内部数据，为矿山采掘规划、生产安全提供决策所需数据，既能辅助消减安全隐患，也可辅助减少矿体浪费。CMS 是 Cavity Monitoring System 的简称，直译为洞穴监测系统；也可理解为是 Control Measure System 的缩写，意即控制事态测量系统。CMS 是由激光测距、角度传感器、精密电机、计算模块、附属组件等构成。

　　CMS 系统包括硬件和软件两个部分，硬件的基本配置包括激光扫描头、坚固轻便的碳素支撑杆、控制器和带有内藏式数据记录器与 CPU 和电池控制箱，如图 10-1 所示。

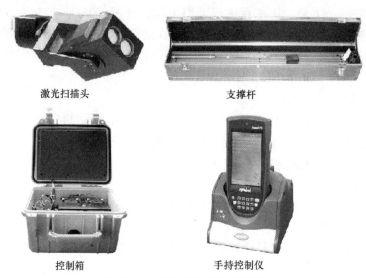

激光扫描头　　　　　　　　　　　　　支撑杆

控制箱　　　　　　　　　　　　　手持控制仪

图 10-1　CMS 硬件系统示意图

　　软件系统主要包括 CMS 控制器自带的数据处理程序和 QVOL 软件，通过系统自带的软件可以对探测到的数据进行初步处理和成像，如图 10-2 所示。

　　QVOL 软件具有友好的界面和简单的操作，能够实现空区的可视化，并对空区实施剖面，计算空区的体积和断面面积，为后面的空区处理打下了基础。系统测得的数据格式为 TXT 文本，通过系统自带的数据转换程序可以将数据文件转换为 dxf 和 xyz 文件，导入到 3Dmine 或者 Surpac 等 3D 建模软件中进行更为清晰的可视化处理。

10.1.2.3　探测原理

　　CMS 内置激光测距、精密电动机、角度传感器、补偿系统、CPU 等模块，仪器在开始工作之前，会依据补偿器自动设定初始位置。根据电动机步进角度值和激光测距值，确定出目标点位置信息。系统自动默认仪器中心位置坐标为（0，0，0），依据式（10-1）

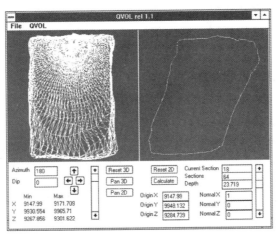

图 10-2　QVOL 软件操作界面

$$
\begin{cases}
X = SD \times \cos\alpha \\
Y = SD \times \sin\alpha \\
Z = SD \times \tan\beta
\end{cases}
\tag{10-1}
$$

式中，β 为 CMS 纵向电机步进角度值；SD 为激光所测距离；α 为 CMS 水平电机步进角度值；X、Y、Z 为表示未经转换的目标点三维坐标。

计算出目标点位信息，再根据起算数据平移、旋转，把目标点位置数据换算至用户坐标系统，如式（10-2）所示。

$$
\begin{cases}
X_n = X_0 \times \cos\theta \\
Y_n = Y_0 \times \sin\theta \\
Z_n = Z_0 + Z
\end{cases}
\tag{10-2}
$$

式中，X_0、Y_0、Z_0 分别为 CMS 中心点在用户坐标系中的位置数据；θ 为表示 CMS 初始化后初始方位与用户坐标系中北方位夹角；X_n、Y_n、Z_n 为转换为用户坐标系后的空区内各点坐标。

CMS 在进行测量时，激光扫描头伸入空区后做 360°的旋转，并连续收集距离和角度数据。每完成一次 360°的扫描后，扫描头将自动地按照操作人员事先设定的角度抬高其仰角，进行新一轮的扫描，收集更大旋转环上的点的数据。如此循环反复，直至完成全部的探测工具。工作原理如图 10-3 所示。

10.1.2.4　CMS 使用步骤

为了适应不同工程项目需要，CMS 架设灵活，洞口只需 30cm 孔径，即可把 CMS 探入进去，扫测洞内情况。如果通视条件好，人员没有安全隐患，可用三脚架支撑，扫测周边数据。如果要扫测下部的空区，可用垂直插入包的组件，把 CMS 下垂至空区，扫测到空区内部点位数据。如果是要扫测周边空区，可以用竖直支撑杆使人员在安全区域操作，把CMS探入空区，即可扫测到空区内部点位数据。

10.1.2.5　CMS 数据处理

CMS 测量得到的数据格式为 TXT 格式的，需要经过处理才能进行下一步的工作，下面简单介绍一下数据的后处理。

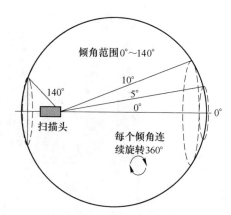

图 10-3　CMS 系统测量原理

（1）数据导入到电脑。

（2）测量数据后处理。双击桌面 CMS PosProcess，在弹出的主界面中，点击"打开文件"选入需要进行数据转换的文件。可以将数据文件转换为 dxf 和 xyz。

（3）输入测记好的仪器中心点和激光点（或杆上的点位）坐标数据、前视点到激光中心距离等参数，点击"转换为 DXF"和"转换为 XYZ"，则软件会将原始数据转换为用户需要的数据格式。

（4）把点云数据导入 3dmine、Surpac 等软件中，作进一步处理分析、量算、建模等。

目前石人沟铁矿-60m 水平是主生产水平，采空区也主要分布在这一水平。根据前期的初步调查和咨询现场技术人员所得的信息，确定初次探测区域为措施井、南采区北端、北分支和 F18 断层以南，共探测了 35 个空区。

CMS 探测仪所测量的点的坐标是相对坐标，是相对于扫描头中心点的坐标。为精确获得空区各个测点坐标，就必须先准确求出扫描头中心点的坐标。系统可以通过扫描头支撑杆上的两个测点的坐标自动求出扫描头中心点的坐标值，并且规定距离扫描头相对较近的测点作为测点 1，较远的测点为测点 2。测点 1 和测点 2 的坐标用全站仪测定。

将所测的数据填入到 PosProcess 转换窗口中的"前视点"（测点 1）和"后视点"（测点 2）数据输入框，并将前视点与激光中心的距离输入到"前视点与激光中心距离"的输入框中，软件会根据数据自动计算激光中心的坐标和其他参数。

设置输出文件格式为"mesh"，选定"DXF Convert"或"XYZ Convert"，将形成能够被 3Dmine 处理的"*.dxf"和"*.xyz"格式的文件。其中"*.dxf"是以线框网格形式记录空区边界，"*.xyz"记录的是空区周围边界点的真实坐标。

10.1.2.6 采空区实体模型的构建

采用矿山三维建模软件 3DMine 进行采空区模型的构建。

将数据预处理得到的 dxf 或 xyz 文件直接导入到 3Dmine 软件中，经过实体编辑和验证就可以生成最终的实体模型，处理流程如图 10-4 所示。

经过处理后的各个空区的实体模型，通过三维实体模型可以直观地得到采空区的空间位置关系，包括采空区的空间形状，边界情况，顶板开采情况，以及相邻采空区之间的空间关系，进而得到矿柱的边界。受篇幅所限，每个采空区的实体模型就不一一列举，仅取其中有代表性的几个采空区加以说明。

图 10-5 所示为措施井 11 号采空区的俯视图，通过俯视图可以得到采空区开采的水平界限。由图 10-5(b) 中可知，11 号采空区底部的开采跨度为 16m 左右，而顶板开采跨度达到了 38m，顶板的平均宽度达到了 14m。图 10-5(c) 为 11 号采空区的侧视图。由图 10-5 可知，11 号采空区倾角为 $45°\sim70°$，与矿体走向大体一致，底部开采宽度为 7m 左右，顶板开采的最大宽度达到了 31m，顶板暴露面积达到了 $532m^2$，较大，存在一定的安全风险。从图中还可以看出采空区的开采高度，11 号采空区最大开采高度达到了 41m，基本达到了设计要求，采空区顶板的最高点处于采空区东侧靠近边缘位置。另外，根据得到的采空区实体模型还可以对采空区模型进行进一步的处理，得到等值线，得到采空区实体模型的任意位置的剖面图，方便进一步的处理。

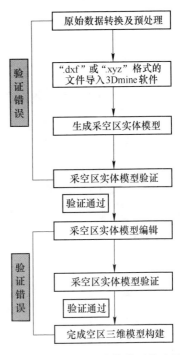

图 10-4 3Dmine 空区实体模型构建流程

图 10-6 为北分支 2 号采空区和 4 号采空区三维实体模型，可以看出两个采空区之间的空间关系。两个采空区之间的部分即为矿柱，将两个采空区与矿脉进行布尔运算，就可以得到矿柱的具体形态和边界，如图 10-7 所示。图 10-8 中白线即为矿柱的实际边界。

将采空区的模型和矿区的开拓系统、矿体以及露天境界进行复合又可以得到他们空间关系，方便进一步的处理。图 10-9~图 10-11 所示为采空区与开拓系统的复合图，图中显示了每个采空区与开拓系统的空间位置关系。从图中可以较清楚地看出每个采空区与 0m 巷道和-60m 巷道的空间位置关系，可以为以后的采空区充填提供方便。

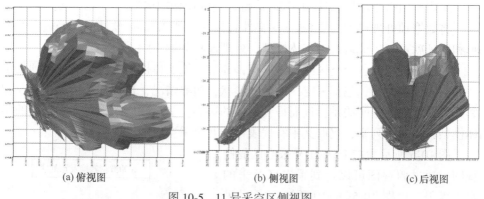

(a) 俯视图   (b) 侧视图   (c) 后视图

图 10-5   11 号采空区侧视图

图 10-6   北分支 2 号和 4 号采空区三维实体模型

图 10-7   采空区与矿体耦合图

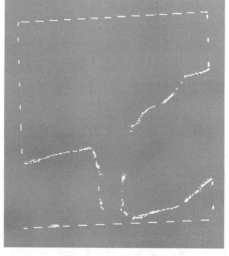

图 10-8   矿柱边界线

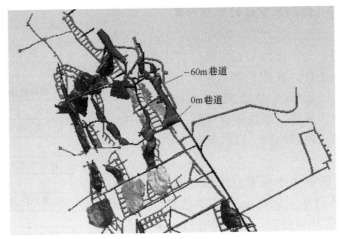

图 10-9 措施井采空区与巷道复合图

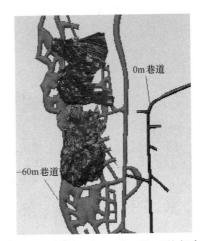

图 10-10 北分支采空区与开拓系统复合图

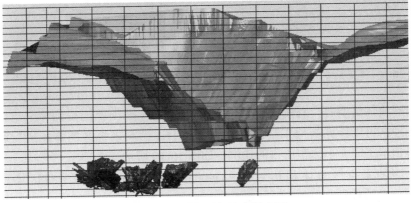

图 10-11 采空区与地表复合图

10.1.2.7 探测采空区的体积计算

进行采空区体积的计算，首先要建立采空区块体模型，所建立的实体模型需要通过实体验证，作为块体的约束条件，在此基础上建立块体模型。块体模型的建立过程如图 10-12 所示。

经过上述步骤建立起块体模型后，就可以进行体积计算。由于篇幅所限，以措施井 5 号采空区为例进行说明。

图 10-13 所示为 5 号采空区的三维实体模型，从图中可以得到采空区的一些基本信息，由图可知，5 号采空区比较整齐。然后利用 3Dmine 软件的"块体—创建块体"，选择合适的块体大小，然后添加约束条件，就得到了 5 号采空区的块体模型，如图 10-14 所示。

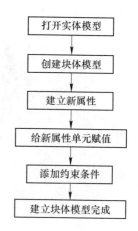

图 10-12 块体模型的建立流程

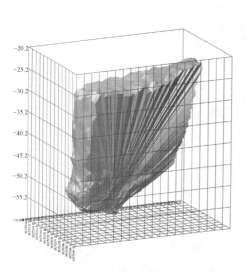

图 10-13 5 号采空区三维实体模型

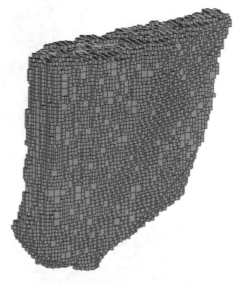

图 10-14 5 号采空区的块体模型

得到块体模型后，利用"块体"菜单下的块体报告就能得到该采空区的体积。同理，可以计算其他采空区的体积。对上述已测采空区的体积进行统计分析，得到了不同大小体积所占的比例，如图 10-15 所示。

已测的采空区总体积达到了 285400m³，其中有 53% 的采空区体积大于 5000m³，危险性较高。

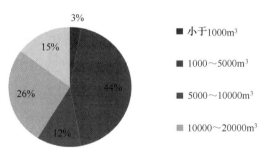

图 10-15　已测采空区体积分布图

10.1.3　基于 CMS 实测的采空区稳定性数值模拟分析

10.1.3.1　模型构建

　　根据 CMS 实测得到的采空区精确的形状以及经过大型矿床三维建模软件 3Dmine 处理后得到的相关数据文件，综合运用岩石力学及大型岩土工程数值模拟分析软件 FLAC3D 等手段，对石人沟铁矿-60m 水平中段已经进行测量的采空区（群）进行了详细的分析。基于 CMS 实测的采空区稳定性数值模拟分析的技术路线图如图 10-16 所示。

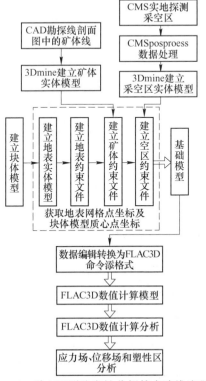

图 10-16　采空区群稳定性分析技术路线流程图

采空区群稳定性数值模拟基础模型是在 3Dmine 块体模型基础上形成。3Dmine 块体模型的构成单元为规则六面体。根据在 3Dmine 中块体模型的构建方法以及本文对基础模型的要求，确定基础模型构建步骤如图 10-17 所示。

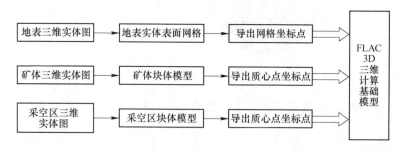

图 10-17　基础模型构建步骤示意图

由于已测的采空区较分散，遍布全区，如果进行一次性分析则形成的单元数巨大，无法进行计算，故要根据采空区的分布情况进行分区分析。根据采空区的分散程度、非法采空区的分布和计算机的实际计算能力，将已测采空区分为 8 部分进行分析，分别为：

（1）措施井 2 号—12 号采空区，斜井采区的 1 号~4 号、39 号和 40 号采空区，-60m 水平中段以上的非法采空区 fck1 号~4 号，总计 21 个采空区；（2）斜井采区 7 号采空区；（3）斜井采区 24 号采空区；（4）北分支采区 2 号、3 号、6 号、8 号和 9 号采空区以及非法采空区 fck17 号；（5）南采区北端采区的 3 号、17 号和 19 号采空区以及非法采空区 fck18 号；（6）南采区北端采区的 8 号和 10 号采空区；（7）断层间采区的 1 号、3 号和 6 号采空区以及非法采空区 fck22 号；（8）F18 断层南采区的 10 号、12 号和 13 号采空区以及非法采空区 fck23 号。

数值计算模型的构建包括三个部分，分别为地表围岩模型、矿体模型及采空区模型。分别采用不同的方法构建地表围岩模型需要获取地表表面网格点，将地表分成了大小等均的矩形，这与 FLAC3D 中的六面体单元很类似。在建立整体的数值模型的时候，将地表网格点的高程点作为六面体 Z 值上限，通过不断的循环即可建立。构建矿体及采空区模型时，则需要通过 3Dmine 软件获取对应块体模型的质心点坐标，通过坐标转换得到符合 FLAC3D 数据格式的文件，进而建立数值计算模型。最终的数值模型如图 10-18 所示。

10.1.3.2　计算分析过程

数值计算模型的力学计算参数以表为基础，并进行适当折减，以适应实际情况，考虑-60m 水平以上的非法采空区，开挖时首先开挖非法采空区，然后开挖-60m 水平中段采空区。每个分析区域的计算流程如图 10-19 所示。

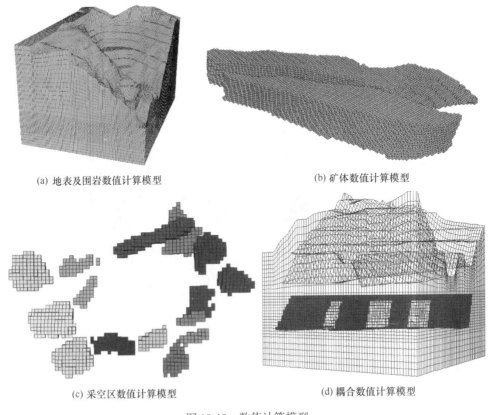

(a) 地表及围岩数值计算模型

(b) 矿体数值计算模型

(c) 采空区数值计算模型

(d) 耦合数值计算模型

图 10-18 数值计算模型

图 10-19 各分析区域计算分析流程

10.1.3.3 计算结果分析

本次数值模拟计算共对 8 个区域 30 多个采空区的稳定性进行了模拟研究，为节省篇幅，对第一个分析区域进行说明，包括位移、应力及塑性区分析。

A 位移分析

如图 10-20 所示，为措施井区域 11 号、2 号、12 号和 8 号采空区群的位移云图，从图中可以看出，CSJ-8 号采空区和 CSJ-12 号采空区已经贯通，顶板处得最大位移为−6.45cm，2 号采空区顶板的最大位移为−6.45cm，CSJ-12 号底板的最大向位移为 3.5cm 左右，11 号和 2 号底板的最大 Z 向位移 2.0cm 左右。12 号采空区和 11 号采空区之间的矿柱的位移较大，从上至下 Y 向位移逐渐转向，即在最上面指向 11 号采空区，在最下面指向 12 号采空区；最大为 1.28cm，指向 12

号采空区。11 号和 2 号之间的矿柱位移较小，为 0.75mm，位于 2 号采空区一侧。

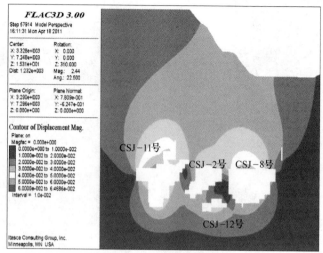

图 10-20　采空区群位移图

B　应力分析

图 10-21 和图 10-22 为 8 号采空区的最小和最大主应力图，中间的采空区为 8 号采空区，两侧分别为 11 号和 12 号采空区。从图中可以看出，在采空区的上下盘部位出现了大范围的拉应力区，大小为 0.37MPa，出现在 8 号采空区上盘位置和 11 号、12 号采空区的顶板处。8 号采空区顶板的最小主应力为 0.5MPa，8 号采空区的最大主应力为 9.0MPa，出现在 8 号采空区的底板处。12 号采空区左侧壁上的最大主应力为 9.18MPa。

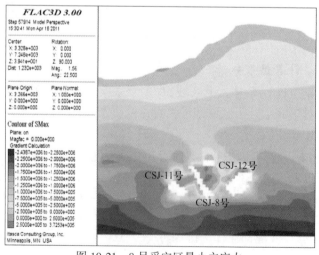

图 10-21　8 号采空区最小主应力

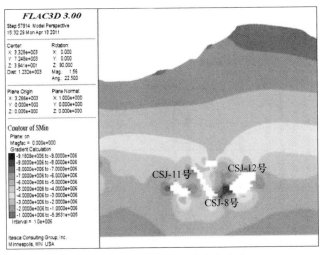

图 10-22 8 号采空区最大主应力

C 塑性区分布

采空区的形成，会给周围的岩体造成很大的破坏，使岩体出现剪切破坏或者拉破坏，如图 10-23 所示，为措施井区域 8 号、11 号及 12 号采空区的塑性区分布图。

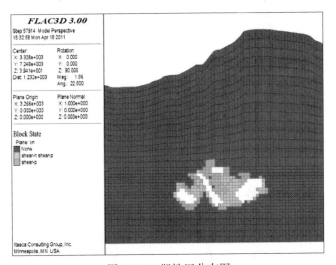

图 10-23 塑性区分布图

由于该区域采空区密度非常大，这个区域的塑性区扩展很严重，三个采空区之间的围岩塑性区出现了贯通，而外侧岩体的塑性区范围并不太深，说明开采扰动对采空区稳定性分布有很大的影响。

根据数值模拟计算结果，对位移及应力等关键数据进行了统计分析，并对采空区的稳定性进行分级。

图 10-24 为各个采空区顶板的最大位移统计图，图 10-25 为采空区的侧壁或矿柱的最大侧向位移统计图，图 10-26 为采空区顶板的最小主应力的统计图。

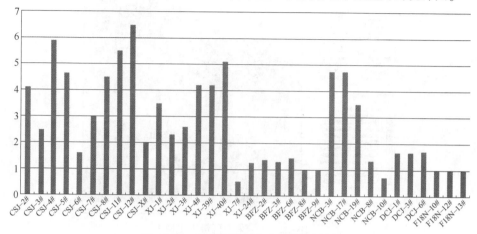

图 10-24　采空区顶板最大位移统计图

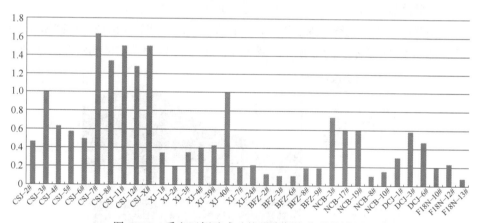

图 10-25　采空区侧壁或矿柱最大侧向位移统计图

从图中可以看出，措施井采区的采空区的顶板和侧壁的位移均比较大，这是因为这个区域的采空区分布非常密集，采空区形成了群效应，它们相互影响，使各自的位移都有所增加，而采空区比较稀疏的区域，顶板和矿柱的位移均比较小，另外，上部非法采空区的存在对采空区的位移尤其是顶板的位移产生了较大的影响，尤其是与下部采空区较接近的。这是由于非法采空区的开挖导致了下部采空区顶板厚度的减小，影响了顶板的稳定性。

另外，跨度较大的采空区的顶板的位移也较大。从图中可以看出，采空区侧壁和矿柱的侧向位移均比较小，说明矿柱或侧壁变形较小，相对稳定些；有的最小主应力出现了正值，说明顶板出现了拉应力。采空区顶板的最小主应力越接近0，说明顶板接近拉应力区越近，顶板也就越危险。

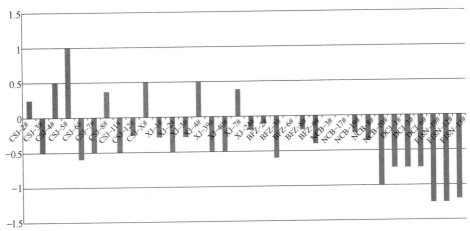

图 10-26 采空区顶板最小主应力统计图

根据采空区围岩位移、应力最大值统计、塑性分析结果以及非法采空区的分布，对采空区的稳定性状况作出描述，从描述中找出采空区相对危险程度并给出稳定性等级，稳定性等级分为三级，Ⅰ级为相对稳定，Ⅱ级为局部不稳定，Ⅲ级为不稳定。评价结果如表 10-3 所示。

表 10-3 采空区稳定性分级汇总

采空区稳定性等级	采空区数量	采空区特征
Ⅰ	10 （29.4%）	采空区顶板位移较小，采空区相对较独立，与其他采空区距离较远，围岩塑性区较少，应力较小，距离非法采空区较远
Ⅱ	13 （38.2%）	采空区顶板位移较大，采空区与周围采空区距离较近，但所处区域采空区密度较小，围岩塑性区较多，且在顶板或者矿柱区域存在与其他采空区塑性区贯通，顶板应力状态接近拉应力区，矿柱应力较大
Ⅲ	10 （29.4%）	采空区顶板位移很大，顶板的应力状态较差，局部出现拉应力，所在区域采空区密度很大，采空区之间相互影响，围岩及矿柱的塑性区范围巨大，在水平范围内出现大面积扩散并产生贯通，受上部的非法采空区影响较大

10.1.4 采空区稳定性分析模糊综合评判

10.1.4.1 计算过程

虽然基于数值模拟计算的采空区稳定性分级比较合理，但是影响采空区稳定性的因素很多，采空区的力学特性只是其中一个方面。这里并没有考虑到采空区的暴露时间，对水文地质因素也进行了简化，有些条件与实际情况出入较大，要想对采空区进行全面的综合评价，还应考虑更多因素，因此，采用了模糊综合评判与层次分层法相结合的方法，对采空区稳定性进行综合分析。

根据前述采空区稳定性影响因素分析结果，选定了模糊综合评判的评价指标集，详细如图 10-27 所示。

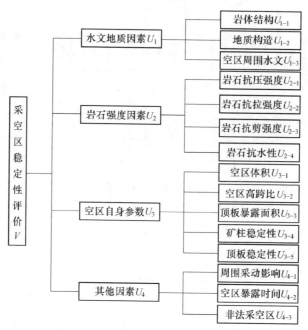

图 10-27　石人沟铁矿采空区影响因素列表

V—目标层；U_n—中间因素层；U_{n-i}—因子层

采空区的稳定性分为三个等级，分别为稳定（Ⅰ级）、局部不稳定（Ⅱ级）、不稳定（Ⅲ级）。

根据层次分析法可求得因素及因子的权重，如下所示：

$$V = (0.427, 0.103, 0.427, 0.044)$$
$$U_1 = (0.283, 0.643, 0.074)$$
$$U_2 = (0.375, 0.125, 0.375, 0.125)$$
$$U_3 = (0.042, 0.429, 0.199, 0.118, 0.213)$$
$$U_4 = (0.258, 0.637, 0.105)$$

对于评价因子中的离散变量，引起因子的离散化，主要采用专家评定法取值，如表 10-4 所示。而对于连续变量，则建立代表隶属度和预测因子之间的函数关系即隶属函数，其隶属度可通过代入因子实测值经计算得到。隶属函数种类很多，综合各引子数据的分布特征，采用三相线性隶属函数，其计算公式如下：

$$Y_{\mathrm{I}}(X) = \begin{cases} 1, & X \leqslant s_1 \\ \dfrac{s_2 - X}{s_2 - s_1}, & s_1 < X \leqslant s_2 \\ 0, & X > s_2 \end{cases}$$

$$Y_{\mathrm{II}}(X) = \begin{cases} 0, & s < X < s_1 \\ -\dfrac{s_2 - X}{s_2 - s_1}, & s_1 < X \leqslant s_2 \\ \dfrac{s_3 - X}{s_3 - s_2}, & s_2 < X \leqslant s_3 \end{cases}$$

$$Y_{\mathrm{III}}(X) = \begin{cases} 0, & X < s_2 \\ -\dfrac{s_2 - X}{s_3 - s_2}, & s_2 \leqslant X < s_3 \\ 1, & X \geqslant s_3 \end{cases}$$

式中，X 为定量因子的实测值标准化后的数值；s_1、s_2、s_3 分别为相应定量因子在空区稳定、局部不稳定以及不稳定这 3 种状态下标准化后数值。

由于因子的物理意义不同，量纲也不一致，为了保证各个因子具有等效性和同序性，需在进行模糊计算之前，对原始数据进行处理，将各级界限进行标准化。标准化后数值见表 10-4（参见表 10-5）。

表 10-4　采空区因素及因子指标标准化数值

因素层	因子层	稳定（Ⅰ级）		局部不稳定（Ⅱ级）		不稳定（Ⅲ级）	
		实际数据	标准化后数据	实际数据	标准化后数据	实际数据	标准化后数据
水文地质因素 U_1	岩体结构 $U_{1\text{-}1}$	完整块状，坚硬		较完整，局部破碎		岩体破碎，复杂	
	地质构造 $U_{1\text{-}2}$	5.0	0.17	15.0	0.5	30	1
	空区周围水文 $U_{1\text{-}4}$	空区周围水量少或者没有		空区内水量较大		空区内有大量水涌出	
岩石强度因素 U_2	岩石抗压强度 $U_{2\text{-}1}$	80.0	1.0	40.0	0.5	20.0	0.25
	岩石抗拉强度 $U_{2\text{-}2}$	5	1	2.5	0.5	1	0.2
	岩石抗剪强度 $U_{2\text{-}3}$	60.0	1.0	45.0	0.75	30.0	0.5
	岩石抗水性 $U_{2\text{-}4}$	0.9	1.0	0.75	0.83	0.5	0.56
空区自身参数 U_3	空区体积 $U_{3\text{-}1}$	3000	0.33	6000	0.67	10000	1
	空区高跨比 $U_{3\text{-}2}$	1.17	1.0	0.87	0.74	0.75	0.64
	顶板暴露面积 $U_{3\text{-}3}$	500	0.33	1000	0.67	1500	1
	矿柱稳定性 $U_{3\text{-}4}$	尺寸符合设计，稳定，无破坏		超采较严重局部有破坏，较稳定，		不稳定，矿柱破坏甚至无矿柱	
	顶板稳定性 $U_{3\text{-}5}$	稳定		较稳定		不稳定	

因素层	因子层	稳定（Ⅰ级）		局部不稳定（Ⅱ级）		不稳定（Ⅲ级）	
		实际数据	标准化后数据	实际数据	标准化后数据	实际数据	标准化后数据
其他因素 U_4	周围采动影响 U_{4-1}	空区周围无开采活动，扰动较少		扰动较多		周围采切活动较多，扰动很大	
	空区暴露时间 U_{4-2}	30	0.33	50	0.5	100	1
	非法采空区 U_{4-3}	周围无非法采空区或距离较远		非法采空区距离近，有透点		与非法采空区距离很近，局部坍塌	

表 10-5 定量因子隶属度取值

采空区稳定分级		因子					
		U_{1-1}	U_{2-1}	U_{2-3}	U_{2-4}	U_{3-2}	U_{3-3}
稳定（Ⅰ）	$Y_Ⅰ(X)$	0.70	0.75	0.70	0.75	0.70	0.70
	$Y_Ⅱ(X)$	0.25	0.20	0.25	0.20	0.25	0.25
	$Y_Ⅲ(X)$	0.05	0.05	0.05	0.05	0.05	0.05
局部不稳定（Ⅱ）	$Y_Ⅰ(X)$	0.20	0.20	0.25	0.20	0.20	0.20
	$Y_Ⅱ(X)$	0.65	0.65	0.65	0.65	0.65	0.65
	$Y_Ⅲ(X)$	0.15	0.15	0.10	0.15	0.15	0.15
不稳定（Ⅲ）	$Y_Ⅰ(X)$	0.05	0.05	0.05	0.05	0.05	0.05
	$Y_Ⅱ(X)$	0.25	0.20	0.20	0.20	0.20	0.20
	$Y_Ⅲ(X)$	0.70	0.75	0.75	0.75	0.75	0.75

10.1.4.2 模糊综合评判结果

由于每个采空区实际赋存环境不同，因此每个因素的权重并不相同，要根据实际情况进行分析计算，再根据实际的计算结果对采空区稳定性进行分析。

根据上述原理及计算分析过程，已测的采空区稳定性结果如表 10-6 所示。对比数值模拟计算结果可知，两种评价方法得到的采空区的稳定性评价结果有着很高的契合度，说明两种方法都有其合理性。实际上，采用数值模拟方法对采空区的稳定性进行评价和分级，主要依据的是采空区围岩在开采过程中的应力、位移和塑性区的分布进行评判，忽略或者简化了其他的因素，评价指标较为单一，并且不能考虑时间因素。实际上影响采空区稳定性的因素有很多，围岩的物理力学指标只是其中比较重要的一部分。基于模糊综合评判的采空区稳定性分析方法则选取了影响采空区稳定性的多个因素，评价指标更加全面，考虑的因素也更加丰富，得到的结果也更可靠。但是，其在因素的选取和权重的确定方面具有一定的主观性, 定性描述的比较多, 缺乏定量描述。可以将两者进行有效的结合, 提升采空区稳定性评价的准确性。

表 10-6 采空区模糊综合评判分级结果

采 空 区 名	采空区稳定性等级	采空区数量	采空区特征
XJ-3 号, XJ-7 号, BFZ-2 号, BFZ-3 号, NCB-8 号, NCB-10 号, DCJ-1 号, DCJ-6 号, F18N-12 号, F18N-13 号	I	10 (29.40%)	采空区顶板位移较小, 处在 I 级或者 II 级, 采空区相对较独立, 与其他采空区距离较远, 围岩塑性区较少, 应力较小, 距离非法采空区较远
CSJ-3 号, CSJ-6 号, CSJ-7 号, XJ-1 号, XJ-2 号, XJ-24 号, XJ-39 号, BFZ-6 号, BFZ-8 号-9 号, NCB-3 号, NCB-19 号, DCJ-3 号, F18N-10 号	II	13 (38.20%)	采空区顶板位移处在 II 级或者 III 级, 采空区与周围采空区距离较近, 但所处区域采空区密度较小, 围岩塑性区较多, 且在顶板或者矿柱区域存在与其他采空区塑性区贯通, 顶板应力状态接近拉应力区, 矿柱应力较大
CSJ-2 号, CSJ-4 号, CSJ-5 号, CSJ-8 号, CSJ-11 号, CSJ-12 号, CSJ-X 号, XJ-4 号, XJ-40 号, NCB-17 号	III	10 (29.40%)	采空区顶板位移处在 III 级或 IV 级, 顶板的应力状态较差, 局部出现拉应力, 所在区域采空区密度很大, 采空区之间相互影响, 围岩及矿柱的塑性区范围巨大, 在水平范围内出现大面积扩散并产生贯通, 受上部的非法采空区影响较大

10.2 充填法狭长型采空区稳定性分析

10.2.1 工程背景

10.2.1.1 矿区概况

果洛龙洼金矿位于青海省都兰县南部, 行政区划隶属青海省都兰县沟里乡管辖, 距乡政府驻地 8km, 距都兰县香日德镇 65km。

矿区属布尔汉布达山系, 山脉走向近东西, 山势险峻, 切割强烈, 属半干旱高山草原景观, 植被发育不均匀, 侵蚀切割较强烈, 沟系发育, 但大部分为干沟或季节性水系, 只有少数为常年流水系, 水流量随季节变化。矿区气候特征以寒冷、干旱、多风、昼夜温差大、冰冻期长、降雨量少为特点。

10.2.1.2 开采技术条件

A 矿体条件

依据金矿体产出部位和空间展布特征, 在区内由南向北划分出 6 条金矿带, 分别为 AuI、AuII、AuIII、AuIV、AuV、AuVI 6 条金矿带, 金矿带走向近东西，倾向南，倾角陡、缓变化大，一般在 45°~75° 之间，产状与地层相一致。矿体形态简单，呈脉状、透镜状、囊状、串珠状，在走向及倾向上具分枝复合、尖灭再现、膨大收缩现象。

Au I -1 矿体为 I 矿带内的主矿体，为石英脉型金矿，产状 180°∠60°~80°，平均厚度 1.5m 左右。Au IV-1 是矿区主要矿体之一，为石英脉型金矿，浅部为黄褐色蜂窝状石英脉（氧化矿），深部为烟灰色石英脉。真厚度在 0.46~3.672m 之间，平均 1.446m，矿体厚度变化属稳定矿体。金品位一般在 1.00~17.4g/t，平均品位 4.759g/t，产状 180°∠50°~70°，金品位变化属均匀类型。

由此可见，矿区矿体平均倾角达 60° 以上，平均厚度 1.5m，属于典型的急倾斜薄矿体，石英脉型，走向长度远远大于宽度。矿石结构有半自形—他形粒状结构、填隙结构、反应边结构、隐晶状、土状结构等。矿石的构造主要有细脉浸染状构造，晶洞状构造，斑杂状、块状，网脉状构造及皮壳状构造。

B　围岩条件

矿体围岩主要为绢云绿泥千糜岩，矿体与围岩界线清楚，两盘均有断层泥出现，在靠近矿体部位围岩蚀变强烈，主要表现在矿区闪长岩北侧的千糜岩带中，且有愈近岩体蚀变愈强烈之趋势。有时上盘有较强蚀变的围岩本身也是矿体，含金品位高达 12.50g/t，而其下盘只有轻微矿化。主要有绢云母化、硅化、黄铁矿化、碳酸岩化、褐铁矿化、方铅矿化、高岭土化、绿泥石化等。

绢云绿泥千糜岩具千枚状构造，局部糜棱岩化，片理发育，垂直矿体和围岩施工坑道则围岩稳定性较好，而施工沿脉则围岩稳定性较差，应采取措施以防冒顶和片帮。

C　工程地质评价

矿区矿体上下盘围岩主要为千糜岩、含炭质千糜岩，单轴极限抗压强度为 31.4~53.7MPa，其工程地质类型为坚硬~半坚硬岩石的整体结构矿床。地质构造简单，矿体底顶板岩层较完整稳固，底板千糜岩、含炭质千糜岩无岩溶现象，不含承压水，属工程地质条件简单地区。

岩体为整体结构，岩体质量等级为特好，岩体质量优。井巷围岩岩石质量指标较好，矿体顶底稳固。开采过程中在破碎带发育地段，工程力学性质较差，应进行支护。

矿区基岩裂隙水极不发育，大部分采矿坑道表现为干燥，不存在突然涌水的可能，对矿床开采影响不大。

D　开采技术参数

由于环境恶劣，公司招募技术人员及一般劳动力困难较大；加之高原作业，设备效率降低近 30%，更加大了采矿工作的难度。采用一种人员少、高效的采矿方法势在必行。为此，公司于 2010 年 9 月通过对国外相似矿山进行考察，确定引进先进的中深孔机械化开采工艺，通过采矿方法优选，最终确定采用中深孔机械化落矿嗣后废石充填法。技术参数如下：

（1）脉内布置采准、凿岩和运输巷道，沿矿体走向留设 3~5m 间柱，并布置 2m×2m 切割天井与上分段采准巷道相通，采场长 30~50m。采用中深孔凿岩台车沿矿体倾向钻凿平行炮孔。

（2）采用中深孔爆破崩落矿石。孔深 12~14m，孔径 64mm，最小抵抗线 1.2m，孔距视矿体厚度而定，炮孔平行布置，一次爆破长度 3~8m，分段爆破，导爆管起爆。

（3）崩落的矿石由铲运机运至矿石溜井，需要进入采空区出矿时，采用遥控铲运机；运距较长时，采用坑内 12t 卡车倒运到矿石溜井。

10.2.2 果洛龙洼金矿采空区 CMS 三维激光探测及分析

青海山金矿业有限公司于 2010 年 3 月开始进行建设，于 2012 年完成基建工程，转入正式生产，进行采矿活动。其中果洛龙洼矿区为其主要生产矿区，平均开采高度达 3800 以上。采用中深孔落矿嗣后废石充填，由于其矿脉狭窄，因此采场往往达几十米长，充填前形成了较大规模的采空区。

3840m 水平至 3854m 形成了长约 80m 左右的采空区。在回填前为获取试验采区采出矿量等准确信息，利用 CMS 设备对已形成的采空区进行了实地探测。由于采空区属于狭长型，宽度较小而长度较大并且不完全是直线，存在岩石遮挡，因此不能一次将采空区探测完成，根据采空区出入口分布特点，选择了 3 个入口，进行了 4 次探测。探测采空区平面图如图 10-28 所示。

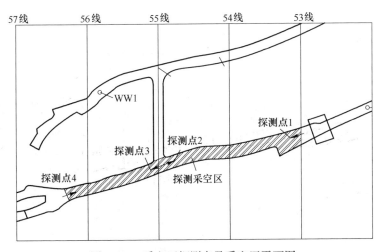

图 10-28　采空区探测点及采空区平面图

进行探测前，首先要在地面对系统进行调试和校正。进入地下测量时，设备一定要安装牢固，避免在测量过程中，支架出现偏移。仪器安装处应保持干燥，避免水分进入仪器内部。

10.2.2.1　探测结果

根据现场情况，实际探测采空区区域分布在 53 线~57 线之间，长约 76m，对探测数据进行处理，导入 SURPAC 软件进行建模，并与矿体及区域内巷道进行耦合，处理之后的采空区三维图如图 10-29 所示。

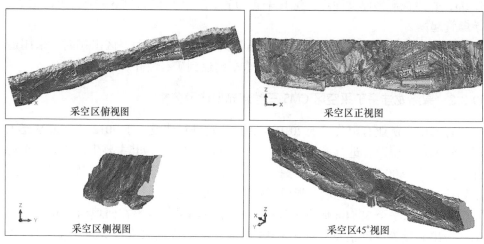

图 10-29　采空区不同视角视图

图 10-29 所示的采空区视图包含了上下两个水平的巷道，不是直接的开采空区，不能直接用于产量计算及损贫分析，须将上下水平巷道去掉。图 10-30 为经过处理后采空区的实际形态及与工程的空间位置图。

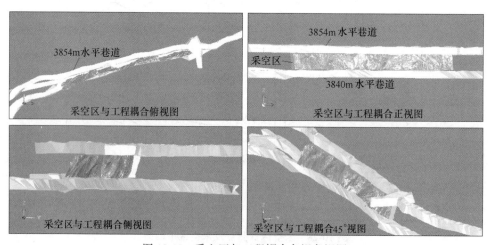

图 10-30　采空区与工程耦合各视角视图

经过处理后，实测采空区总体积为 2139.7m³，扣除上下分段巷道体积 1478.2m³，得实际采空区体积为 841.5m³。采用 SURPAC 模型计算的矿体体积为 430.8m³。计算得出矿石总量为 2314t。空区已有部分废石冒落且单独运出排放，总计约 590t，因此，实际采出矿石量 1724t。

10.2.2.2 损贫分析

根据实测采空区，与矿体模型进行耦合处理，可以较明显的得到超采和欠采部位，进行损贫分析。采空区与矿体耦合图如图 10-31 所示。

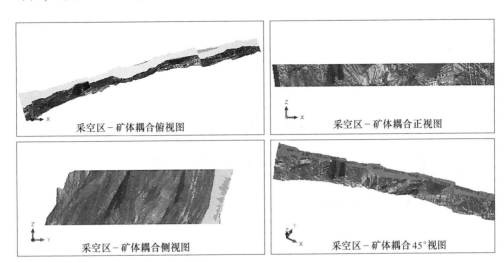

采空区-矿体耦合俯视图　采空区-矿体耦合正视图
采空区-矿体耦合侧视图　采空区-矿体耦合45°视图

图 10-31　采空区-矿体耦合各视角视图

为更加清晰的说明采空区实际边界与矿体边界的关系，截取了部分剖面进行说明，如图 10-32 所示。

所测采空区的采场地质矿石量 Q = 1184.785t，采场采出地质矿石量 Q_1 = 1136.55t，空区矿石总量为 2314.111t，空区冒落大块废石约 590t，采出矿石总量 T = 1724.111t，则有矿石贫化率：

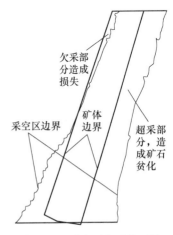

欠采部分造成损失
采空区边界　矿体边界　超采部分，造成矿石贫化

$$\gamma = \frac{R}{Q_1 + R} \times 100\% = \frac{T - Q_1}{T} \times 100\%$$

$$= \frac{1724.111 - 1136.55}{1724.111} \times 100\% = 34.08\%$$

图 10-32　采空区与矿体对比

这一区段地质品位 a 为 4.13g/t，采空区数

据得到采出矿石量计算得到出矿品位 $a' = 2.72g/t$，实际采出矿石采样出矿品位 $a' = 2.89g/t$，有矿石贫化率

$$\gamma = \left(1 - \frac{a'}{a}\right) \times 100\% = 30.02\%$$

贫化率直接法与间接法算出的结果差距，受很多因素影响，比如采出矿石后人工剔除大块废石，矿石采样化验过程中不均匀性所致的误差等。

矿石损失率

$$\rho = \frac{Q - Q_1}{Q} \times 100\% = \frac{1184.785 - 1136.55}{1184.785} \times 100\% = 4.07\%$$

矿石回收率

$$K = \frac{Q_1}{Q} \times 100\% = 1 - \rho = 95.93\%$$

10.2.3　基于 CMS 实测的采空区稳定性数值模拟分析

果洛龙洼矿区采空区属于窄高型。为提高数值模拟准确性，采用 CMS 空区探测系统对采空区进行探测。在精细探测基础上，采用 SURPAC、ANSYS 及 FLAC3D 模拟计算软件，建立了采空区精细计算模型，对采空区稳定性进行分析。模拟计算思路如图 10-33 所示。

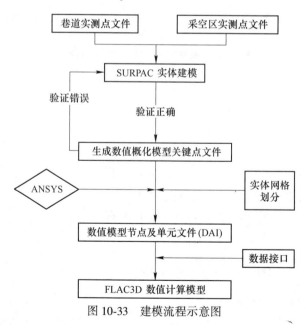

图 10-33　建模流程示意图

三维数值模型见图 10-34 和图 10-35。为简化计算模型，根据采空区的大小，截取了部分岩体，进行模拟。模型尺寸为 90m×50m×90m。初始模型采用四面体

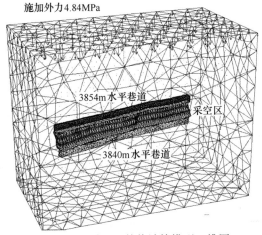

图 10-34　采空区数值计算模型三维图

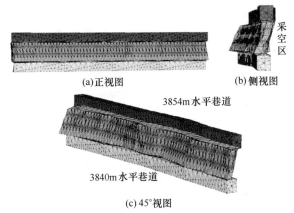

(a)正视图　　　　　　　　(b)侧视图

(c) 45°视图

图 10-35　矿体及巷道计算模型三视图

单元剖分，重点剖分采空区和巷道部位，精度以确保无畸变单元为原则并在局部适当加密，单元总数 62337，节点总数 10866。计算中，将围岩、矿体及其充填体都视为弹塑性连续介质，采用莫尔-库仑准则。

本次三维数值计算将岩性简化为金矿、围岩和废石充填体三种介质类型，最终的力学参数见表 10-7。

表 10-7　矿岩物理力学参数

项　目	容重/kg·m⁻³	弹性模量/GPa	泊松比 μ	黏聚力 C/MPa	内摩擦角 φ /(°)	抗拉强度/MPa
充填体	1600	25	0.05	0	0	0
金　矿	2650	92.79	0.20	1.2	31	1.2
围　岩	2750	76.51	0.14	1.7	333	1.2

模型计算完毕后进行结果分析，在整个分析区域选择了一定数量的监测点及剖面，如图 10-36 所示。

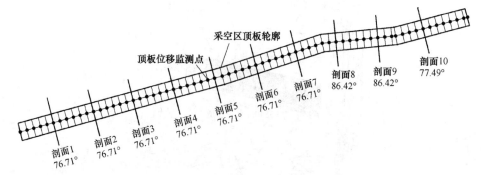

图 10-36 顶板位移监测点

首先进行位移分析。图 10-37 和图 10-38 为指定开挖步骤，顶板各监测点垂直位移曲线图。由图可知，在每个开挖阶段，顶板垂直位移变化规律是相似的，呈现出两边向中间波动下降的规律，两侧基本对称分布；最终顶板最大位移为 2.9mm 左右，大致位于中间的监测点。

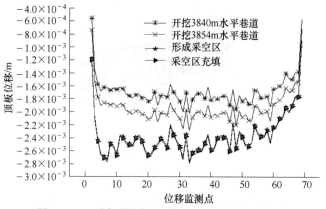

图 10-37 不同开挖阶段顶板监测点位移变化曲线

图 10-38 为各个监测点随开挖步骤的位移曲线图，由于两侧对称，因此选取了一侧的监测点进行分析。图中反映出的规律与图相似，不再赘述。

图 10-39 为采空区平面剖面图整体位移分布图。由图可以看出，上盘的位移影响区域远远大于下盘区域，因此要注意上盘岩体的稳定性。

其次进行应力分析。计算过程中由于应力都没有超过岩体的限值，因此这里不再进行应力的分析说明。

为得到采空区周围塑性区分布规律，需要对采空区周围塑性分布进行分析。图 10-40 为采空区周围岩体塑性分布区域。

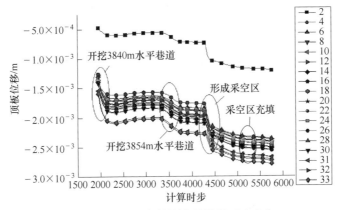

图 10-38 顶板各监测点随计算时步变化

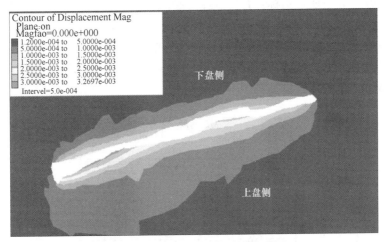

图 10-39 采空区周围位移分布云图

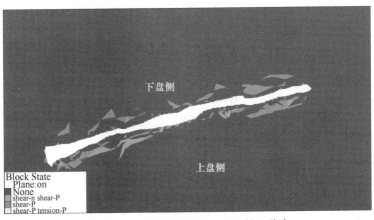

图 10-40 充填前采空区围岩塑性区分布

　　图中采空区左侧（55 线附近），出现了很多剪切破坏区，在采空区倾角较大部位的塑性区较小。上盘的塑性区分布大于下盘，平均影响范围在 10m 左右。

10.2.4　基于现场调查及 Mathews 稳定性图法采空区最大跨度计算

　　针对矿区采空区狭长窄高的特点，在实地调查的基础上采用 Mathews 稳定性图法对采空区的最大跨度进行了预测计算。

　　Mathews 稳定性图法建立在钻孔及现场岩石力学详细调查基础上，获取岩石的节理裂隙、质量及物理力学性质等信息，通过式（10-3）计算修正稳定参数（N'）：

$$N' = \frac{RQD}{J_n} \times \frac{J_r}{J_a} \times A \times B \times C \tag{10-3}$$

式中，RQD 为岩石质量指标；J_n 为节理（裂隙）组编号；J_r 为节理粗糙度；J_a 为节理蚀变；A 为与岩石强度和感应应力相关的参数；B 为节理优势取向与掌子面之间的夹角；C 为采场工作面稳定性受重力影响的参数。

　　依据 N' 值与水力半径 HR 值组合的 Mathews 稳定性图对应的值进行判断得到 HR 值。Mathews 稳定性图如图 10-41 所示。

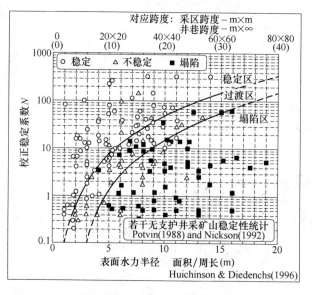

图 10-41　Mathews 稳定性图

　　水力半径 HR 与稳定跨度的关系为：

$$HR = \frac{W \times H}{2(W + H)} \tag{10-4}$$

式中，HR 为水力半径，m；W 为稳定跨度，m；H 为采场斜长，m。

采用钻孔岩芯型号 NQ（47.6mm）来提取岩芯，每个勘探扇形钻面中钻凿 2 个 NQ 型号的钻孔。岩芯 RQD 值为长度大于 10cm 占总长的比例。现场调查围岩 RQD 值时，可采用测线法，根据节理密度来换算岩石 RQD 值，计算公式为：

$$RQD = 115 - 3.3J_V \tag{10-5}$$

式中，J_V 为体积节理参数。

调查区域选择穿脉（穿过矿体的前后 5~10m 的位置），采用测线法等手段测得。岩石节理裂隙调查目的是为了获取围岩及矿体的节理信息，以确定式(10-3)中 B 值和 C 值，主要包括如下内容：

（1）节理组数调查（J_n）。节理组数主要用来评价围岩及矿体的质量，评分见表 10-8。

表 10-8 节理组数评分表

节 理 组 数	节理组评分
大规模，很少或者无节理	0.5~1.0
1 组节理	2
1 组节理+无规则结构	3
2 组节理	4
2 组节理+无规则结构	6
3 组节理	9
3 组节理+无规则结构	12
4 或多于 4 组节理，无规则结构，多个节理组，方糖块状	15
碎石，土状	20

（2）主要节理组的方位的测量。包括围岩和矿体的走向、倾向及倾角，通过 Stereonett 软件进行节理分析，获得围岩及矿体的优势节理组。分析结果将被用于下面讲到的采矿设计稳定参数和稳定采矿设计水力半径的估算中。

（3）最软弱节理组中节理面粗糙度（J_r）的确定。节理面粗糙程度归纳为下列 4 种：平直型；波浪型；锯齿型；台阶型。评分见图 10-42。

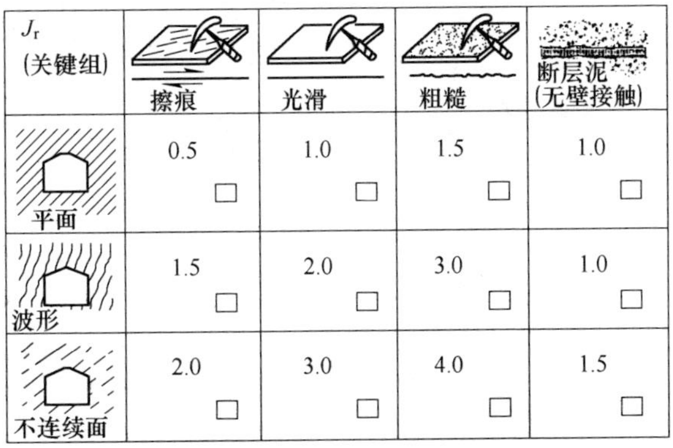

图 10-42 节理面粗糙程度评分标准

（4）最软弱节理组中节理面蚀变程度（J_a）的确定。进行节理面调查的时候，节理面的蚀变系数根据表 10-9 的标准进行评分。

表 10-9　节理面蚀变程度评分标准

节理面蚀变程度	蚀变系数
紧密愈合	0.75
仅表面染色	1.0
节理稍有蚀变	2.0~3.0
低摩擦表层（绿泥石、云母、滑石、黏土），厚度<1mm	3.0~6.0
薄断泥层，低摩擦性，或者膨胀黏土，1~5mm 厚度	6.0~10.0
厚断泥层，低摩擦性，或膨胀黏土，厚度>5mm	10.0~20.0

（5）节理中水含量因素（J_w）的估计。节理面的含水状况对节理的性质有很大影响，评分见表 10-10。

表 10-10　节理面水况折减系数评分表

节理面水况	折减系数
开挖时干燥（现场状况 5L/min，<1.0kgf/cm²）	1.0
中等水流或水压（1.0~2.5kgf/cm²）	0.66
大量水流或高水压，未在节理间积水（2.5~10kgf/cm²）	0.5
大量水流或高水压，在节理间沉淀（2.5~10kgf/cm²）	0.33
极大量水流或高水压（开挖后减少）（>10kgf/cm²）	0.2~0.1
特大水量或水压（开挖后未减少）（>10kgf/cm²）	0.1~0.05

进行地压调查，确定采动过程中应力变化等，并确定压力折减系数。现场的压力折减系数，按照如图 10-43 所示的标准进行评价。

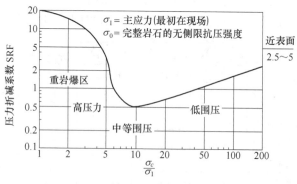

SRF 由现场压力来决定。

注：对于高各项应力：当 $5<\sigma_1/\sigma_3<10$，用 $\sigma_c=0.8\sigma_c$；当 $\sigma_1/\sigma_3>10$，$\sigma_c=0.6\sigma_c$

图 10-43　压力折减系数曲线图

如图 10-44~图 10-46 曲线所示，根据上述现场调查数据确定 A、B 和 C 值。

在现场调查的基础上，计算出稳定数 N 为 7。依据上面的分析步骤，对 3840m 水平采场的采空区的安全跨度进行了计算。采场斜高 22m，开采宽度平均为 1.5m，计算出试验采矿稳定的采矿跨度 $w=45$m。建议采场长度定为 40~50m。

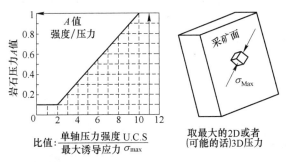

图 10-44　A 值确定方法图

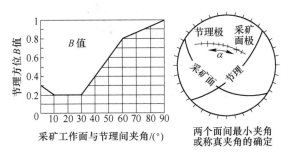

图 10-45　B 值确定方法图

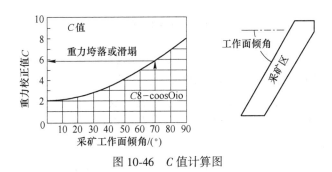

图 10-46　C 值计算图

10.3　崩落法隐覆型采空区稳定性分析

10.3.1　工程背景

由崩落法采空区特征可知，此种类型采空区的形成主要是由于上覆岩层的移动和垮塌形成，因此采空区往往处于上覆岩层中，且随着覆盖层的移动其位置、大小都会发生变化。因此，对崩落法隐覆型采空区稳定性进行研究，首先要对覆盖层的移动规律及应力应变规律进行研究，以程潮铁矿西区为工程背景，采用离散元模拟软件 UDEC 进行稳定性的模拟分析。

选择如图 10-47 所示的剖面，下盘有箕斗井、新主井，至 2013 年 9 月剖面上移动范围箕斗井水平距离 138m。自 2007 年 12 月至 2013 年 9 月 Ⅰ 剖面下盘移动范围扩张水平距离为 118m，上盘移动范围扩张水平距离为 119m。上下盘移动范围发展速度相差不大。

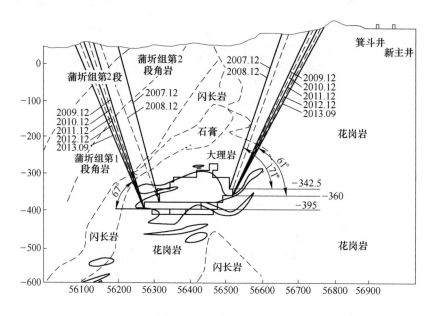

图 10-47 Ⅰ 剖面移动角

剖面计算模型水平方向上从 3355150 至 3357250，宽为 2100m；垂直方向上，模型从地表至 −700m 水平，高度为 790m。根据 Ⅰ 剖面地质资料，采区矿体覆岩包括：角页岩、大理岩、闪长岩、斑岩、石膏、花岗岩和第四系黏土碎石层等。岩石的自然分布较为复杂，加上各种岩性的岩石相互夹杂小块非规则杂石，使得剖面的数值模拟难度很大。

UDEC 程序属于离散单元法中的一种，在计算过程中，覆盖岩层块体会随着模拟开挖的进行逐步冒落。较小的夹杂岩石，对计算结果影响不大；但是对计算过程会产生很大影响，如块体尖角过多是程序计算容易报错，块体划分增加会大大减小计算速度等。

为减少计算量，本文在模型设计过程中，适当简化覆岩的分布，删除了分布分散、单块面积较小的岩石。计算模型中主要考虑了角页岩、大理岩、闪长岩、石膏和花岗岩这几种主要围岩。图 10-48 为简化后的 I 剖面,其相应的 UDEC 计算模型如图 10-49 所示。

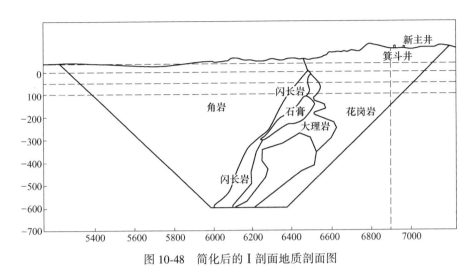

图 10-48　简化后的 I 剖面地质剖面图

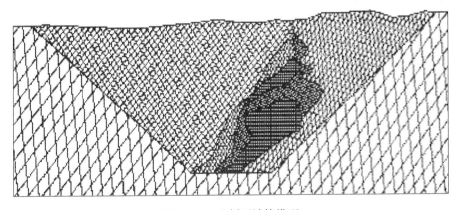

图 10-49　I 剖面计算模型

离散元计算是一种松弛迭代计算,目前程潮铁矿开采深度和宽度都很大,致使模拟过程中平衡计算步骤可能超过百万次,而且由于开采多分段、分部开采模拟,计算量将会非常大。为尽可能在不影响计算结果的基础上,减少计算量,本文根据经验采用了上宽下窄的建模方法。对于远离开采区的、开采影响很小的部分,适当调整节理密度,人为地增大了节理间距,以减少模拟过程中块体的数量。

10.3.2　岩石力学参数和地应力场

计算中采用的矿岩物理参数主要来源于中科院武汉岩石力学研究所 1997 年

提出的《程潮铁矿东区工程地质、水文地质研究及评价》和程潮铁矿提供的地质报告。经对地质模型简化，模型中共涉及几种岩性，具体名称及参数见表10-11和表10-12。

表 10-11　程潮铁矿西区 37 号剖面岩体力学参数

岩性名称	容重 /kN·m⁻³	弹性模量 /MPa	泊松比	内摩擦角 /(°)	内聚力 /MPa	抗拉强度 /MPa
角　岩	22.3	2992	0.23	31.8	1.84	0.18
铁　矿	43.3	5352	0.31	38.1	2.48	0.25
硬石膏	28.3	2136	0.26	23.9	1.24	0.12
大理岩	26.7	2569	0.28	30.2	1.70	0.17
花岗岩	24.7	2036	0.27	29.6	1.61	0.16
闪长岩	26.3	1850	0.27	61	0.8	0.16

表 10-12　矿岩节理参数

岩性名称	节理组编号	节　理　产　状	节理间距
花岗岩	1	走向北 40°~60°东，倾向南东，倾角 68°~80°	8
	2	走向北 40°~65°西，倾向北东，倾角 40°~90°	
铁　矿	1	走向北 13°~23°东，倾向南东，倾角 34°~68°	10~17.5
	2	走向北 54°东，倾向南东，倾角 76°	
角　岩	1	走向北 30°~70°东，倾向北西，倾角 46°~83°	8~30
	2	走向北 50°西，倾向北东，倾角 65°	
闪长岩	1	走向北 30°~60°东，倾向南东，倾角 40°~90°	8
	2	走向北 20°~70°西，倾向北东，倾角 50°~85°	

基于位移反分析求解节理参数

节理力学参数可通过实验室实验取得，实验取得的节理力学参数客观有效。但是对于模拟地表移动这样的大范围数值计算来说，由于实验条件的限制，要通过实验取得完善、真实的岩石节理力学参数是不可能的。金属矿山的矿岩地质条件复杂，岩体节理的力学参数更是难以通过现场或室内岩石力学实验取得。原因主要有以下几点：取样和试块加工过程中不可避免地会对岩石节理参数造成破坏；实验室内试块并不能完全代替深埋地表下的岩石，受到其所处环境的影响，其节理力学参数也相应发生变化。实验采样毕竟是有限的，对于跨度达到千米以上的计算范围，取得完善的实验数据是不符合成本效益的。

　　位移反分析法是以现场量测的位移为基础，通过反演模型系统的物理性质及数学描述，推算得到该系统的初始地应力和本构模型参数等的方法。此方法类似于以位移作为自变量，力学参数作为因变量，通过改变不同的力学参数，使模型计算出的结果接近已知的位移量，从而选取合适的力学参数。对于模拟程潮铁矿西区地表移动而言，由于有长达 7 年的地表位移监测数据，采用位移反分析法取得节理力学参数不仅可行，相比实验法更符合成本效益。

　　程潮铁矿采区地表布设有位移监测系统，在已知岩体的物理力学参数和节理分布的基础上，根据对西区不同回采阶段的地表沉降结果进行反分析，得出节理力学参数是可行的选择。位移反分析以−360m 水平和−375m 水平回采引起地表移动的范围作为依据。具体分析步骤如下：

　　（1）反分析节理力学参数。根据−360m 水平回采结束时地表移动范围和已知参数的岩石力学参数，反分析节理力学参数。在这个步骤中，虽然节理力学参数是需要求解的值，但是根据数值模拟的客观顺序，需要尝试着在已知岩石力学参数的基础上，给节理赋值，计算求解。根据计算结果的移动角和地表监测实际的移动角相同或者相近（误差小于5%）时，将计算用的节理力学参数作为反分析初步结果。

　　（2）验证"步骤（1）"得到的节理力学参数。用第 1 步得出的参数模拟−375m水平回采结束时的地表移动范围（移动角），模拟结果跟实际监测结果对比，误差过大则调整参数重新进行"第 1 步"。依此循环，直至−360m 和−375m水平模拟移动角跟监测结果误差均在可接受误差范围内。模型计算值与监测值的平均误差率下盘在 5% 以内、上盘在 10% 以内（下盘设有新副井等重要地面建筑，上盘村庄距离采区较远，对下盘设置更低的可接受误差），视为参数选取合理。

　　−375m 水平回采验算模型如图 10-50 所示，验算结果为−375m 水平回采结束，下盘移动角 59°，上盘移动角度 67°。实际监测结果为下盘移动角度 61°，上盘移动角 68°。位移反分析得出的节理力学参数见表 10-13。

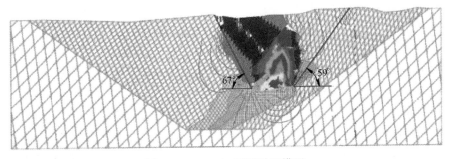

图 10-50　−375m 回采验证模型

表 10-13　位移反分析得出程潮铁矿岩体节理力学参数

岩性名称	法向刚度 K_n/GPa	切向刚度 K_s/GPa	内摩擦角 $\varphi/(°)$	内聚力 C/MPa	抗拉强度 /MPa
角　岩	11.3	11.3	29	1.8	0.18
闪长岩	7.89	7.89	35	2.0	0.20
花岗岩	10.2	10.2	22	1.2	0.12
大理岩	10.8	10.8	28	1.6	0.16
石　膏	8.22	8.22	41	1.5	0.15
铁　矿	21.0	21.0	30	1.2	0.12

10.3.3　边界条件和初始平衡

在模拟计算中，边界条件是表征模型边界的变量组成，包括应力边界和位于边界。UDEC 模型的缺省边界为自由边界，在多数计算中需要对边界施加约束。根据程潮铁矿具体情况，初始应力按构造应力设置，即

$$\sigma_y = \gamma h ，\ \sigma_x = \sigma_z = \lambda \sigma_y ，\ \lambda = \frac{\mu}{1-\mu} \tag{10-6}$$

式中，λ 为水平应力场的侧压力系数；μ 为泊松比；σ_x、σ_y、σ_z 分别为 x、y、z 方向上的应力分布。各向应力与自重体力荷载共同形成计算体的力平衡方程的荷载向量，最终求得计算体内的初始应力。

模型的边界条件设定为：在模型两侧施加滑动约束，即在模型两侧指定各块体在 x 方向上的位移（速度）为 0，y 方向上无约束；在模型底部施加固定约束，即在模型底部指定各块体在 x、y 方向上的位移（速度）均为 0。

UDEC 模型在进行开挖模拟前，在给定的边界条件和初始条件下，进行计算获得初始平衡是十分必要的。对于任何模型的数值分析，不平衡力不可能完全达到零。当最大的结点不平衡力与初始所施加的总的力比较相对较小时（最大不平衡力与初始的不平衡力之比为 0.01%），就可认为模型达到平衡状态。图 10-51 为模型最大不平衡力曲线。从图中可以看出，模型的最大不平衡力经过 25000 步的计算之后，已经由 12.4MPa 降低至接近 0，并且保持稳定。在此情况下，认为模型已经达到了初始平衡状态。

10.3.4　模拟分析方案

模拟崩落法开采通过删除相应块体实现，模拟充填法开采通过改变相应块体为"空单元"材料（ZONE model null），再改变"空单元"材料为"双屈模型 double-yield"材料（ZONE model dy）来实现。由于计算量太大，不考虑各分段内部开采顺序，对每一个分段一次性全部采出。崩落法各分段由上往下开采，上一分段模型计算平衡后，开挖下一分段。充填法由 -500m 往上按分段开采至 -430m，下一分段模型计算平衡后开采上一分段。假设各分段回采瞬时完成。本

文研究范围未考虑西区矿柱回采。

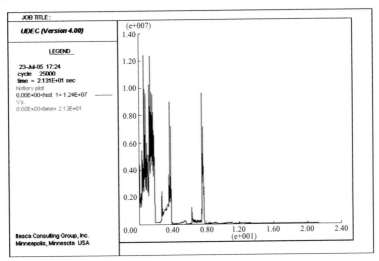

图 10-51 1 号剖面模型初始运行中的最大不平衡力曲线

开挖模拟包括已经回采部分和待回采部分，针对已经回采部分，以工程边界线为界开挖；尚未回采但是已有工程部分，以现有工程边界为开挖边界；尚未回采且未形成进路部分，以矿体边界作为开挖边界。开采范围如图 10-52 所示，图中条带状部分为分布开挖部分。

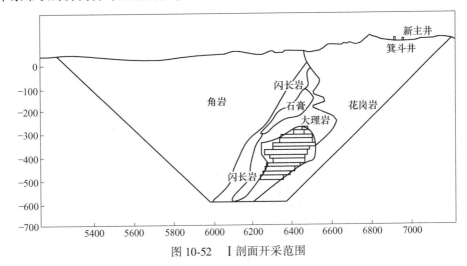

图 10-52 Ⅰ剖面开采范围

为使模拟过程更准确、更贴近实际采矿过程，在数值计算中设计了如下块体开挖方法：

（1）−290~−375m 水平，这部分矿体已经回采完毕，应用的采矿方法为崩落法，模拟中对部分块体开挖采用直接删除回采部分的办法。具体操作为按一个分段为模拟单元，一次性删除一个分段内矿体。模型运行平衡之后开挖下一个分段。

（2）-395~-430m水平，这部分矿体正在回采或者已经按无底柱分段崩落法的井巷布置完成了采准工作。模拟采用崩落法开采，具体方法同上。

（3）-447~-500m水平，这部分矿体处于无底柱分段崩落法转向充填法的一个过渡衔接区域。模拟过程中，对这部分矿体分别采用崩落法和充填法开采，对两种采矿方法的实施效果进行比较。图10-53~图10-60分别为Ⅰ剖面和Ⅱ剖面模拟过程中的部分截图。各个水平的开采方法如表10-14所示。

表10-14　模拟开挖方法（未考虑西区矿柱）

模拟水平	开采情况	实际使用的采矿方法	目前形成的工程	模拟采用的采矿方法
-290~-375	回采完毕	无底柱分段崩落法	—	无底柱分段崩落法
-395	正在回采	无底柱分段崩落法	已经按无底柱分段崩落法完成采准工作	无底柱分段崩落法
-410	正在回采	无底柱分段崩落法	已经按无底柱分段崩落法完成采准工作	无底柱分段崩落法
-430	未大规模开采	初步确定为无底柱分段崩落法	已经按无底柱分段崩落法完成采准工作	无底柱分段崩落法
-447~-500	未大规模开采	作为无底柱分段崩落法转向充填法的衔接阶段	未进行采准或部分开始采准	方法一：无底柱分段崩落法

10.3.5　计算结果分析

本书中采用UDEC4.0软件模拟了程潮铁矿1号和2号剖面在崩落法开采情况下覆盖岩层的移动规律。经过总结可得出几点定性规律：

（1）覆盖岩层冒落并非一个连续的过程，存在一定的间歇性和跳跃性。

以Ⅰ剖面-342.5m水平和-360m水平开采为例，-342.5m水平开采至覆岩冒落过程如图10-60所示。图10-60(a)为挖出-342.5分段矿体，图10-60(b)为进行30000次计算之后覆盖岩层冒落情况，图10-60(c)为采出-360m水矿体，并进行30000次计算之后的冒落情况。图10-60(d)为覆盖岩层移动的矢量图。从图中可以看出，-342.5分段矿体回采之前，覆盖并没有随着-325m水平矿体的回采而连续冒落，而是形成了图中椭圆所示的空区（图10-60a）；进行30000次计算后，该部分空区顶板并未冒落，而且空区跨度增大（图10-60b）；采出-360m水平矿体，并进行30000次计算后空区顶板突然垮落，空区以上岩层开始向下移动（图10-60c）。

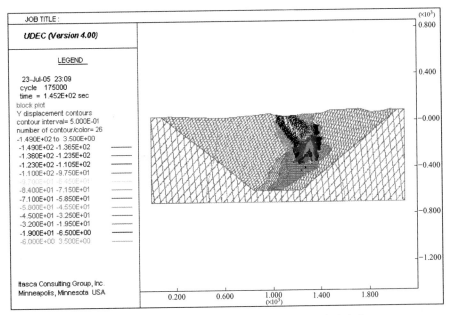

图 10-53　Ⅰ剖面崩落法开采至-375m 水平覆盖层移动

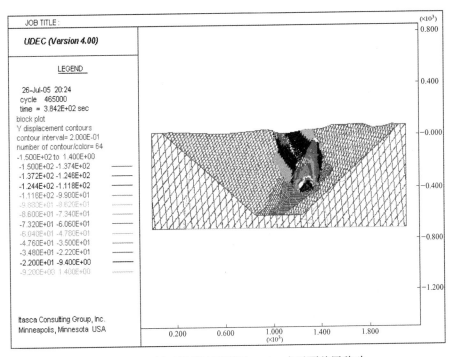

图 10-54　Ⅰ剖面崩落法开采至-430m 水平覆盖层移动

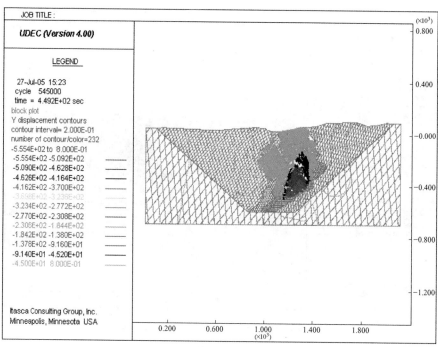

图 10-55 Ⅰ剖面崩落法开采至-500m 水平覆盖层移动

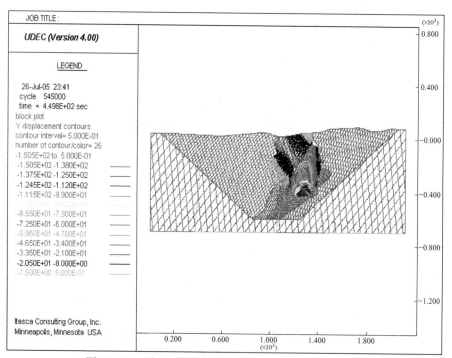

图 10-56 Ⅰ剖面充填法开采-430~-500m 覆盖层移动

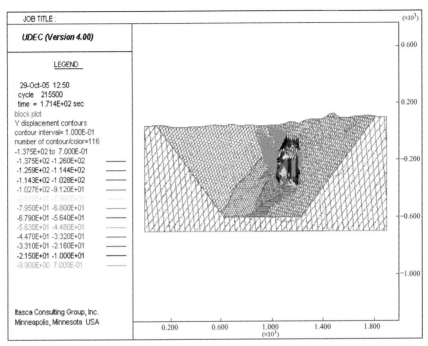

图 10-57　Ⅱ剖面崩落法开采至−395m 水平覆盖层移动

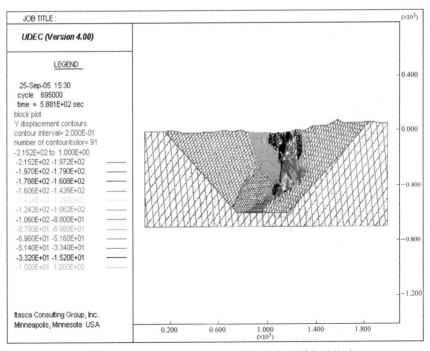

图 10-58　Ⅱ剖面崩落法开采至−500m 水平覆盖层移动

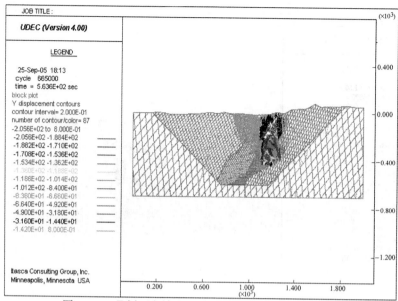

图 10-59   Ⅱ剖面充填法开采−430~−500m 覆盖层移动

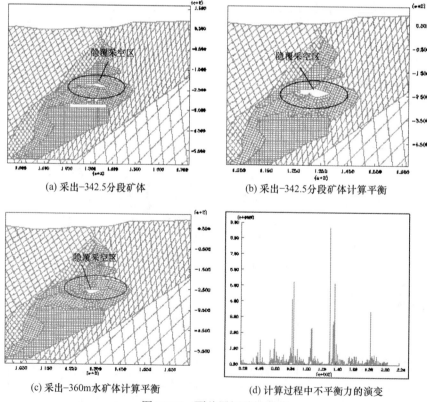

(a) 采出−342.5分段矿体   (b) 采出−342.5分段矿体计算平衡

(c) 采出−360m水矿体计算平衡   (d) 计算过程中不平衡力的演变

图 10-60   覆盖层间歇性冒落

（2）覆盖岩层可能形成自稳的冒落拱，可能形成一定规模的隐蔽空区。

图 10-61(a)~(c)分别为Ⅰ剖面崩落法开采至-395m 水平、-430m 水平和-500m 水平覆盖岩层的崩落情况（各图均为运行至平衡状态之后给出）。图 10-61(d)为开采至-500m 水平模型不平衡力的演变。根据图中所示的冒落情况可以看出，空区覆盖层在冒落过程中，由于块体之间的相互作用，会在一定的跨度范围内形成一个拱形的稳定区，从而产生一个或多个隐蔽空区。

图 10-61(a)和(b)分别为Ⅰ剖面崩落法开采至-395m 水平和-430m 水平，覆盖岩层中出现的隐蔽空区。由于 UDEC 程序在计算过程中块体不发生破坏，模型中覆盖层形成自稳冒落拱的可能性和规模都可能比实际采矿活动中大。

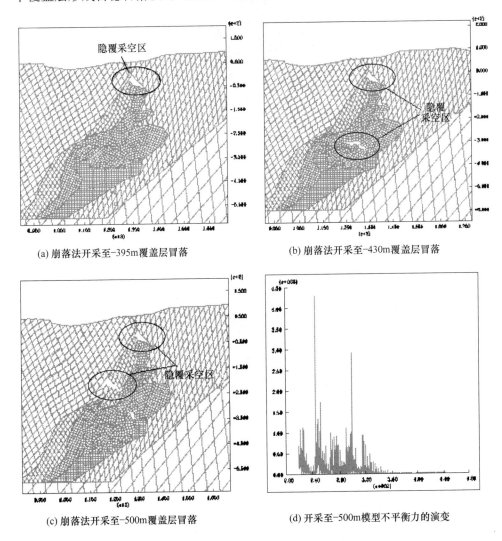

(a) 崩落法开采至-395m覆盖层冒落

(b) 崩落法开采至-430m覆盖层冒落

(c) 崩落法开采至-500m覆盖层冒落

(d) 开采至-500m模型不平衡力的演变

图 10-61   Ⅰ剖面模拟过程中出现的隐蔽空区

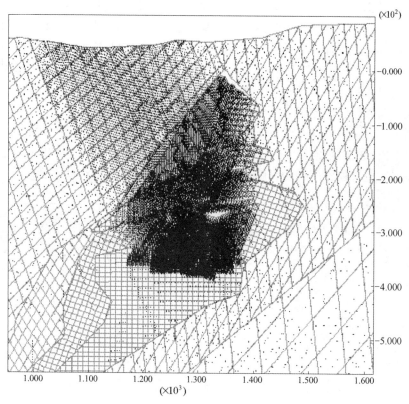

图 10-62　覆盖岩层移动的矢量图

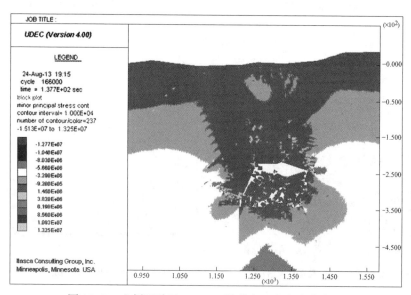

图 10-63　Ⅰ剖面采至−342.5m 隐蔽空区主应力分布图

（3）开采过程中会引起采区上下盘应力增加，采场正下方应力降低。

图 10-64～图 10-66 分别为 I 剖面模拟过程采用崩落法开采至−412m 水平、

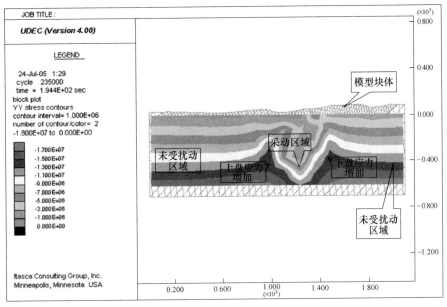

图 10-64   I 剖面崩落法开采−412m 垂直应力分布

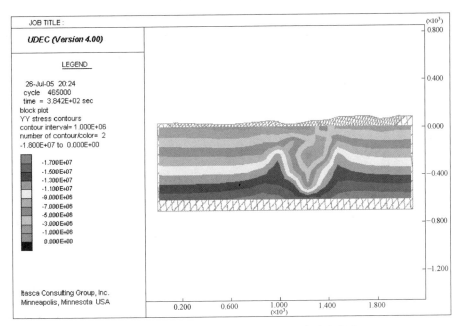

图 10-65   I 剖面崩落法开采−430m 垂直应力分布

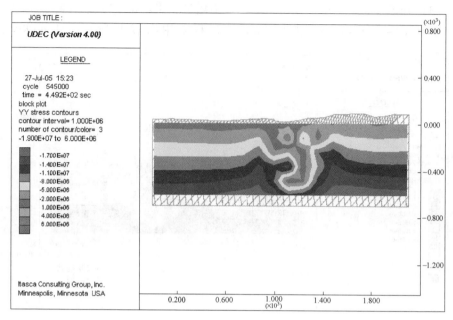

图 10-66   I 剖面崩落法开采–500m 垂直应力分布

–430m 水平和–500m 水平时，模型垂直应力分布图。模型两端扰动小，应力保持为初始的水平层状分布；中部受到采矿活动影响，三个图均呈现出驼峰状的应力分布，上下盘应力较同水平为受扰动区域高。以图 10-64 为例，以采场同水平未受扰动区域应力为 11~13MPa，受采矿活动扰动之后，采场位置应力降低至7~9MPa，以采场同水平的上下盘围岩垂直应力上升至 13~15MPa。图 10-65 和图 10-66 也显示出类似规律。

参 考 文 献

[1] 王安建, 王高尚. 矿产资源与国家经济发展 [M]. 北京: 地震出版社, 2002.

[2] 陈晓红, 延吉生, 马继伦. 固体矿产资源技术政策研究 [M]. 北京: 冶金工业出版社, 2006.

[3] 彭欣. 复杂采空区稳定性及近区开采安全性研究 [D]. 湖南: 中南大学, 2008.

[4] 吴爱祥, 王贻明, 胡国斌. 采空区顶板大面积冒落的空气冲击波 [J]. 中国矿业大学学报, 2007, 36 (4): 473-477.

[5] 郑怀昌, 李明, 张军, 等. 采空区顶板大面积冒落危害预测 [J]. 化工矿物与加工, 2005, 34 (11): 9-11.

[6] 王春帅, 星玉才, 何进, 等. 河南灵宝大湖金矿滑坡形成机制分析与稳定性评价 [J]. 地质灾害与环境保护, 2007, 18 (2): 70-74.

[7] Duzgu H S B. Analysis of roof fall hazards and risk assessment for Zonguldak coal basin underground mines [J]. International Journal of Coal Geology, 2005 (64): 104-115.

[8] Larsson T J, Field B. The distribution of occupational injury risks in the state of Victoria [J]. Safety Science, 2002 (40): 419-437.

[9] Das S K. Observations and classification of roof strata behavior over longwall coal mining panels in India [J]. International Journal of Rock Mechanics and Mining Sciences, 2000 (37): 585-597.

[10] 王荣林. 宜昌磷矿采空区现状及隐患分析和建议 [J]. 化工矿物与加工, 2008 (1): 25-29.

[11] 王进. 昭通铅锌矿采空区上覆边坡稳定性分析及治理 [J]. 有色金属 (矿山部分), 2009, 61 (4): 45-48.

[12] 苑金生. 带血的石膏—邢台石膏矿发生坍塌事故 [J]. 建材发展导向, 2005 (6): 36-37.

[13] 王官宝. 石膏矿冒顶引发冲击地压机理及防治措施研究 [D]. 湖北: 武汉理工大学, 2006.

[14] 古德生, 李夕兵. 现代金属矿床开采科学技术 [M]. 北京: 冶金工业出版社, 2006.

[15] TauTona Anglo Gold. South Africa [EB/OL].

[16] Underground mining (hard rock) [EB/OL].

[17] 李夕兵, 姚金蕊, 宫凤强. 硬岩金属矿山深部开采中的动力学问题 [J]. 中国有色金属学报, 2011, 21 (10): 2551-2563.

[18] 张合君, 王洪勇, 赵伟. 红透山矿地压监测的实践 [J]. 化工矿物与加工, 2008 (6): 22-24.

[19] 宫志新, 许卫军, 李强, 等. 深井岩爆与采矿方法关系之研究初探 [J]. 黄金, 2010, 31 (2): 23-27.

[20] 许梦国, 杜子建, 姚高辉, 等. 程潮铁矿深部开采岩爆预测 [J]. 岩石力学与工程学报, 2008, 27 (S1): 2921-2928.

[21] 王军强. 崟鑫金矿岩爆与发生机理初探 [J]. 矿山压力与顶板管理, 2005 (4): 121-124.

[22] Lai X P, Cai M F, Xie M W. In situ monitoring and analysis of rock mass behavior prior to col-

lapse of the main transport roadway in Linglong Gold Mine, China [J]. International Journal of Rock Mechanics & Mining Sciences, 2006, 43: 640-646.

[23] 陈景涛. 高地应力下硬岩本构模型的研究与应用 [D]. 武汉: 中国科学院武汉岩土力学研究所, 2006.

[24] Cook M A, Cook U D, Clay R B, et al. Behavior of rook during blasting [J]. Transaction of Social Mining Engineering, 1966, 10 (2): 17-25.

[25] Brady H C, Edwin T B. Rock mechanics for underground mining [M]. New York: Springer-Verlag, 2002: 522-527.

[26] Cai M. Influence of stress path on tunnel excavation response-numerical tool selection and modeling strategy [J]. Tunnelling and Underground Space Technology, 2008, 23 (6): 618-628.

[27] Swanson S Retal. An Observation of Loading PathInde Pendenee of Fraeture Rock [M]. int. J Rock-Meeh, MinSel, 1971, 8 (3): 277-281.

[28] 吴玉山, 李纪鼎. 大理岩卸载特性的研究 [J]. 岩土力学, 1984, 5 (1): 29-36.

[29] 李天斌, 王兰生. 卸荷应力状态下玄武岩变形破坏特征的试验研究 [J]. 岩石力学与工程学报, 1993, 12 (4): 321-327.

[30] 王贤能, 黄润秋. 岩石卸荷破坏特征与岩爆效应 [J]. 山地研究, 1998, 16 (4): 281-285.

[31] 王在泉, 华安增, 王谦源. 加、卸荷条件下岩石变形及三轴强度研究 [J]. 河海大学学报, 2001, 29 (s): 10-12.

[32] 沈军辉. 卸荷岩体的变形破裂特征 [J]. 岩石力学与工程学报, 2003, 22 (12): 2028-2031.

[33] 黄润秋, 黄达. 卸荷条件下花岗岩力学特性试验研究 [J]. 岩石力学与工程学报, 2008, 27 (11): 2205-2223.

[34] 陈学章, 何江达, 肖明砾, 等. 三轴卸荷条件下大理岩扩容与能量特征分析 [J]. 岩土工程学报, 2014, 36 (6): 1106-1112.

[35] 王璐, 刘建锋, 杨昊天, 等. 深埋大理岩卸荷力学特性的试验研究 [J]. 四川大学学报 (工程科学版), 2014, 46 (2): 46-51.

[36] Takahashi M, Koide H. Effect of the intermediate principal stress on strength and deformation behavior of sedimentary rocks at the depth shallower than 2000m [C]. International Society for Rock Mechanics. Proceedings of the ISRM-SPE International Symposium "Rock at Great Depth", France, 1989.

[37] Taheri A, Tani K. Use of down-hole triaxial apparatus to estimate the mechanical properties of heterogeneous mudstone (CT) experiments on limestone damage evolution during unloading [J]. International Journal of Rock Mechanics and Mining Sciences, 2008, 45 (8): 1390-1402.

[38] 赵明阶, 许锡宾, 徐蓉. 岩石在三轴加卸荷过程中的一种本构模型研究 [J]. 岩石力学与工程学报, 2002, 25 (3): 13-17.

[39] Hua A Z, You M Q. Rock failure due to energy release during unloading and application to underground rock burst control [J]. Tunnelling and Underground Space Technology, 2001, 16: 241-246.

[40] 刘保县，李东凯，赵宝云. 煤岩卸荷变形损伤及声发射特性 [J]. 土木建筑与环境工程，2009，31（2）：57-61.

[41] Cravero M, Labichino G. Del Greco O. Experiences in the measurement of stresses and displacements in the Masua mine [C]. Proceedings of the 3rd International Symposium on Field Measurements in Geomechanics, 1991, 653-662.

[42] Anon. Coal mining technology: some british developments [J]. Coal Mining, 1986, 23（3）：38-40.

[43] 蒋秀春，白忠民，王怀佳. 新型胶结材料充填采空区的研究与实践 [J]. 西部探矿工程，2002（5）：71-72.

[44] Stepanov Y, Solov V O. Effect of the main parameters of an explosion-reactive unit（ERU）on the size of the cavity formed in soft rock [J]. Soviet Mining Science, 1991, 26（2）：154-158.

[45] Sakamoto Akio, Yamada Noritoshi, Iwaki Keisuke, et al. Applicability of recycling materials to cavity filling materials [J]. Journal of the Society of Materials Science, 2005, 54（11）：1123-1128.

[46] Whittles D N, Lowndes I S, Kingqman S W, et al. The stability of methane capture boreholes around a long wall coal panel [J]. International Journal of Coal Geology, 2007, 71（2-3）：313-328.

[47] Bahuquna P P. Subsidence studies in Indian coalfields by a semi-empirical approach. [J]. IAHS-AISH Publication, 1995（234）：127-133.

[48] Honglai Tan, John A Nairn. Hierarchical, adaptive, material point method for dynamic energy release rate calculations [J]. Computer methods in applied mechanics and engineering, 2001.

[49] 张羽强，黄庆享，严茂荣. 采矿工程相似材料模拟技术的发展及问题 [J]. 煤炭技术，2008，27（1）：1-3.

[50] 冯环. 结构面对采空区稳定性的影响 [J]. 中国水运，2007，7（9）：103-104.

[51] 刘占魁，刘宝许，来兴平. 内蒙古霍各气铜矿采空区稳定性分析与处理 [J]. 北京科技大学学报，2003，25（5）：391-393.

[52] 乔兰. 海沟金矿节理分布规律及其对采空区稳定性影响的研究 [J]. 黄金，2001，22（5）：6-10.

[53] 陶振宇，潘别桐. 岩石力学原理和方法 [M]. 武汉：中国地质大学出版社，1991.

[54] 江春林. 江西钨矿山深部开采地压活动分析及控制 [J]. 中国钨业，2003，18（5）：44~46.

[55] 饶运章，艾幼孙. 大宝山矿区地压控制与残矿安全回收 [J]. 江西有色金属，2004，18（4）：24-27.

[56] 周维垣，等. 高等岩石力学 [M]. 北京：水利电力出版社，1989.

[57] 饶运章，高国庆. 岩金矿山空区处理研究 [J]. 黄金，1997，18（9）：20~22.

[58] 杨锡祥，周英芳，赵小稚. 蚕庄金矿上庄矿区岩体结构面分析及应用 [J]. 黄金，2010，32（2）：27-30.

[59] 慕青松，马崇武，马君伟，等. 金川构造应力场对巷道工程稳定性的影响 [J]. 金属矿山，2007，373：18-22.

［60］Hoek E, Brown E T. Underground Excavation in Rock ［M］. London Institution of Mining and Metallurgy, 1980.

［61］贺广零, 黎都春, 翟志文, 等. 采空区煤柱-顶板系统失稳的力学分析 ［J］. 煤炭学报. 2007, 32 （9）: 897-901.

［62］贡长青, 郝文辉, 任改娟, 等. 基于弹性薄板理论的煤矿采空区地表沉陷预测 ［J］. 中国地质灾害与防治学报. 2011, 22 （1）: 63-68.

［63］Serakov V M. Calculation of stress-strain state for an over-goaf rock mass ［J］. Journal of Mining Science, 2009, 45 （5）: 420-426.

［64］宫凤强, 李夕兵, 董陇军, 等. 基于未确知测度理论的采空区危险性评价研究 ［J］. 岩石力学与工程学报, 2008, 27 （2）: 323-330.

［65］赵奎, 蔡美峰, 饶运章. 采空区块体稳定性的模糊随机可靠性研究 ［J］. 岩土力学, 2003, 24 （6）: 987-990.

［66］来兴平, 张立杰, 蔡美峰. 神经网络在大尺度采空区细观损伤统计与预测中应用 ［J］. 北京科技大学学报, 2003, 25 （4）: 300-303.

［67］Hancock G R. The use of landscape evolution models in mining rehabilitation design ［J］. Environmental Geology, 2004, 46 （5）: 561-573.

［68］左保成, 陈从新, 刘才华, 等. 相似材料试验研究 ［J］. 岩土力学, 2004, 25 （11）: 1805-1808.

［69］陈陆望. 物理模型试验技术研究及其在岩土工程中的应用 ［D］. 中国科学院武汉岩土力学研究所, 2006.

［70］李鹏, 张永波. 房柱式开采采空区覆岩移动变性规律的模型试验研究 ［J］. 华北科技学院学报, 2010, 7 （4）: 38-41.

［71］宋卫东, 徐文彬, 杜建华, 等. 长壁法开采缓倾斜极薄铁矿体围岩变形破坏机理 ［J］. 北京科技大学学报, 2011, 33 （3）: 264-269.

［72］Jing L. A review of techniques, advances and outstanding issues in numerical modeling for rock mechanics and rock engineering ［J］. International Journal of Rock Mechanics and Mining Sciences, 2003, 40 （3）: 283-353.

［73］龚晓南. 对岩土工程数值分析的几点思考 ［J］. 岩土力学, 2011, 32 （2）: 321-325.

［74］田显高, 陈慧明, 陈松树. 采空区稳定性三维有限元模拟 ［J］. 矿业研究与开发, 2007, 27 （1）: 32-34.

［75］闫长斌, 徐国元, 李夕兵. 爆破震动对采空区稳定性影响的FlAC3D分析 ［J］. 岩石力学与工程学报, 2005, 24 （16）: 2894-2899.

［76］刘晓明, 罗周全, 杨彪, 等. 复杂矿区三维地质可视化及数值模型构建 ［J］. 岩土力学, 2010, 31 （12）: 4006-4010, 4015.

［77］来兴平, 蔡美峰. 大尺度采空区围岩断裂失稳信号数据挖掘及破坏预测分析 ［J］. 北京科技大学学报, 2003, 25 （5）: 394-397.

［78］李忠, 张德强, 张进德, 等. 基于信息融合的煤矿采空区稳定性评价模型研究 ［J］. 矿业研究与开发, 2008, （6）: 16-19.

［79］庞日宏, 宫德玉, 彭卫杰. 采空区失稳分析及监控 ［J］. 化工矿物与加工, 2009, 38

(10)：31-32.

[80] 郭芳，张世雄，何蛟云．遥测技术在石膏矿采空区监测系统中的应用 [J]．露天采矿技术，2007 (5)：42-45.

[81] 王昌，王云海，张乃宝，等．非煤矿山采空区光纤监测研究 [J]．山东科学，2008, 21 (6)：9-12.

[82] 王恩元，贾慧霖，李忠辉，等．用电磁辐射法监测预报矿山采空区顶板稳定性 [J]．煤炭学报，2006, 31 (1)：16-19.

[83] 赵延林，吴启红，王卫军，等．基于突变理论的采空区重叠顶板稳定性强度折减法及应用 [J]．岩石力学与工程学报，2010, 29 (7)：1424-1434.

[84] Tulu I B, Heasley K A. Investigating the mechanics of pillar loading through the analysis of in-situ stress measurements [J]. 45th US Rock Mechanics, June 26, 2011 - June 29, 2011.

[85] Kripakov N P, Sun M C, Douato D A. ADNIA applied toward simulation of progressive failure in underground mine structure [J]. Computer & Structures, 1995, 56 (2/3)：329-344.

[86] 刘艳红，罗周全．采空区失稳的安全流变-突变理论分析 [J]．工业安全与环保，2009, 35 (9)：5-7.

[87] 黄英华，徐必根，唐绍辉．房柱法开采矿山采空区失稳模式及机理 [J]．矿业研究与开发，2009, 29 (4)：24-26.

[88] 王玉山．矿柱失稳破坏的力学模式研究 [J]．采矿技术，2011, 11 (3)：55-57.

[89] 王金安，尚新春，刘红，等．采空区坚硬顶板断裂机理与灾变塌陷研究 [J]．煤炭学报，2008, 33 (8)：850-855.

[90] 李俊平．缓倾斜空场处理新方法及采场地压控制研究 [D]．北京：北京理工大学，2003.

[91] 李俊平，钱新明，郑兆强．采空场处理的研究进展 [J]．中国铝业，2002, 26 (3)：10-15.

[92] 杨明春．采空场处理综述 [J]．矿业快报，2004 (10)：35-37.

[93] Volkow Y V. Kamaev V D. Improvement on Mining Method Ural Metallic Mines [J]. Russian Jomal of Metal Mine, 1997 (5-6)：124-130.

[94] Bieniawski Z T. Improved Design of Room-and-Pillars Coal Mines for US Conditions [C]. Proeeedings of 1st Int. Conf. on Mining Engineering. NewYork：SME-AIME, 1982：19-50.

[95] 吴立新，王金庄，刘延安．建构筑物下压煤条带开采理论与实践 [M]．徐州：中国矿业大学出版社，1994.

[96] 赵国彦．金属矿隐覆采空区探测及其稳定性预测理论研究 [D]．湖南：中南大学，2010.

[97] Brown E T, Brady B H G．地下采矿岩石力学 [M]．冯树仁，余诗刚，等译．北京：煤炭工业出版社，1986.

[98] Yamaguchi U, Yamatomi J. A consideration on the effect of backfill for ground stability. Proceeding of the Internat. Symp. on Mining with Backfill. Lulea. 7-9 June, 1984.

[99] Yamaguchi U, Yamatomi J. An experiment study to investigate the effect of backfill for the ground stability. Innovation in mining backfill technology, Hassani, et al, 1989 Balkema, Rotterdam, ISBN 9061919851.

[100] Merno O, et al. The support capabilities of rock fill experiment study. Application of rock me-

chanics to cut-and-fill mining. Inst. Min. Met, Longdon, 1981.

[101] Blight G E, Clarke I E, Design and properties of stiff fill for lateral support, Proceedings 4th Internation Symposium on Mining with Backfill (Montreal). Hassani, F. P., Scoble, M. J., and Yu T R (eds). Rotterdam, Balkema, 1989.

[102] Swan G, Board M, Fill-induced post-peak pillar stability. Innovation in mining backfill technology, Hassani, et al, 1989 Balkema, Rotterdam, ISBN 9061919851.

[103] 于学馥. 岩石记忆与开采理论 [M]. 北京: 冶金工业出版社, 1993.

[104] 周先明. 金川二矿区 1 号矿体大面积充填体—岩体稳定性有限元分析 [J]. 岩石力学与工程学报, 1993, 12 (2): 95-98.

[105] Hu K X, Kemeny J. Fracture mechanics analysis of the effect of backfill on the stability of cut and fill mine workings [J]. International Journal of Rock Mechanics and Mining Science, 1994, 31 (3): 231-241.

[106] Johnson R A, York G. Backfill alternatives for regional support in ultra-depth South African gold mines [C]. In: Bloss D M, eds. Minefil '98. Brisbane, Australia: Australasian Institute of Mining and Metallurgy Publication, 1998: 239-244.

[107] Gurtunca R G, Adams D J. Rock-engineering monitoring programme at West Driefontein gold mine [J]. Journal of The South African Institute of Mining and Metallurgy, 1991, 91 (12): 423-433.

[108] Gundersen R E. Hydro-power. Extracting the coolth [J]. Journal of The South African Institute of Mining and Metallurgy, 1990, 90 (5): 103-109.

[109] Jones M Q W, Rawlins C A. Thermal properties of backfill from a deep South African gold mine [J]. Journal of the Mine Ventilation Society of South African, 2001, 54 (4): 100-105.

[110] 倪彬. 提高金川二矿区胶结充填体稳定性的试验研究 [D]. 长沙: 中南大学, 2004.

[111] 于学馥. 信息时代岩石力学与采矿计算初步 [M]. 北京: 科学出版社, 1991.

[112] 郭金刚. 综采放顶煤工作面高冒空巷充填技术 [J]. 中国矿业大学学报, 2002, 31 (6): 626-629.

[113] 柏建彪, 侯朝炯, 张长根, 等. 高水材料充填空巷的工业性试验 [J]. 煤炭科学技术, 2000, 10: 30-31.

[114] 刘志祥, 李夕兵. 爆破动载下高阶段充填体稳定性研究 [J]. 矿冶工程, 2003, 2 (3): 21-24.

[115] 李夕兵, 古德生. 岩石冲击动力学 [M]. 长沙: 中南工业大学出版社, 1994.

[116] 周宗红, 任凤玉, 袁国强. 桃冲铁矿采空区治理方法研究 [J]. 中国矿业, 2005, 14 (2): 15-16.

[117] 郑磊, 余斌, 胡建军. 中国钨矿采矿技术现状分析 [J]. 有色金属 (矿山部分), 2013, 65 (1): 12-15.

[118] 薛奕忠. 超大型采空区充填技术在铜陵有色矿山的应用 [J]. 江西理工大学学报, 2010, 31 (1): 20-22, 50.

[119] 陈庆发. 隐患资源开采与采空区治理协同研究 [D]. 湖南: 中南大学, 2009.

[120] 佘诗刚, 林鹏. 中国岩石工程若干进展与挑战 [J]. 岩石力学与工程学报, 2014, 33

（3）：433-457.

[121] 徐文彬，宋卫东，谭玉叶．金属矿山阶段嗣后充填采场空区破坏机理 [J]．煤炭学报，2012，37（s1）：53-58.

[122] 袁亮，顾金才，薛俊华，等．深部围岩分区破裂化模型试验研究 [J]．煤炭学报，2014，39（6）：987-993.

[123] Coveney S, Fotheringham A S. Terrestrial laser scan error in the presence of dense ground vegetation [J]. Photogrammetric Record, 2011, 26 (135): 307-324.

[124] 张朝雷，宋卫东，付建新，等．CMS 及三维可视化技术在采空区探测中的应用研究 [J]．现代矿业，2011（4）：95-97.

[125] 张奇．爆破断裂分形研究 [J]．工程爆破，1996，2（1）：12-15.

[126] 黄定华，叶俊林．分形理论及其在金矿研究中的应用浅析 [J]．矿产与地质，1994，8（39）：1-3.

[127] 胡建华，尚俊龙，陈宜楷，等．基于尺寸效应的采空区危险度 RS-TOPSIS 法辨识 [J]．中国安全科学学报，2012，22（5）73~78.

[128] 宋卫东，付建新，杜建华，等．基于精密探测的金属矿山采空区群稳定性分析 [J]．岩土力学，2012，33（12）：3781-3787.

[129] 张黎明，高速，任明远，等．岩石加荷破坏弹性能和耗散能演化特性 [J]．煤炭学报，2014，39（4）：1238-1242.

[130] 郑怀昌，李明．界壳理论在采空区失稳判定与危害控制研究中的应用探讨 [J]．黄金，2005，26（12）：19-22.

[131] 贺广零，黎都春，翟志文，等．采空区煤柱-顶板系统失稳的力学分析 [J]．煤炭学报，2007，32（9）：897-901.

[132] 来兴平，蔡美峰，任奋华．河下开采扰动诱致采空区动态失稳定量预计与综合评价 [J]．岩土工程学报，2005，27（12）：421-424.

[133] 朱泽奇．坚硬裂隙岩体开采扰动区形成机理研究 [D]．湖北：中国科学院武汉岩土力学研究所，2008.

[134] Mandelbrot B B, Van Ness J W. Fractional Brownian motions: fractional noise and application [J]. SIAM Review, 1968, 10 (4): 422-437.

[135] De Wijs H J. Statistics of ore distribution: (1) frequency distribution of assay values [J]. Geol Mijnbouw, 1951, 13: 365-375.

[136] 秦长兴，翟玉生．矿床学中若干自相似现象及其意义 [J]．矿床地质，1992，11（3）：259-265.

[137] 杨成杰，吴冲龙，张夏林．基于实体与块体混合模型的三维矿体可视化建模技术 [J]．煤炭学报，2012，37（4）：553-558.

[138] 张哲儒，毛华海．分形理论与成矿作用 [J]．地学前沿，2000，7（1）：195-204.

[139] 王志民．分形理论在距离幂次反比法估算矿体品位中的应用 [J]．中国锰业，1997，15（2）：19-22.

[140] Barnsley M F, Fractal functions and interpolation [J]. Constr. Approx, 1986, 2 (2): 303-309.

[141] 付建新，宋卫东，杜建华. 金属矿山采空区群形成过程中围岩扰动规律研究 [J]. 岩石力学，2013，34（s1）：508-517.

[142] Lemaitre J. 损伤力学教程 [M]. 倪金刚，陶春虎，译. 北京：科学出版社，1996：162-163.

[143] 毛雪平，刘宗德，杨坤，等. 基于时间硬化理论的蠕变损伤计算模型 [J]. 机械强度，2004，26（1）：105-108.

[144] 袁海平，王金安，赵奎，等. FLAC3D 单元等效结点力的计算与应用研究 [J]. 江西理工大学学报，2009，30（6）：1-3.

[145] 谢和平，鞠杨，黎立云. 岩体变形破坏过程的能量机制 [J]. 岩石力学与工程学报，2008，27（9）：1729-1740.

[146] 苏国韶，冯夏庭，江权. 高地应力下地下工程稳定性分析与优化的局部能量释放率新指标研究 [J]. 岩石力学与工程学报，2006，25（12）：2452-2460.

[147] Swift G M, Reddish D J. Stability problems associated with an abandoned ironstone mine [J]. Bulletin of Engineering Geology and the Environment，2002，61（3）：227-239.

[148] Mo Mansouri, Alex Gorod, Thomas H Wakeman, et al. Maritime Transportation System of System Management Framework：a System of Systems Engineering Approach [J]. International Journal of Ocean Systems Management，2009，1（2）：200-206.

[149] 刘文方，肖盛燮，隋严春. 自然灾害链及其断链减灾模式分析 [J]. 岩石力学与工程学报，2006，25（s1）：2675-2681.

冶金工业出版社部分图书推荐

书　名	作　者	定价(元)
中国冶金百科全书·采矿卷	本书编委会　编	180.00
现代金属矿床开采科学技术	古德生　等著	260.00
采矿工程师手册（上、下册）	于润沧　主编	395.00
我国金属矿山安全与环境科技发展前瞻研究	古德生　等著	45.00
深井硬岩大规模开采理论与技术	李冬青　等著	139.00
地下金属矿山灾害防治技术	宋卫东　等著	75.00
金属矿山采空区灾害防治技术	宋卫东　等著	45.00
金属矿山采空区稳定性分析与治理	张海波　等著	29.00
高浓度胶结充填采矿理论与技术	徐文斌　等著	48.00
难采矿床地下开采理论与技术	周爱民　等著	90.00
矿冶企业生产事故安全预警技术研究	李翠平　等著	35.00
地质学（第 5 版）（国规教材）	徐九华　主编	48.00
矿山岩石力学（第 2 版）（本科教材）	李俊平　主编	58.00
采矿学（第 2 版）（国规教材）	王　青　主编	58.00
金属矿床露天开采（本科教材）	陈晓青　主编	28.00
地下矿围岩压力分析与控制（卓越工程师配套教材）	杨宇江　等编	30.00
露天矿边坡稳定分析与控制（卓越工程师配套教材）	常来山　等编	30.00
高等硬岩采矿学（第 2 版）（本科教材）	杨　鹏　编著	32.00
矿山充填力学基础（第 2 版）（本科教材）	蔡嗣经　编著	30.00
矿山安全工程（国规教材）	陈宝智　主编	30.00
矿井通风与除尘（本科教材）	浑宝炬　等编	25.00